中国交通教育研究会职业教育分会推荐教材
高等职业院校船舶技术类专业教学用书

高等职业教育规划教材

金属熔焊原理

【焊接技术及自动化专业】

奚　泉　主　编
李海鸥　副主编
刘道艳　主　审

JINSHU
RONGHAN
YUANLI

人民交通出版社

内 容 提 要

本书为高等职业教育船舶技术类焊接技术及自动化专业中国交通教育研究会职业教育分会船舶技术专业委员会规划教材之一，按照《金属熔焊原理》课程标准的要求而编写。

本书在编写模式上采用模块化方式，按学习目标、能力目标、任务单元、思考练习等环节组织内容，条理清晰，层次分明，图文并茂。主要内容分七个模块：金属熔焊概述，焊接热过程，焊缝金属的构成，焊接化学冶金过程，焊接接头的组织与性能，焊接冶金缺陷的产生与防止，焊接材料。

本书可作为高等职业院校及各类成人教育焊接专业教材或培训用书，还可供从事焊接工作的工程技术人员参考。

图书在版编目(CIP)数据

金属熔焊原理 / 奚泉主编. -- 北京 : 人民交通出版社, 2013.6

ISBN 978-7-114-10560-9

Ⅰ. ①金… Ⅱ. ①奚… Ⅲ. ①熔焊 - 高等职业教育 - 教材 Ⅳ. ①TG442

中国版本图书馆 CIP 数据核字(2013)第 079356 号

书　　名：金属熔焊原理
著 作 者：奚　泉
责任编辑：周　凯
出版发行：人民交通出版社
地　　址：(100011)北京市朝阳区安定门外外馆斜街 3 号
网　　址：http://www.chinasybook.com
销售电话：(010)64981400,59757916
总 经 销：北京交实文化发展有限公司
印　　刷：北京鑫正大印刷有限公司
开　　本：787 × 1092　1/16
印　　张：14.5
字　　数：362 千
版　　次：2013 年 6 月　第 1 版
印　　次：2013 年 6 月　第 1 次印刷
书　　号：ISBN 978-7-114-10560-9
定　　价：39.00 元

高等职业院校“十二五”船舶规划教材
编审委员会名单

前言
QIANYAN

为规范高等职业教育船舶技术类专业的教学，积极推进课程改革与教材建设，提高教学质量，更好地满足我国船舶工业快速发展的需要，中国交通教育研究会职业教育分会船舶技术专业委员会组织全国开办有船舶技术类专业的职业院校及其骨干教师，编写了“十二五”高职船舶规划教材。

这些教材分别适用于船舶工程技术专业、轮机工程技术专业和船舶电气工程技术专业，以及船舶检验、船舶舾装、焊接技术及自动化、游艇设计与制造等船舶技术类专业。

“十二五”高职船舶规划教材大部分是在“十一五”高职船舶规划教材的基础上修订而成的。本规划教材注重以就业为导向，以职业能力培养为核心，面向行业企业，充分体现职业教育的特色，满足高素质实用型、技能型船舶技术类专业高等职业人才培养的需要。

本规划教材主要是针对高等职业教育编写的，其他形式的职业教育、职工培训、专业考证训练以及相关技术人员也可参考使用。

《金属熔焊原理》是高等职业教育船舶技术类焊接技术及自动化专业规划教材，按照《金属熔焊原理》课程标准的要求编写。本书主要讲授金属在熔焊过程中温度、化学成分、组织与性能的变化规律；常见焊接冶金缺陷产生的原因、影响因素及防止措施，以及焊接材料等。本书重点强调培养学生分析焊接热过程和焊接冶金过程的基本规律，合理选用焊接材料的能力，重点放在与焊接质量有关的焊接冶金基本问题论述上，偏重于基本概念和基本规律，删除了较深的理论知识，力求体现先进、实际、实用、规范性的原则。

本教材在编写过程中也注意内容的更新，注意体现焊接专业的新技术、新工艺、新标准，将高职教育课程体系与国家职业标准及职业技能鉴定有机地衔接，满足“教、学、做”合一的教学需要。在编写模式上采用模块化方式，按学习目标、能力目标、任务单元、思考练习等环节组织内容，条理清晰，层次分明，图文并茂。

参加本教材编写工作的有：主编九江职业技术学院奚泉（编写模块一、二、四）；副主编南通职业技术学院李海鸥（编写模块六、七）；参编武汉职业技术学院刘聪（编写模块三），江苏海事职业技术学院沈雁（编写模块五）。

本教材由九江同方江新造船有限公司副厂长刘道艳担任主审。在此表示衷心感谢！

限于编者经历和水平，书中难免有疏漏与不足之处，恳请读者批评指正，以便修订时完善。

中国交通教育研究会职业教育分会船舶技术专业委员会

2013年3月

目录

MULU

模块一 金属熔焊概述

学习目标

1. 熟悉零件的连接方式；

2. 掌握焊接过程的实质；

3. 掌握焊接方法的分类。

能力目标

1. 了解焊接接头及其形成过程；

2. 常用的金属熔焊方法有哪些；

3. 通过V形坡口平焊分析温度变化，总结焊接过程。

焊接是通过加热或加压，或者两者并用，并且用或不用填充材料，使焊件间达到原子间结合的一种加工方法。本模块包括“零件的连接方式”、“焊接过程及焊接接头组成”、“金属熔焊方法”三个任务。通过学习本模块，了解零件的连接方式；掌握焊接过程的实质、焊接方法的分类；金属熔焊方法。能够区别焊接与其他连接方法，并且通过Q235钢板平对接焊操作，了解焊接操作中焊接电流、电弧电压、焊接速度的变化对焊接的影响，观察并记录操作现象及数据，总结焊接过程实质。

任务一 零件的连接方式

在金属结构和机器的制造中，经常需将两个或两个以上的零件按一定形式和位置要求连接起来。根据这些连接方法的特点，可将其分为两大类：一类是可拆卸的连接方法，即不必毁坏零件就可以拆卸，如螺栓连接、键连接等；另一类是不可拆卸的，即永久性连接方法，其拆卸只有在毁坏零件后才能实现，主要有焊接、铆接、粘接等。

1. 可拆卸的连接方法

(1)螺纹连接。顾名思义，螺纹连接是采用螺纹和螺纹连接件来实现的连接。这类连接具有结构简单、拆装方便、工作可靠等特点，在各个行业及日常生活中都得到了广泛的使用。如图1-1所示为典型的螺纹连接方式之一。从图1-1中可以看出，连接必须存在至少两个被连接件，同时和螺栓、垫片、螺母等零件组成了一个连接。

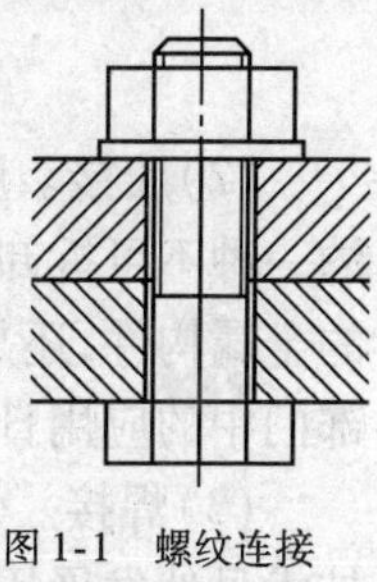

图1-1 螺纹连接

(2)键连接。键连接是应用最广泛的一种轴毂连接形式，如图1-2所示。这种连接具有结构简单、装拆方便、工作可靠等特点。其主要类型有：平键连接、半圆键连接、楔键连接和切向键连接。

(3)销连接。销连接也是工程中常用的一种重要连接形式,主要用来固定零件之间的相对位置,当载荷不大时也可以用作传递载荷的连接,同时可以作为安全装置中的过载剪断元件。

销的主要形式由圆柱销和圆锥销(1∶50 锥度)。连接销孔一般需要经过铰制,同时还有许多特殊的形式,例如开口销、槽销等,如图 1-3 所示。

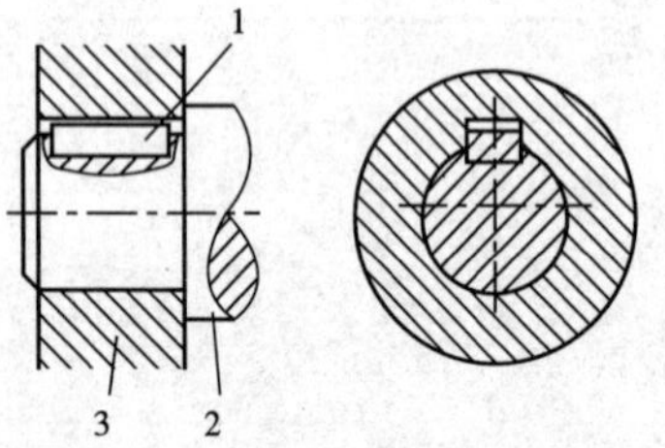

图 1-2　键连接

1-键;2-轴;3-轮

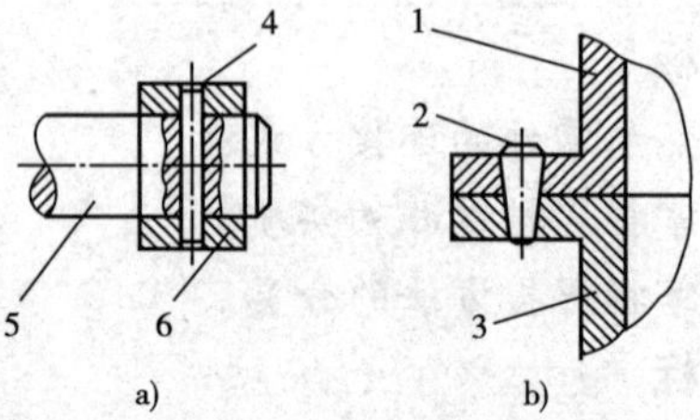

图 1-3　销连接

a)圆柱销连接;b)圆锥销连接

1-零件;2-圆锥销;3-零件;4-圆柱销;5-轴;6-轴套

2. 不可拆卸的连接方法

(1)铆接。铆接是一种很早就开始使用的简单机械连接方式,其典型的结构如图 1-4 所示。它们主要由连接件铆钉 1 和被连接件 2、3 所组成,有的还有辅助连接件盖板 4。这些基本元件在构造上所形成的连接部分统称为铆接缝(简称铆缝)。

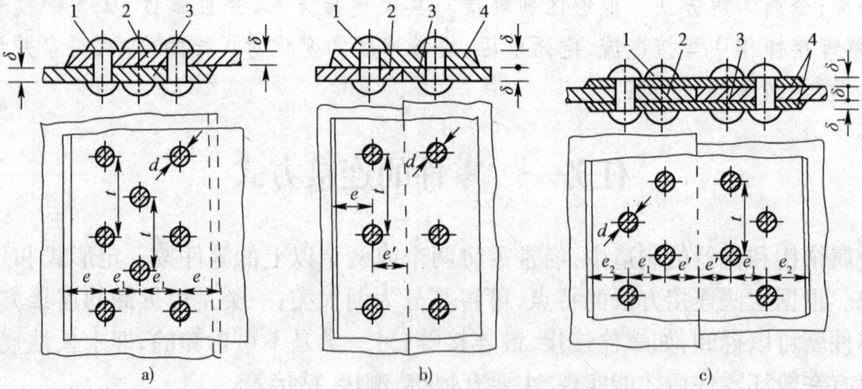

图 1-4　铆接

a)搭接缝;b)单盖板对接缝;c)双盖板对接缝

1-连接件铆钉;2、3-被连接件;4-连接盖板

(2)胶接。胶接是将胶接剂涂于被连接件之间,经固化所形成的连接。这是很早就使用的一种不可拆卸的连接,例如木工使用的聚酯酸乙烯乳液(乳胶)粘合木质构件。采用胶接的金属构件,还是近 50 年来发展起来的新型工艺方法,在化工、仪表、航空、航天等各个工业部门中的应用日渐广泛,如图 1-5 所示。

(3)焊接。焊接是一种重要的材料加工方法,被广泛应用于现代工业的各个部门。焊接技术虽然发展历史不长,但近年来发展十分迅速。

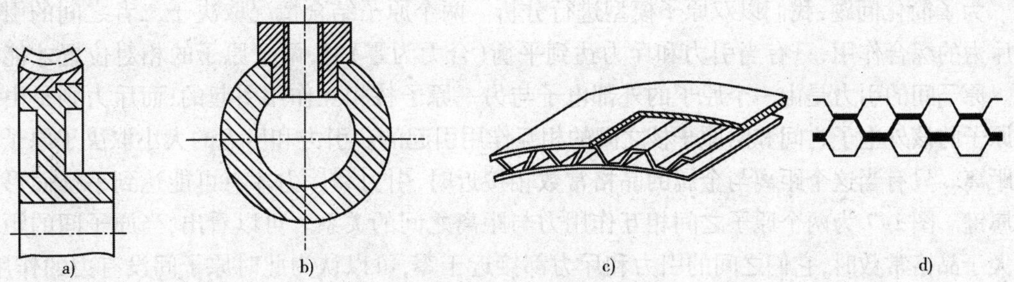

图 1-5　胶接

a)胶接组合蜗轮；b)螺纹接套与管件胶接；c)蒙皮与型材胶接；d)蜂窝结构填料

现代焊接技术的发展始于 19 世纪 80 年代末。科学技术的发展为焊接技术的发展提供了理论基础和物质条件。随着焊接能源的开发与应用，新的焊接方法不断涌现，推动了焊接技术的发展，使其应用范围不断扩大。而一些高、精、大型产品制造的高要求，又有力推动了焊接技术的发展。现在，焊接已发展成为一门独立的学科，在能源、交通、建筑，特别是在机器制造部门中，已成为不可缺少的工艺方法，并将发挥越来越大的作用。

与铆接相比较，焊接具有强度高、工艺简单，质量小，工人劳动条件较好等优点，所以应用功能日益广泛，新的焊接方法发展也很迅速。另外，以焊接代替铸造可以节约大量的金属，也便于制成不同材料的组合体而节约贵重或稀有金属，在技术革新、单件生产、新产品试制等情况下，采用焊接制造箱体、机架等，经济性较好。如图 1-6 所示为焊接箱体和齿轮的示例。

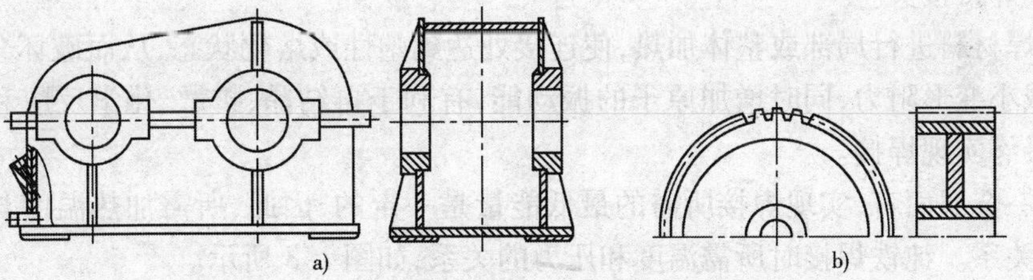

图 1-6　焊接的箱体和齿轮

a)焊接减速器箱体；b)焊接齿轮

任务二　焊接过程及焊接接头组成

一、焊接过程的实质

什么是焊接？《焊接术语》(GB/T 3375—1994)中指出：焊接是通过加热或加压，或者两者并用，并且用或不用填充材料，使焊件间达到原子间结合的一种加工方法。作为一种加工工艺，对焊接可以从不同的角度、用不同的文字加以描述，但上述定义是从微观上说明了焊接过程的实质——使两个分开的物体(焊件)达到原子结合。也就是说，焊接与其他金属连接方法最根本的区别在于，通过焊接，两个焊件不仅在宏观上建立了永久的连接，而且在微观上形成了原子间的结合。对金属来说，就是在两焊件间建立了金属键。

为了简化问题,我们以双原子模型进行分析。两个原子结合情况取决于二者之间的引力和斥力的综合作用,只有当引力和斥力达到平衡(合力为零)时,两个原子的相对位置才能固定。原子间的引力是由一个原子的外部电子与另一原子核相互作用引起的;而斥力则是由两个原子的核外电子之间和两原子核之间的相互作用引起的。引力和斥力的大小取决于原子间的距离。只有当这个距离与金属的晶格常数相接近时,引力和斥力才有可能达到平衡而形成金属键。图 1-7 为两个原子之间相互作用力与距离之间的关系。可以看出,当原子间的距离远大于晶格常数时,它们之间的引力和斥力都接近于零,可以认为此时原子间没有力的作用。当两原子逐渐接近时,将同时有引力与斥力的作用,直至原子间的距离达到 r_A,其合力作用(表现为引力)达到最大值,这时原子即可自动靠近而达到平衡位置。对于大多数金属:

$$r_A = (3-5) \times 10^{-8}\,\text{cm} = (3-5)\,\text{Å}$$

从图 1-7 可知,焊接时被焊金属表面间的距离达到 r_A,两侧原子就会产生最大引力,从而发生扩散、再结晶等物理化学过程,并进一步靠近,最后原子间的距离达到合力为零的平衡位置,建立了金属键,完成焊接过程。但实际上,在没有外加能量的条件下,要使两个分开的固体表面距离达到 r_A 是不可能的。因为,即使是经过精密加工的金属表面,其表面粗糙度也远大于 r_A 值。因此,在宏观上密合的两个表面,原子之间仍然没有力的作用。此外,金属表面的氧化膜和其他吸附物,也阻碍了表面的紧密结合。因此,焊接时必须输入一定的能量,才能克服上述的障碍,在实际生产中,能量主要以加热或加压两种形式提供。

加压可以破坏表面膜,使连接处发生局部塑性变形,增加有效接触面积,当压力达到一定时,物体表面原子间的距离可以接近 r_A,从而产生最大引力,最终达到平衡位置,建立起金属键,形成焊接接头。

对被焊材料进行局部或整体加热,使连接处达到塑性或熔化状态,从而破坏金属表面的氧化膜,减小变形阻力,同时增加原子的振动能,有利于再结晶、扩散、化学反应和结晶过程的进行,最终实现焊接。

对某一金属而言,实现焊接所需的最低能量是一定的,因此,所需加热温度与压力之间存在互补关系。纯铁焊接时所需温度和压力的关系,如图 1-8 所示。

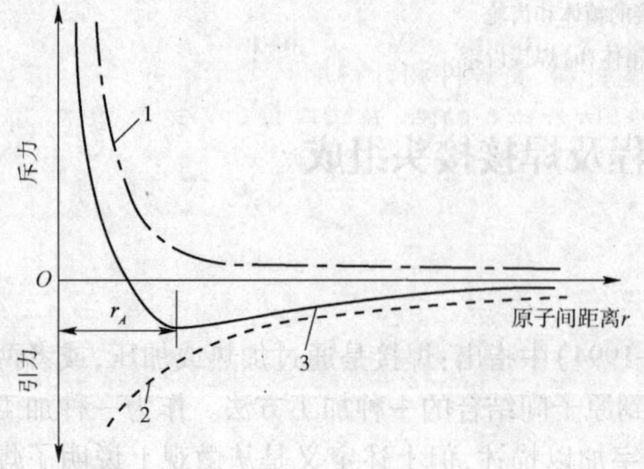

图 1-7 双原子相互作用力与距离的关系

1-斥力;2-引力;3-合力

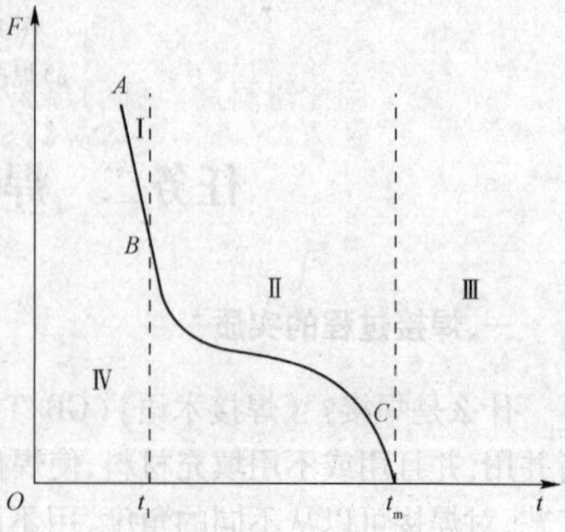

图 1-8 纯铁焊接时所需温度 T 和压力 F 的关系

Ⅰ-高压焊接区;Ⅱ-压焊区;Ⅲ-熔焊区;Ⅳ-不能实现焊接区

图中曲线 ABC 为实现焊接所需的温度与压力 F 的匹配关系，即曲线上部是可以实现焊接的区域，其他金属材料焊接时的温度 t 与压力 F 的关系与纯铁类似。

可以看出，焊接时加热温度越高，所需的压力越小。据此，可将温度与压力的匹配划分为几种类型：当加热温度低于 t_1 时（Ⅰ区），称为高压焊接区，实际生产中只有少数高塑性低强度金属才能在此条件下进行焊接；加热温度在 $t_1 \sim t_2(t_2 = t_m)$ 之间（Ⅱ区）称为实际应用的压焊区或电阻焊区；当加热温度超过被焊金属的熔点 t_m 时，不需加压即可实现焊接，称为熔焊区（Ⅲ区）；而曲线 ABC 以下的区域（Ⅳ区），由于外加能量之不足，是不能实现焊接的区域。

二、焊接方法的分类

为达到金属连接的目的，必须从外部给连接的金属以很大的能量，使金属接触表面达到原子结合。通常，外界提供能量的方式是对焊件加热、加压或两者并用。

按焊接过程中金属所处的状态不同，可以把焊接方法分为熔焊、压焊和钎焊三大类。

1. 熔焊

熔焊是指在焊接过程中，将待焊处的母材金属熔化，但不加压力以形成焊缝的焊接方法。在加热的条件下，金属的原子动能增强，促进了原子间的相互扩散，当被焊金属加热至熔化状态形成液态熔池时，原子之间可以充分扩散和紧密接触，因此，当冷却凝固后就可以形成牢固的焊接接头。熔焊是金属焊接中最主要的一种方法，常用的有焊条电弧焊、埋弧焊、气焊、电渣焊、气体保护焊等。

2. 压焊

压焊就是在焊接过程中，无论加热与否，必须对焊件施加一定压力以完成焊接的方法。这类连接有两种方式：一是对被焊材料局部或整体加热，使连接处达到塑性或熔化状态，从而破坏金属表面的氧化膜，减小变形阻力，然后施加一定的压力，形成牢固的焊接接头。常见的压焊方法主要有电阻焊、摩擦焊、锻焊等。二是不进行加热，仅在被焊金属的接触面上施加足够的压力，借助于压力所形成的塑性变形，使原子间相互靠近而形成牢固接头。这种压焊方法有冷压焊、爆炸焊等。

3. 钎焊

钎焊是采用比母材熔点低的金属材料作为钎料，将焊件和钎料加热到高于钎料熔点，但低于母材熔点的温度，利用液态钎料润湿母材，填充接头间隙，并与母材相互扩散而实现连接焊件的方法。根据使用钎料的不同，可将钎焊分为硬钎焊和软钎焊两类。

三、焊接接头及其形成过程

1. 焊接接头的组成

在焊接时，发生金属熔化、凝固过程的焊接接头区域称为焊缝区（也称熔化区），它由熔化的母材和填充金属组成。焊接时，基体金属受热的影响（但未熔化）而发生金相组织和力学性能变化的区域称为热影响区。熔合区是焊接接头中焊缝金属与热影响区的交界处，其宽度一般很窄，以低合金钢为例，熔合区宽度仅为 0.1 ~ 0.4 mm。如图 1-9 所示为低碳钢焊接接头的组成。

(1)焊缝区。焊缝区是接头金属及填充金属熔化后,又以较快的速度冷却凝固后形成的。焊缝组织是由液体金属结晶而成的铸态组织,具有晶粒粗大、成分偏析、组织不致密等特点。但是,由于焊接熔池小、冷却快,可以通过严格控制化学成分(如将碳、硫、磷含量控制在较低的水平下,通过渗合金调整焊缝化学成分),使其含有一定的合金元素,从而控制焊缝金属的力学性能,特别是强度。

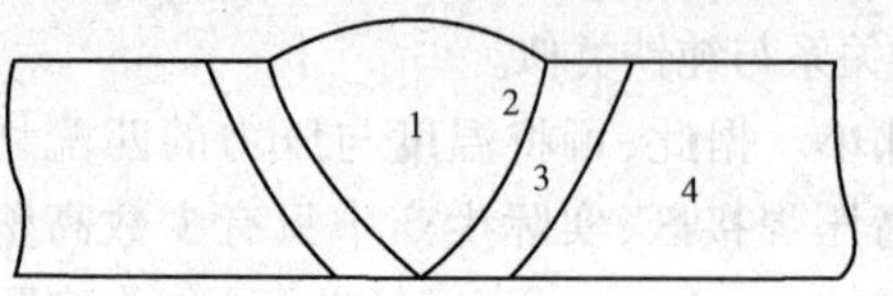

图 1-9 焊接接头的组成

1-焊缝区;2-熔合区;3-热影响区;4-母材

(2)熔合区。熔合区是熔化区和非熔化区之间的过渡部分。熔合区的化学成分不均匀、组织粗大,往往是粗大的过热组织或粗大的淬硬组织。熔合区和热影响区中的过热区(或淬火区)是焊接接头中力学性能最差的薄弱部位,会严重影响焊接接头的质量。

(3)热影响区。根据材料的初始热处理状态的不同,其热影响区也不相同。如中碳钢(退火状态供货)的热影响区分为淬火区、正火区和回火区;低碳钢的热影响区可分为过热区、正火区和部分相变区。

2. 焊接接头形成过程

根据以上描述,焊接接头的形成过程就是焊缝、熔合区和热影响区的形成过程,主要涉及加热—熔化—冶金反应—凝固结晶—固态相变—形成接头等过程,亦可归纳成如下三个互相交错进行而又彼此联系的过程,如图 1-10 所示。

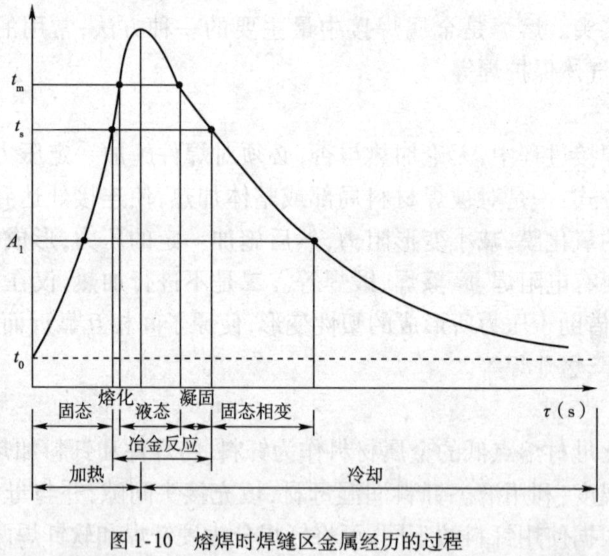

图 1-10 熔焊时焊缝区金属经历的过程

t_m-金属的熔化温度(液相线);t_s-金属的凝固温度(固相线);A_1-钢的 A_1 相变点;t_0-初始温度

(1)焊接热过程。在焊接热源作用下,金属局部被加热与熔化,同时出现热量的传播和分布的现象,而且这种现象贯穿整个焊接过程的始终,这就是焊接热过程。一切焊接的物理化学过程都在这种过程中发生和发展,它直接影响着焊接质量和生产率。

(2)焊接冶金过程。高温下,熔化金属、熔渣、气相之间进行着一系列化学冶金反应,如金属的氧化、还原、脱硫、脱磷、渗合金以及与氢的作用等,这些反应直接影响焊缝金属的成分、组织和性能。控制冶金过程是提高焊缝质量的重要措施之一。如焊条电弧焊、埋弧焊及 CO_2 气体保护焊。

TIG 焊和 MIG 焊采用实芯焊丝焊接时，不论是否添加填丝，以上两种焊接都只有金属的熔化与凝固过程，简单说可以称为“重熔”，而没有冶金化学反应过程。当 MIG 焊使用药芯焊丝焊接时，其与 MAG 焊都存在冶金化学反应。

焊接冶金与通常所说的冶金不同，焊接冶金是调整焊缝的化学成分的过程，而通常所说的冶金指的是对金属按一定化学成分进行提纯。焊接冶金过程的时间非常短，而通常的冶金过程时间较长。

(3)焊接时金属的结晶和相变过程。在焊接条件下，热源离开后被熔化的金属便快速连续冷却，并发生结晶和相变过程，最后形成焊缝。在这一过程中，有可能在焊缝金属中产生偏析、夹杂、气孔、热裂纹、淬硬、脆化、冷裂纹等缺陷。控制和调整焊缝金属的结晶和相变过程是保证焊接质量的又一关键。

焊缝两侧的母材因热传导而受到热的作用，于是发生组织的变化，形成了焊接热影响区，在该区可能产生缺陷或性能变差。

任务三　金属熔焊方法及热过程

一、金属熔焊方法

目前，在生产实际中应用最多的金属熔焊方法是焊条电弧焊、埋弧焊和气体保护焊(包括 CO_2 焊，MIG 焊——熔化极惰性气体保护焊，MAG 焊——熔化极活性气体保护焊，TIG 焊——钨极惰性气体保护焊)。

(1)焊条电弧焊。如图 1-11 所示，焊条电弧焊俗称电焊，是目前工业生产中应用最广泛的一种焊接方法，至今已有 100 多年的历史。

焊条电弧焊在造船、压力容器制造、高层建筑修筑、设备维修等领域大量应用，主要用来焊接低碳钢、低合金高强钢、高合金钢以及部分有色金属等材料。

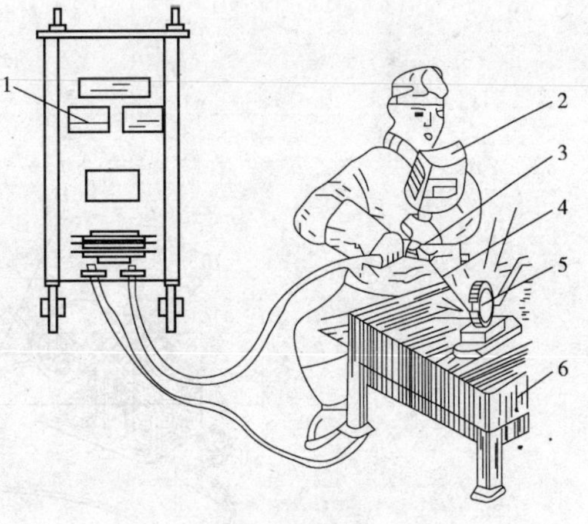

图 1-11　焊条电弧焊操作示意图

1-电弧焊机;2-面罩;3-焊钳;4-焊条;5-焊件;6-工作台

(2)埋弧焊，又称焊剂层下自动焊，即焊接时电弧被颗粒状的焊剂所覆盖掩埋而不外露。当焊丝与焊件间形成电弧后，电弧的热量使周围的焊剂熔化形成液态熔渣，部分焊剂分解、蒸发成气体，气体排开熔渣，使熔渣在电弧周围形成一个封闭的空腔，电弧在空腔中稳定燃烧。随着电弧的向前行走，熔池在熔渣保护下缓慢冷却形成焊缝，熔渣冷却后成为焊渣。埋弧焊的焊接过程，如图 1-12 所示。

埋弧焊具有焊接电流大、焊接速度快、焊丝可自动无间歇送给、可焊直缝和环缝，生产效率高等特点，并且可以焊接低碳钢、低合金高强钢、不锈钢等多种材料。

(3)气体保护焊(CO_2 焊、MIG 焊、MAG 焊、TIG 焊)。气体保护电弧焊简称气体保护焊，分为熔化极气体保护焊和非熔化(钨)极气体保护焊。

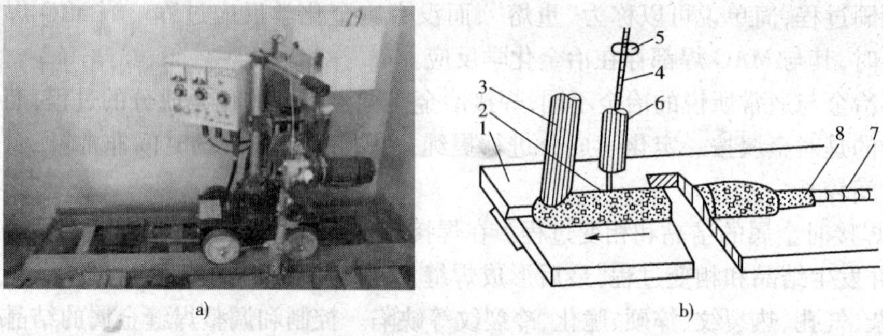

图 1-12　埋弧焊的焊接过程

1-焊件;2-焊剂;3-焊剂漏斗;4-焊丝;5-焊丝给送滚轮;6-导电嘴;7-焊缝;8-渣壳

①熔化极气体保护焊。如图 1-13 所示,熔化极气体保护焊以填充焊丝作为电弧的一极,保护气从喷嘴中喷出,并将焊丝、电弧和熔池与空气隔开,以获得较好保护效果的焊缝。采用惰性气体保护的熔化极气体保护焊,主要用于焊接高合金钢、铝及铝合金、铜及铜合金、钛及钛合金、锆合金等,这时称之为 MIG 焊;当在惰性气体(例如氩气或氦气)中加入一定量的活性气体(例如 CO_2、O_2 或其混合气体)时,称之为 MAG 焊,而不同成分的混合气体适用于不同材料的焊接;当用 CO_2 作为保护气时,称之为 CO_2 焊,主要用于焊接碳钢和低合金钢。

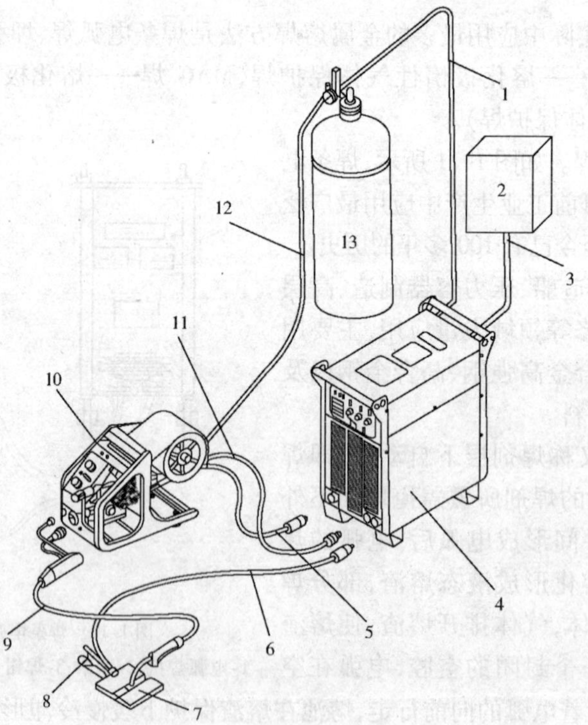

图 1-13　CO_2 气体保护焊示意图

1-加热器电缆;2-配电盒;3-输入电缆;4-弧焊电源[NB-500](PC50-500);5-输出电缆;6-母材电缆;7-工件;8-地线夹;9-气保焊枪;10-送丝机(FP50-100N);11-送丝控制电缆;12-送气管;13-气瓶

②非熔化(钨)极气体保护焊(TIG 焊)。如图 1-14 所示,钨极氩弧焊是典型的非熔化极气

体保护焊方法，它采用熔点极高的纯钨、钍钨合金或铈钨合金棒做电极。焊接时，电极与工件之间产生电弧，同时用氩气作为保护气。需要说明的是，钨极气体保护焊分为钨极惰性气体保护焊、钨极等离子焊和原子氢焊三种，它们广泛用于易氧化的有色金属及其合金（例如铝及铝合金）、不锈钢、高温合金、钛及钛合金以及难熔活性金属的焊接。但是，由于在焊接电流大时电极烧损严重，并使焊缝夹钨，因此钨极气体保护焊非常适合于焊接厚度在6mm以下的焊件。

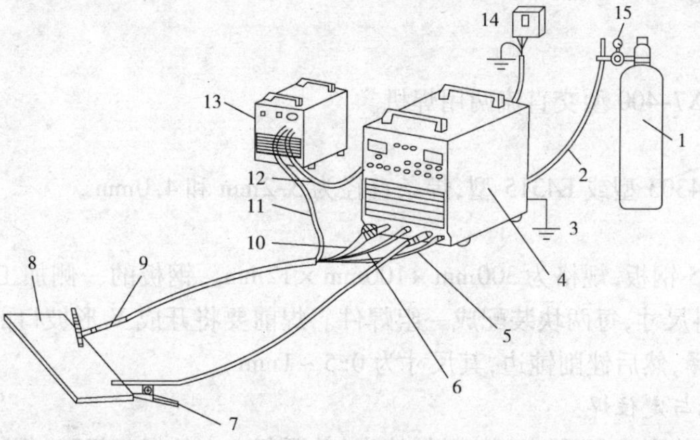

图1-14　TIG焊示意图

1-氩气瓶；2-气管；3-接地；4-焊接电源；5-进焊枪水管；6-控制线；7-接地夹；8-工件；9-焊枪；10-气管；11-回水管；12-出水管；13-水箱；14-电源；15-减压阀

此外，TIG焊具有单面焊双面成型的功能，所以广泛用于管道焊缝的打底焊接，尤其对用于化工厂、电站、核能设施等处的管道，因其工作环境具有放射性、毒性或腐蚀性，因此必须用TIG焊打底。

TIG焊分手工焊和自动焊，手工TIG焊具有方便、灵活的特点，一般用于维修焊接和薄板短缝、不规则焊缝的焊接；自动TIG焊适合于规则长缝和生产性焊接，因其弧长等焊接参数恒定，其焊接质量好。

二、金属熔焊热过程

根据以上的介绍，金属熔焊焊接时，热源将待焊两工件接口处迅速加热熔化，以形成熔池。熔池随热源向前移动，冷却后形成连续焊缝而将两工件连接成为一体。例如，埋弧焊时工件转动，就可以焊接筒体上的环焊缝。在这个过程中存在着焊接热源加热金属，以及热量的传播和分布，这个过程贯穿整个焊接过程，这就是金属熔焊的热过程。

在金属熔焊过程中，如果空气与高温的熔池直接接触，空气中的氧就会氧化金属及各种合金元素。如果空气中的氮、水蒸气等进入熔池，还会在随后的冷却过程中使焊缝中形成气孔、夹杂、裂纹等缺陷，从而降低焊缝的性能质量。

【任务实施】　Q235钢板对接平焊操作及焊接过程分析

一、任务提出

本任务是准备两块Q235钢板，开V形坡口，进行打底焊、填充焊及盖面焊操作，比较焊接操作中焊接电流、电弧电压、焊接速度的变化对焊接的影响，观察并记录操作现象及数据，分析温度变化，总结焊接过程。

两块低碳钢板加工成 60°V 形坡口，钝边0.5～1mm，通过反变形法，进行 V 形坡口对接平焊单面焊双面成型，要求如图 1-15 所示。

二、任务准备

1. 焊机

焊机选用 ZX7-400 型交直流两用焊机。

2. 焊条

焊条选用 E4303 型或 E4315 型，焊条直径为 3.2mm 和 4.0mm。

3. 焊件

焊件为 Q235 钢板，规格为 300mm × 100mm × 12mm。钢板的一侧加工出 30°的坡口，图 1-16 为焊件备料尺寸，每两块装配成一组焊件。焊前要将开成 V 形坡口的焊件表面清理干净，露出金属光泽，然后锉削钝边，其尺寸为 0.5～1mm。

4. 焊件装配与定位焊

将两块钢板装配成 V 形坡口的对接接头，并预留一定的根部间隙，焊件装配定位焊要求始焊端为 3.2mm，终焊端为 4.0mm。

三、操作步骤

修磨坡口及钝边，装配、定位焊并预留反变形量等准备工作完成后，确定焊接层次及焊接工艺参数。焊接层次分布如图 1-17 所示，焊缝共分四层，第一层为打底焊层，第二、三层为填充层，第四层为盖面层。平焊位置焊条电弧焊的焊接工艺参数见表 1-1。

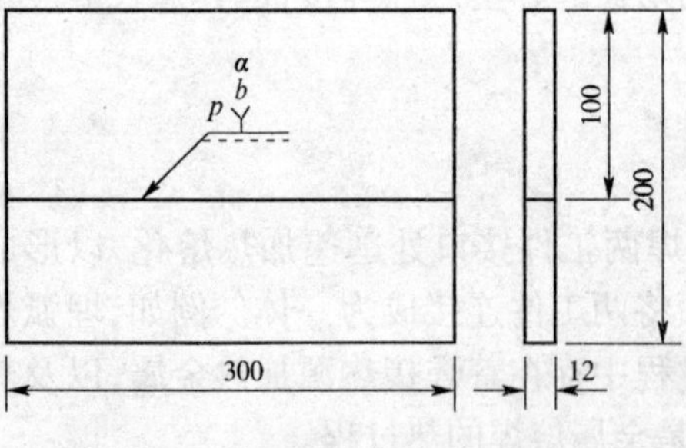

技术要求：

1. 工件材料：Q235-A。

2. 平位单面焊双面成型。

3. 焊缝根部间隙 $b = 3.2 \sim 4.0$mm，钝边 $p = 0.5 \sim 1$mm，坡口角度 $\alpha = 60°$。

4. 焊后变形量应小于 3°。

图 1-15　板对接平焊

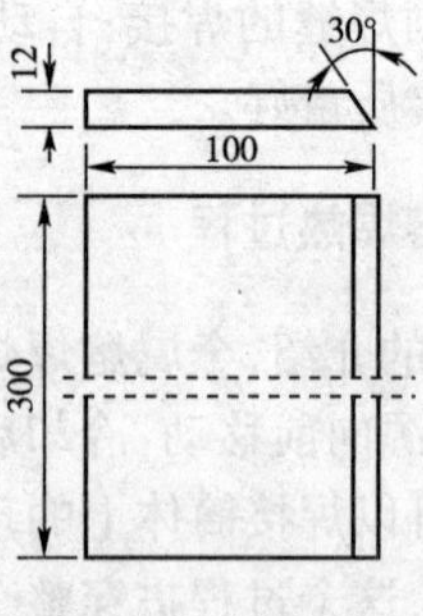

图 1-16　焊件备料尺寸

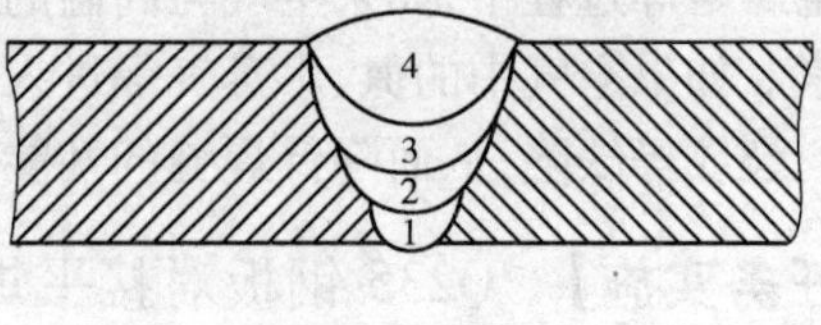

图 1-17　焊接层次

1-打底焊层；2、3-填充层；4-盖面层

平焊位置焊条电弧焊的焊接工艺参数　　表 1-1

焊接层次	运条方法	焊条直径(mm)	焊接电流(A)
打底层	断弧焊法	3.2	95～105
填充层	锯齿形或月牙形运条法	4.0	160～170
盖面层	锯齿形或正圆形运条法		140～160

四、注意事项

(1)操作过程中,要随时观察熔池与熔渣是否可以分清。若熔渣超前,熔池与熔渣分不清,即电弧在熔渣后方时(焊接电流过小),很容易产生夹渣的缺陷;若熔渣明显拖后,熔池裸露出来(焊接电流过大),会使焊缝成型粗糙。

(2)打底焊时,由于运条方法不当、焊接速度和焊接电流不合适容易产生焊瘤、未焊透或背面成型不良。

(3)填充焊的最后一层焊道要低于焊件表面,且有一定下凹,千万不能超出坡口面的棱边,否则会影响盖面焊缝的成型。

(4)盖面焊时,若选择的焊接电流过大、电弧过长或坡口内填充量不足,当运条过程中焊缝两侧停顿时间少、焊条角度不佳时,焊缝两侧会出现咬边。

五、焊接操作总结及分析

(1)为了观察到焊件上各部分温度的变化特点,可以在焊接时用红外测温仪测量不同位置点的温度;如没有红外测温仪,可以用金属丝或细焊芯沾水,并在焊件上划出与焊缝平行的水道的方法,观察水道蒸发消失的先后顺序,从而分析温度变化的过程。

(2)通过观察,可以发现整个焊接过程是前冷、中温、后热。焊接时,焊接速度要做到"前慢"、"中平"和"后快"。"前慢"指的是焊接焊缝的起始段时,焊接速度要慢一些,从而保证焊透;"中平"指的是焊接焊缝的中段时,要保持一定的、平稳的焊接速度;"后快"指的是焊接到焊缝的末段时,焊接速度要适当加快,下送焊条的速度也要适当加快,因为这时的母材已经相当于被预热了200℃左右。

(3)Q235 钢焊缝由焊缝区、熔合区和热影响区组成,其中热影响区又由过热区、正火区和部分相变区组成。通过金相观察发现焊接接头不同区域的特点。

思考与练习 SIKAOYULIANXI

一、填空

1. 焊接是通过__________或__________,或者两者并用,并且用或不用__________,使焊件间达到__________的一种加工方法。

2. 焊接与其他金属连接方法最根本的区别在于,通过焊接,两个焊件不仅在宏观上建立了＿＿＿＿＿＿＿，而且在微观上形成＿＿＿＿＿＿＿。

3. 按焊接过程中金属所处的状态不同，可以把焊接方法分为＿＿＿＿＿＿＿、＿＿＿＿＿＿＿和＿＿＿＿＿＿＿三大类。

4. 熔焊是指＿＿＿＿＿＿＿的焊接方法。

5. 压焊就是在焊接过程中，无论加热与否，必须＿＿＿＿＿＿＿。

二、简答

1. 焊接过程的实质是什么？

2. 简述金属熔焊的一般过程。

三、任务

1. 目标

了解焊接在现代工业生产中的应用及常用的焊接方法中有哪些方法属于熔焊的方法。

2. 准备

(1)人员的准备：每组5～7人，组成一个考查小组。

(2)资料的准备：准备有关焊接生产方法的资料。

3. 地点

图书馆、实习工厂、焊接实训室。

4. 步骤

(1)考查小组首先准备有关焊接生产方面的资料，查阅有关焊接方法分类的资料。

(2)通过查阅资料了解目前生产中常用的焊接方法有哪些，并对常用的焊接方法进行分类，了解哪些是熔焊的方法。

(3)带着查阅的资料，到实习工厂、焊接实训室去了解一下这些常用的熔焊方法在生产中的应用情况。

模块二 焊接热过程

学习目标

1. 熟悉焊接热源及其特征；
2. 掌握焊接温度场的分布及影响因素；
3. 掌握焊接热循环的特点、影响因素及调节方法。

能力目标

1. 能够选择合适的焊接方法，确定热循环参数；
2. 运用焊接热过程的知识，掌握焊接工艺参数的选择；
3. 熟悉常用焊接热源；了解金属熔焊时焊件上温度变化规律，熟悉焊接条件下金属所经历的化学物理变化过程。

焊接需要外加能量，对于熔焊，其外加能量主要是热能。现代焊接发展趋势是逐步向高质量、高效率、低劳动强度和低能耗的方向发展。用于焊接的热量总是希望高度集中，能快速完成焊接过程，并能保证得到热影响区最窄及焊缝致密的接头。

焊接热源的性质与功率，决定了焊接加热的速度、加热的温度和加热的范围，将直接影响焊接质量和生产率。因此，不断研制和开辟新的热源，对焊接技术的发展有重要作用。

任务一 焊接热源

一、常用的焊接热源

生产中常用的焊接热源有以下几种：

(1)电弧热，电弧热利用熔化或不熔化的电极与焊件之间的电弧所产生的热量进行焊接。电弧是目前应用最广的焊接热源。

(2)化学热，化学热利用可燃性气体（如乙炔、液化石油气等）燃烧时放出的热量，或热剂（由一定成分的铝粉或镁粉、氧化铁粉、铁屑或铁合金等按一定比例配制而成）在一定温度下进行反应所产生的热量进行焊接。

(3)电阻热，电阻热利用电流通过接头的接触面及邻近区域所产生的电阻热，或电流通过熔渣时所产生的电阻热进行焊接。

(4)摩擦热，摩擦热利用机械摩擦所产生的热量进行焊接。

(5)等离子弧，等离子弧借助水冷喷嘴对电弧的拘束作用，获得高电离度和高能量密度的等离子弧所产生的热量进行焊接。

(6)电子束,利用加速和聚焦的电子束轰击置于真空或非真空中的焊件表面,使动能转变为热能而进行焊接。

(7)激光束,以经过聚焦的激光束轰击焊件时所产生的热量进行焊接。

(8)高频感应热,对于有磁性的金属,利用高频感应产生的二次电流作为热源,在局部集中加热进行焊接。

二、焊接热源的主要特征

熔焊热源的功率和密度须足以使焊件局部熔化,当加入填充金属时,还具有断续或连续熔化填充金属的作用。各种热源产生热量的方式和方法不同,其功率密度或温度存在差别。热源输送的功率,即单位时间由热源向工件输送的能量,一般用瓦(W)表示。功率密度是指热源和工件之间有效接触的每单位面积上传送的功率,一般以每平方米或每平方厘米的瓦数(即 W/m^2 或 W/cm^2)表示。功率密度是衡量"热度"的尺度,可作为各种焊接热源比较的指标。

热源的性能不仅影响焊接质量,而且对焊接生产率有着决定性的作用。先进的焊接技术要求热源能够进行高速焊接,并能获得致密的焊缝和最小的加热范围。通常,从以下三个方面对焊接热源进行对比。

(1)最小加热面积,即在保证热源稳定的条件下加热的最小面积,单位为 cm^2。

(2)最大功率密度,热源在单位面积上的最大功率,单位为 W/cm^2。在功率相同时,热源加热面积越小,则功率密度越高,表明热源的集中性越好。

(3)在正常的焊接参数条件下能达到的温度。在正常的焊接参数条件下能达到的温度越高,则加热速度越快,因而可用来焊接高熔点金属,具有更宽的应用范围。

常用焊接热源的上述三个特性数据,见表 2-1。

常用焊接热源的特性数据 表 2-1

焊接热源	最小加热面积(cm^2)	最大功率密度(W/cm^2)	达到温度
乙炔火焰	10^{-2}	2×10^3	3200℃
金属极电弧	10^{-3}	10^4	6000K
钨极氩弧焊	10^{-3}	1.5×10^4	8000K
埋弧焊	10^{-3}	2×10^4	6400K
电渣焊	10^{-2}	10^4	2000℃
熔化极氩弧焊 CO_2 气体保护焊	10^{-4}	$10^4\sim10^5$	
等离子弧	10^{-5}	1.5×10^5	18000~24000K
电子束	10^{-7}	$10^7\sim10^9$	—
激光束	10^{-8}	$10^7\sim10^9$	—

从表 2-1 中可以看出,不同焊接热源的特性数据差别是相当大的。理想的热源应该是具有加热面积小、功率密度大、加热温度高等特点,等离子弧、电子束、激光束等属于此类焊接热源。

三、焊接过程的热效率

在焊接过程中,热源所产生的热量并不是全部被利用,而是有一部分热量损失于周围介质和飞溅等,即焊件吸收到的热量要少于热源所提供的热量。我们把焊件(包括母材与填充金属)所吸收的热量叫做热源的有效热功率。有效热功率是热源输出总功率的一部分。

1. 电弧焊时的热效率

现以电弧为例,电弧输出的功率 P_0 可以表示为:

$$P_0 = UI$$

式中:P_0——电弧功率,即电弧在单位时间内所析出的能量;

U——电弧电压;

I——焊接电流。

电弧的有效热功率 P 是 P_0 的一部分,二者的比值为 η',即:

$$P = \eta' P_0$$

式中:P——有效热功率;

η'——焊接加热过程的热效率,或称功率有效系数。

η'值一般根据实验测定,不同焊接方法的η'值,见表2-2。可以看出,埋弧焊的热效率高于焊条电弧焊,这是由于埋弧焊过程中飞溅与散失到周围介质中的热量均小于焊条电弧焊所致,因而热量利用更为充分。此外,电弧热效率还与焊接参数、被焊材料等因素有关。

不同焊接方法的η'值　　表2-2

焊接方法	碳弧焊	焊条电弧焊	埋弧焊	钨极氩弧焊		熔化极氩弧焊	
				交流	直流	钢	铝
η'	0.5～0.65	0.74～0.87	0.77　0.90	0.68～0.85	0.78～0.85	0.66～0.69	0.70～0.85

2. 电渣焊时的热效率

电渣焊时,渣池处于厚大工件的中间,热能主要损失于强制成型的冷却滑块。实践证明,焊件的厚度越大,滑块带走热量的比例(即损失于滑块的热量)越小。这说明电渣焊时,板厚越大,则热效率越高。

应指出,电渣焊时,在熔化金属的同时,有大量的热能向母材金属传导,因而导致焊接热影响区过宽、晶粒粗大,成为电渣焊的最大缺点。

3. 电子束与激光焊接的热效率

由于电子束是在真空中焊接,因此它的能量损失很少,热效率可达90%以上,电子动能的绝大部分都能转化为热能。

激光对焊件加热的机理与电子束不同,它照射焊件时,一部分被吸收,另一部分被焊件表面反射,吸收与反射的比例与被焊材料的种类及其表面状态有关。一般来讲,一旦能量被焊件吸收,就能被充分利用,能量的损失极少。

这两种热源的共同特点是能量极为集中,可以在最小的加热面积上提供最大的功率。利用这种热源进行焊接时,可在瞬时之间实现焊接,使绝大部分能量都用于熔化金属(90%以上),所以在焊接同样的工件时所需的功率比其他焊接方法要小得多。

应该指出,这里所说的热效率η',只是考虑焊件所能吸收到的热能。实际上,这部分热能又分为两部分：一部分用于熔化金属而形成焊缝；另一部分由于热传导而流失于母材形成热影响区。热效率 η' 并没有反映这两部分的比例。严格来讲，用于熔化金属形成焊缝的热能才是真正的热效率。

热源的熔化效率，系指焊接时用于熔化金属的热量占热源功率的百分比。它不仅能确切说明能量的利用率，并可作为描述焊接热源先进性的判据之一。熔化效率高的热源（如电子束和激光束的熔化效率可达90%以上），焊接生产率高、热影响区窄、焊接质量好，而且节约能源，对于焊接一些难熔或化学性质活泼的金属材料，有更广的应用范围。

任务二 焊接温度场

一、焊接温度场的定义、特点及分类

1. 焊接温度场的定义

焊接时，焊件上各点的温度每一瞬时都在变化，但这种变化是有规律的。焊接温度场是指焊接过程中某一瞬时焊件上各点的温度分布。在掌握温度场的定义时，应注意以下两点：

(1) 与磁场、电场一样，温度场考察的对象是空间一定范围内的温度分布状态。

(2) 因为焊件上各点的温度是随时间变化的，因此温度场是某个瞬时的温度场。

焊接温度场的表示方法有公式、表格或图像法，其中最直观、最常用的方法是图像法。

2. 焊接温度场的特点

(1) 图2-1所示为用图像表示的薄板在电弧焊时的一个典型温度场。图2-1a）所示是用垂直于板平面的坐标表示其面上各点的温度分布；图2-1b）所示为距焊缝中心线在 y 向不同距离的温度分布；图2-1c）所示为在 x 方向距热输入点不同距离的温度分布；图2-1d）所示为利用焊件上温度相同的点连成等温线来表示的温度分布，若在体积内则能连成等温面。

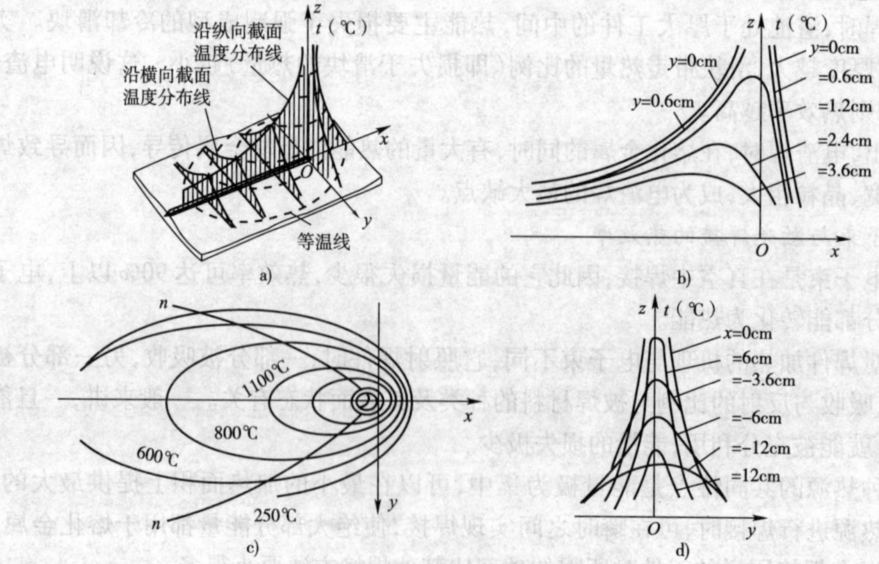

图2-1 焊接温度场

a）三维（立体）温度分布；b）沿纵向截面温度分布；c）等温线；d）沿横向截面温度分布

以上各种表示温度场的图形中，以图 2-1c)，即用等温线（或面）表示，最为常用。

(2)等温线或等温面之间互不相交，有温度梯度。从图 2-1c)可以看出，各等温线或等温面之间存在温度差，故互不相交。在相邻等温线或等温面之间，在某一方向上单位距离的温度变化率称温度梯度，它表示单位体积内温度变化的激烈程度。温度梯度是矢量，在等温线或等温面法线方向上的温度梯度最大。

在图 2-1c)中的 n—n 曲线是各等温线在 y 方向最外侧的点的连线，它实际上是焊件中温度上升及下降的分界的轨迹，在该曲线左侧的所有点都处在冷却过程中，而右侧的各点则都处在加热过程中。

图 2-2 所示为在相同热功率 P 和热源移动速度 v 条件下，不同材料板上的温度场。图中影线部分习惯上是表示在该瞬时母材的屈服应力可以忽略不计的区域，对于碳钢大约在 600℃等温线内。

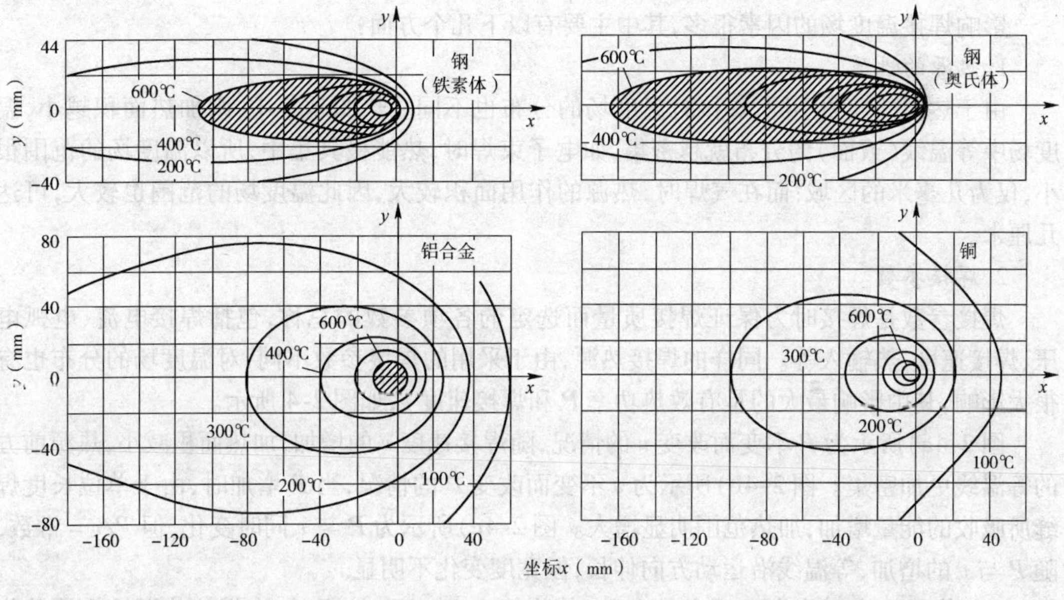

图 2-2　相同热功率和热源移动速度条件下，不同材料板上的温度场（$P = 4.19kJ/s, v = 2mm/s, \delta = 10mm, t_0 = 0℃$）

3. 焊接温度场的分类

根据焊件的尺寸和形状，温度场可以分为三维的（即三向传热）、二维的（即两向传热）和一维的（即单向传热）。

对于厚大焊件，当在它的表面进行堆焊时，就可以把它的温度场看做是三维的，这时可以把热源看成是一个点（或称点状热源），热的传播是三个方向（即 x, y, z 方向）的，如图 2-3a)所示。

一次熔透的薄板，温度场可以看成是二维的。这时认为热能均匀分布在板的厚度上，即在板厚度方向没有温差，把热源看成是沿板厚的一条线（或称线状热源），热的传播是两个方向（即 x, y 方向）的，沿平面进行，如图 2-3b)所示。

细棒的对接及焊条的加热，其温度场均是一维的。如果热在细棒截面上的分布是均匀的，如同以一个均温的小平面进行热的传播（即面状热源），此时传热的方向只有一个（即 x

方向),如图 2-3c)所示。

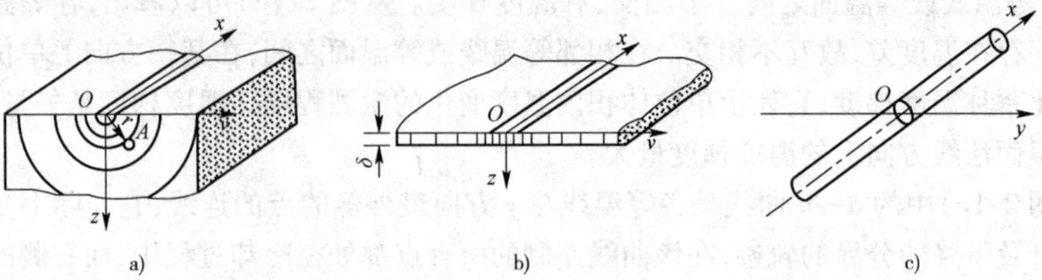

图 2-3 温度场的分类

a)三维温度场;b)二维温度场;c)一维温度场

二、影响焊接温度场的因素

影响焊接温度场的因素很多,其中主要有以下几个方面:

1. 热源的性质

由于热源的性质不同,焊接时温度场的分布也不同。热源越集中,则加热面积越小,温度场中等温线(或面)的分布就越密集,如电子束焊时,热能极其集中,所以温度场的范围很小,仅为几毫米的区域;而在气焊时,热源的作用面积较大,因此温度场的范围也较大,可达几厘米。

2. 焊接参数

焊接参数是焊接时为保证焊接质量而选定的各项参数的总称,包括焊接电流、电弧电压、焊接速度、热输入等。同样的焊接热源,由于采用的焊接参数不同,对温度场的分布也有很大影响,其中影响最大的是有效热功率 P 和焊接速度 v,如图 2-4 所示。

图 2-4a)所示为 P 不变而改变 v 的情况,随焊接速度 v 的增加,加热面积减小,热源前方的等温线更加密集。图 2-4b)所示为 v 不变而改变 P 的情况,当 P 增加时,由于单位长度焊缝所吸收的能量增加,加热范围明显增大。图 2-4c)所示为 P 与 v 同时变化,但 P/v = 常数,随 P 与 v 的增加,等温线沿运动方向伸长,但宽度变化不明显。

P/v 值是一个很有实用意义的参数,其物理意义如下:熔焊时,由焊接热源输入给单位长度焊缝的能量,单位为 J/cm,称为热输入。

3. 被焊金属的热物理性能

同样形状尺寸的焊件,在相同热源的作用下,由于金属材料的热物理性能不同,也会有不同的温度场。热导率、比热容、焓及表面传热系数对焊接温度场的分布均产生一定的影响。

(1)热导率(λ)。λ 表示金属内部的导热能力。热导率的物理意义是:在单位时间内,沿等温面法线方向单位距离温度降低 1℃时,经过单位面积所传递的热量,单位为 W/(cm · ℃)。

(2)比热容(c)。比热容为单位质量的物质升高 1℃时所需的热量,单位为 J/(g · ℃)。不同种材料具有不同的比热容。比热容越高的金属,加热时温度上升越慢。

(3) 焓(H)。焓为单位质量的物质加热到温度 t 时所吸收的热能,即在某温度下,单位质量的物质所含有的热能,单位为 J/g。对于低碳钢来说,加热到熔化温度时,焓约为 1331.4J/g。

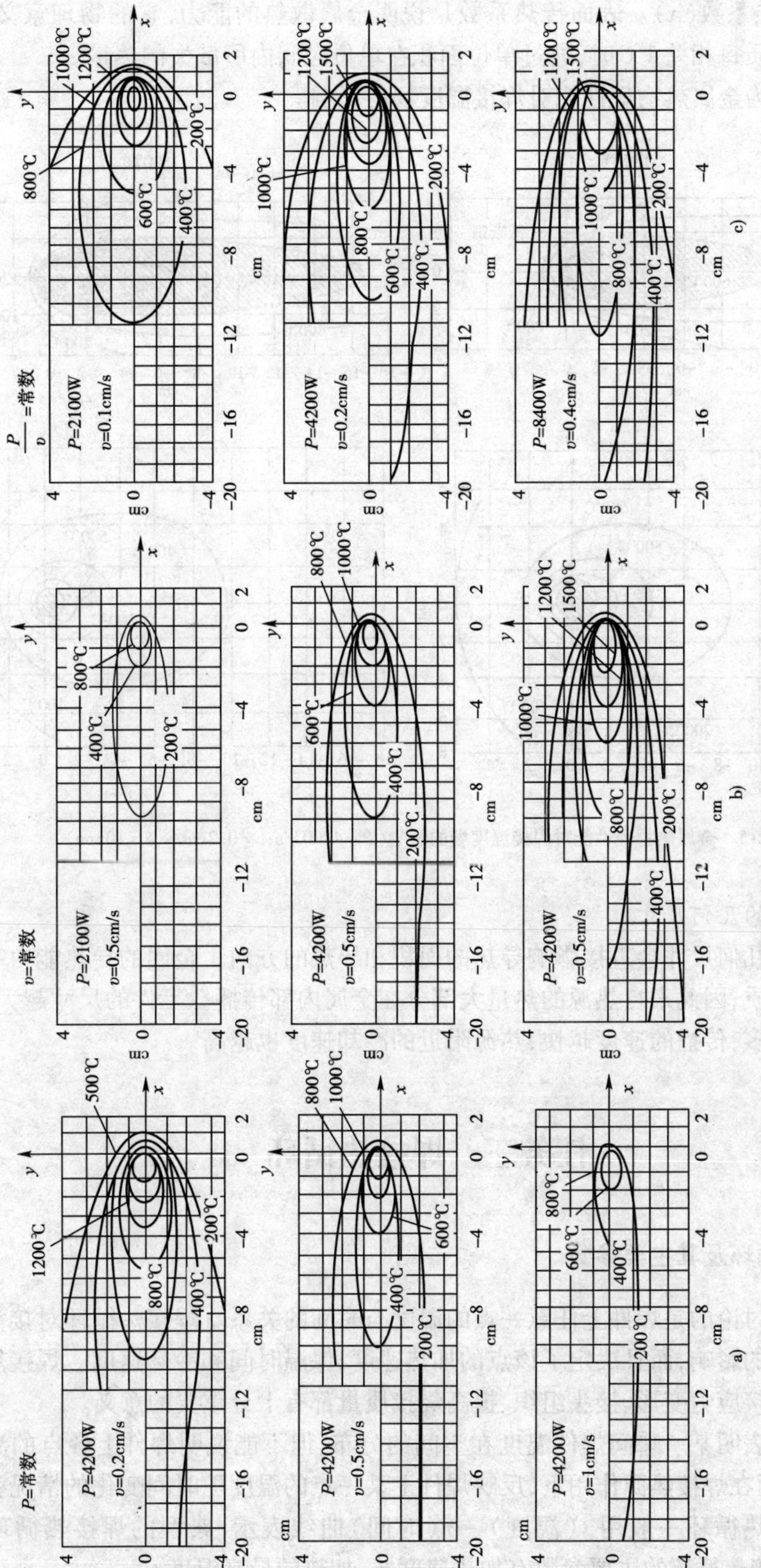

图2-4　焊接参数对温度场的影响(母材为低碳钢)

a)P=常数,v变化;b)v=常数,P变化;c)P/v=常数,P、v同时变化

(4)表面传热系数(α)。表面传热系数是说明金属散热的能力,它的物理意义是:散热体表面与周围介质每相差1℃时,通过单位面积在单位时间内所散失的热量。

图2-5所示为金属热物理性能对焊接温度场的影响。

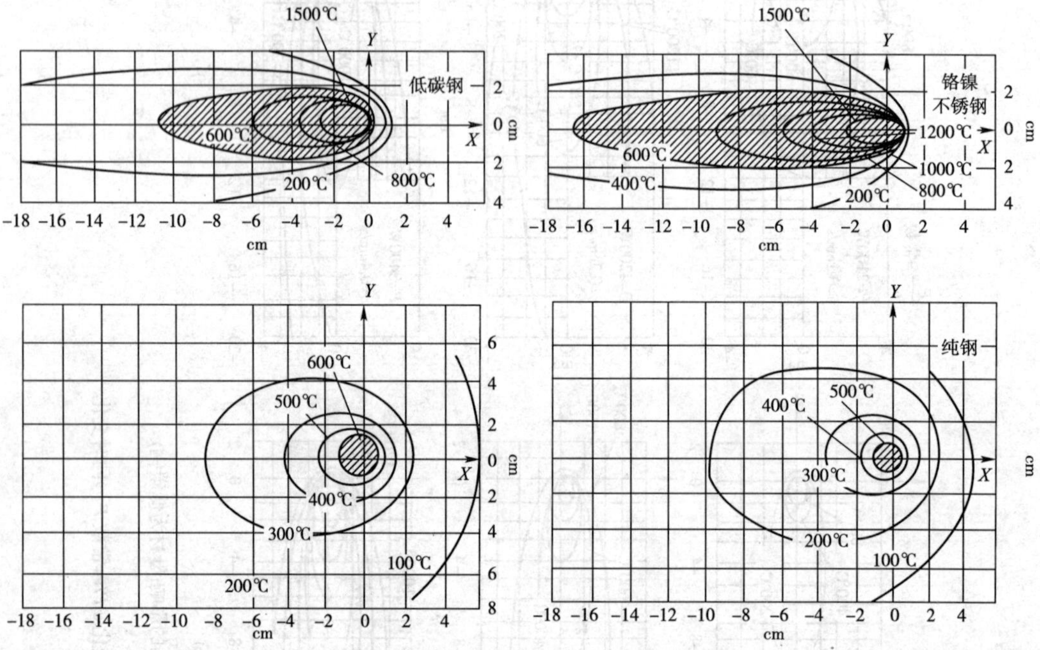

图2-5 金属热物理性能对焊接温度场的影响($P=4200\text{J/s}; v=0.2\text{cm/s}, \delta=10\text{mm}$)

4. 被焊金属的几何尺寸

被焊金属的几何尺寸会直接影响导热的面积和导热的方向。金属的导热能力一般都明显高于周围的介质,因此来自热源的热量大部分在金属内部传播。工件的尺寸越大,传到金属内部的热量越多,传播的速度越快,热源附近的冷却速度也越高。

任务三 焊接热循环

一、焊接热循环及其主要参数

焊接热循环讨论的是焊件上任意一点的温度与时间的关系。焊接热循环对接头的组织与性能都有明显的影响,而且决定了该点的加热速度、保温时间和冷却速度。焊接热循环的研究对于了解焊接应力变形、接头组织、提高焊接质量都有十分重要的意义。

焊接温度场表明某一瞬间焊件温度在空间的分布,但不能说明焊件上各点的温度随时间的变化情况,而在焊接热源作用下,反映焊件上某一点的温度随时间变化的情况就称为焊接热循环。焊接热循环一般用 t(温度) - τ(时间)曲线表示,典型的焊接热循环曲线如图2-6所示。焊接热循环的主要参数有加热速度 v_h,加热的最高温度 t_m。

1. 加热速度 v_h

在集中的高温热源作用下，焊接时的加热速度比其他热加工时要高得多。在相变温度附近提高加热速度，对相变温度及相变过程进行程度都有显著影响。影响加热速度的因素有焊接方法、工艺参数、被焊金属的成分及几何尺寸等。不同焊接方法焊接合金钢时的加热速度见表2-3。

不同焊接方法焊接合金钢时的加热速度 表2-3

焊接方法	板厚(mm)	加热速度(℃/s)
焊条电弧焊和TIG焊	1~5	200~1000
单层埋弧焊	10~25	60~200
电渣焊	20~50	3~20

加热速度与板厚有关，较厚的板应选择较小的加热速度。如果选择了较大的加热速度，则会发生表层蒸发严重而深层还没熔化的现象，从而造成中下部未焊透；薄板则要选择较大的加热速度，如加热速度小，则会发生未熔合或烧穿的现象。

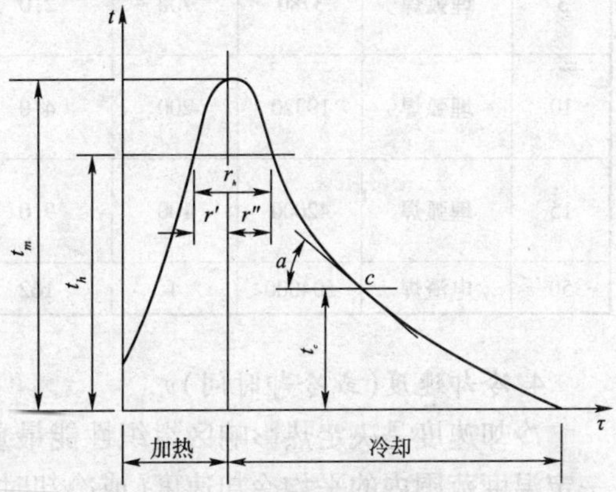

图2-6 焊接热循环曲线

2. 加热的平均温度与最高温度 t_m

熔池加热的平均温度一般为材料的熔点温度再加上焊接方法的过热度。不同焊接方法的熔池过热度见表2-4。例如，低碳钢的熔化温度 t_m 为1525℃，对于钨极氩弧焊，其平均温度为(1525+140)~(1525+265)℃，即1665~1790℃。

不同焊接方法的熔池过热度 表2-4

母材	熔点(℃)	焊接方法	过热度(℃)	平均温度(℃)
低碳钢	1525	埋弧焊	185~325	1710~1850
		熔化极氩弧焊	100~275	1625~1900
		钨极氩弧焊	140~265	1665~1790
铝	660	熔化极氩弧焊	340~585	1000~1245
		钨极氩弧焊	415~550	1075~1215

研究加热的最高温度还可以间接判断焊件上产生内应力的情况和塑性变形区的范围。焊接中金属组织的变化除与参加反应的焊件、焊材的化学成分有关之外，主要还与加热温度和冷却速度有关。焊接时，焊件上不同的点加热的最高温度不同、冷却速度不同，就会有不同的组织和不同的性能。例如，在熔合线附近，由于温度高，母材晶粒发生严重长大，促使其塑性降低。

3. 在相变温度以上的停留时间 τ_h

采用不同焊接方法的相变停留时间见表2-5。在相变温度以上停留的时间越长就会越有利于奥氏体的均质化过程。然而，当温度很高时（如1160℃以上），即使停留时间不长，对于某些金属来说也将促使晶粒严重长大（如电渣焊焊低碳钢和某些低合金钢时）。为了便于分析研究，把高温停留时间 τ_h 又分为加热过程的停留时间 τ' 和冷却过程的停留时间 τ''。

$$\tau_h = \tau' + \tau''$$

单层电弧焊和电渣焊低合金钢时近缝区热循环参数　　表2-5

板厚（mm）	焊接方法	焊接热输入量（J/cm）	900℃时的加热速度（℃/s）	900℃以上的停留时间		冷却速度（℃/s）		备注
				加热停留时间 τ'	冷却停留时间 τ''	900℃	500℃	
1	钨极氩弧焊	840	1760	0.4	1.2	240	60	对接不开坡口
2	钨极氩弧焊	1680	1200	0.6	1.8	120	30	对接不开坡口
3	埋弧焊	3780	700	2.0	5.5	54	12	对接不开坡口，有焊剂垫
10	埋弧焊	19320	200	4.0	13	22	5	对接不开坡口，有焊剂垫
15	埋弧焊	42000	100	9.0	22	9	2	对接不开坡口，有焊剂垫
50	电渣焊	504000	4	162	335	1	0.3	双丝

4. 冷却速度（或冷却时间）v_c

冷却速度是决定热影响区组织性能最重要的参数之一。应当指出，这里所讨论的是在一定温度范围内的平均冷却速度（或冷却时间），或者是某一瞬时温度的冷却速度。对于低碳钢和低合金钢来讲，由800℃冷却到500℃所需要的时间（$\tau_{800\sim500}$）决定了冷却后获得的组织，它直接影响焊接接头的力学性能。

二、影响焊接热循环的因素

影响焊接热循环的因素与影响温度场的因素基本相同，主要有焊接热输入量与预热温度、焊接方法、焊件尺寸、接头形式、焊道长度等。根据影响焊接热循环因素的特点，在产品一定时，可以通过某些工艺措施来调整焊接热循环，从而达到改善接头组织与性能的目的。要想控制好焊接热循环，除了要掌握焊接热循环的主要参数之外，还要了解这些影响因素和调控焊接热循环的方法。

1. 焊接方法

不同焊接方法的热源在功率、能量密度、最高加热温度等方面有很大差别。金属在不同热源下焊接，将显示出不同的焊接性能。

对于结构钢焊接，电渣焊方法的功率很大，但能量密度很低，最高加热温度也不高，焊接时加热缓慢，高温停留时间长，使得热影响区晶粒粗大、冲击韧性显著降低，因此必须对其进行正火处理才能改善焊缝性能。与此相反，电子束焊、激光焊等焊接方法的功率不大，但能量密度很高,加热迅速,高温停留时间短,热影响区很窄,因此没有晶粒长大的危险。

不锈钢的焊接与结构钢类似。但是,不锈钢的导热性比结构钢大,而且线膨胀率比结构钢大,只能采用较小的热输入量。

对于铝及铝合金、铜及铜合金焊接,由于其导热速度比钢快得多,所以通常要进行预热后才能焊接。又由于此类材料易氧化,因此工程上通常采用氩弧焊或等离子弧焊等方法。

总之,不同焊接方法的热源特性不同。在热输入量相同时,因所用电流与焊速的匹配不同,所形成的焊缝形状及熔深明显不同,因此必将对焊件上各点所经历的热循环产生影响。不同焊接方法及热输入量的热循环参数,见表2-5。

2.焊接工艺参数

选择合适的焊接工艺参数,对提高焊接质量和提高生产效率是十分重要的。焊接工艺参数(焊接规范)是指焊接时,为保证焊接质量而选定的诸多物理量。

碱性焊条常采用直流反接,否则电弧燃烧不稳定,飞溅严重,噪声大;酸性焊条使用直流电源时通常采用直流正接。

热输入量 E 等于焊接电流、电弧电压、热效率的乘积和焊接速度的比值。常用焊接方法的热效率是:TIG焊0.5,焊条电弧焊0.7~0.8,埋弧焊0.8~0.95。

焊条直径可根据焊件厚度进行选择。一般厚度越大,选用的焊条直径越粗。根据板厚等条件选择、确定焊接工艺参数,见表2-6。例如,焊件的厚度为4mm,则焊条直径可以选择 ϕ3.2~4mm,焊接电流可以选择160~210A。

焊接电流与焊件厚度、焊条直径的关系　表2-6

焊件厚度(mm)	焊条直径(mm)	焊接电流(A)	焊接热输入量 E(J/cm)
2	2	40~65	$0.75\times(40\sim65)U/v$
	2.5	50~80	$0.75\times(50\sim80)U/v$
3	3.2	100~130	$0.75\times(100\sim130)U/v$
4~5	3.2~4	160~210	$0.75\times(160\sim210)U/v$
6~12	4~5	210~270	$0.75\times(210\sim270)U/v$
>13	4~6	210~300	$0.75\times(210\sim300)U/v$

焊接电流选择时要考虑的因素很多,例如:焊条直径、药皮类型、工件厚度、接头类型、焊接位置、焊道层次等,但主要由焊条直径、焊接位置、焊道层次来决定。焊条直径越粗,焊接电流越大。平焊位置时,可选择偏大一些的焊接电流。横、立、仰焊位置的,焊接电流应比平焊位置小10%~20%。角焊电流比平焊电流稍大一些。打底及单面焊双面成型使用的电流要小一些。碱性焊条选用的焊接电流比酸性焊条小10%左右。不锈钢焊条比碳钢焊条选用的焊接电流小10%左右。

电流过大或过小都易造成焊接缺陷产生。电流过大时,焊条易发红,使药皮变质,而且易造成咬边、弧坑等缺陷,同时还会使焊缝过热,促使晶粒粗大。

具体焊接工艺参数如下:

(1)电弧电压。电弧电压主要决定于弧长。电弧长,则电弧电压高;反之,则低。在焊接过程中,一般希望弧长始终保持一致,而且尽可能用短弧焊接。所谓短弧是指弧长是焊条直径的0.5~1.0倍,超过这个限度即为长弧。

(2)焊接速度。在保证焊缝所要求尺寸和质量的前提下,由操作者灵活掌握焊接速度。速度过慢,热影响区加宽,晶粒粗大,变形也大;速度过快,易造成未焊透、未熔合、焊缝成型不良等缺陷。由于速度以及电压与焊工的运条习惯有关,因此对其不用强制要求。但是根据经验公式可知,当电流小于600A时,电压取$20+0.04I$;当电流大于600A时,电压取44V。此外,还需根据板厚等条件选择、确定焊接工艺参数。

(3)预热温度。热输入量增大,最高加热温度升高,相变温度以上停留的时间加长,而冷却速度降低。预热可以降低焊件冷却速度,预热温度越高,冷却速度越小。预热对焊接热循环的影响见表2-7。

预热对焊接热循环的影响 表2-7

热输入量(J/mm)	预热温度(℃)	1100℃以上停留时间(s)	650℃时的冷却速(℃/s)
2000	27	5	14
2000	260	5	4.4
3840	27	16.5	4.4
3840	260	17	1.4

(4)层间温度。层间温度是指多层多道焊时,在施焊后继焊道之前,其相邻焊道应保持的温度。控制层间温度可降低冷却速度,促使扩散氢的逸出。

(5)焊件尺寸。如图2-7所示情况为热输入量不变,改变焊件宽度b和板厚δ时,对$\tau_{800\sim500}$(温度区间)的影响。可以看出,板厚δ较小时,改变板宽b使$\tau_{800\sim500}$有较大幅度的变化;而δ较大时(如$\delta>30$ mm),b对$\tau_{800\sim500}$的影响不明显。此外,板宽b增大到150 mm以后,当板厚变化时,$\tau_{800\sim500}$的大小与板宽b无关,仅随δ而变化,如图2-7所示中b为150mm和300mm的两条曲线。可以认为,板宽增加到一定限度后,继续增加板宽对金属内部导热不产生影响,此时的冷却速度(时间)仅与板厚有关。

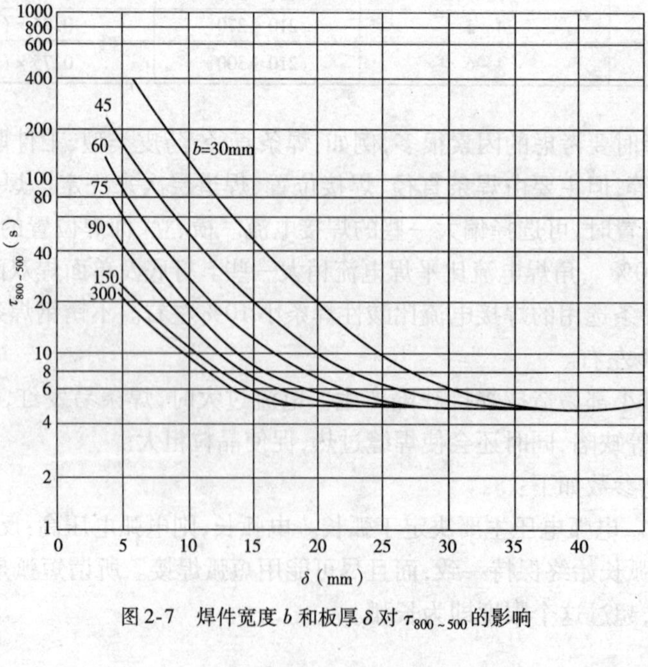

图2-7 焊件宽度b和板厚δ对$\tau_{800\sim500}$的影响

试验条件：焊条电弧焊，未预热，焊条直径 $\phi=4\text{mm}$，$I=140\text{A}$，$U=30\text{V}$，$v=14.5\text{cm/min}$，焊件长度 110mm。

(6)接头形式。接头形式不同导热情况会存在差异。例如，同样板厚的 V 形坡口对接接头与角接头相比，后者的冷却速度要比前者大很多。不同接头与坡口形式对 $\tau_{800\sim500}$ 的影响如图 2-8 所示。

坡口的选择要符合以下标准的规定：《气焊、焊条电弧焊、气体保护焊和高能束焊的推荐坡口》(GB/T 985.1—2008)；《埋弧焊的推荐坡口》(GB/T 985.2—2008)；《铝及铝合金气体保护焊的推荐坡口》(GB/T 985.3—2008)；《复合钢的推荐坡口》(GB/T 985.4—2008)；《钢制化工容器结构设计规定》(HG 20583—1998)。

坡口的选择原则是在保证焊透的情况下，尽量减少坡口角度，减少焊道的数量，减少焊道的总长度，并尽量对称布置焊道，这样就减少了焊缝填充金属量，从而减少焊缝金属晶粒的长大、残余应力和残余变形。焊道还要容易施焊、方便检测、有利于焊接保护等。

(7)焊道长度。焊道长度对冷却速度的影响如图 2-9 所示，在接头形式与焊接条件相同时，焊道越短，其冷却速度越高。焊道长度小于 40 mm 时，冷却速度急剧提高，而且弧坑处的冷却速度最高，约为焊缝中部的 2 倍，比引弧端大 20% 左右。

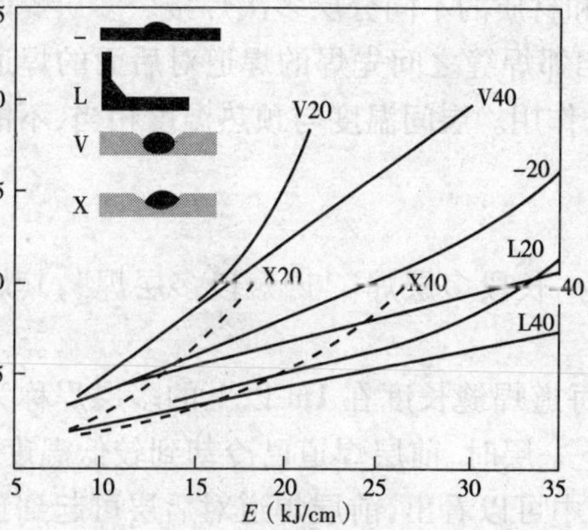

图 2-8　不同接头与坡口形式对 $\tau_{800\sim500}$ 的影响

（图中 20、40 等表示板厚）

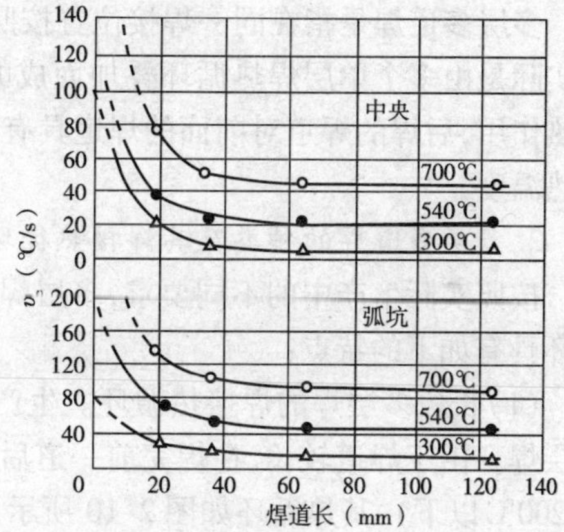

图 2-9　焊道长度对冷却速度的影响

三、调整焊接热循环的方法

焊接工艺措施的应用，必须充分考虑被焊金属的化学成分、物理性能及热处理状态等因素，特别是要充分考虑材料的焊接性，因此调整焊接热循环可以从以下几个方面入手：

(1)根据被焊金属的成分和性能选择适用的焊接方法。例如，铝及铝合金可以选择 TIG 焊、MIG 焊及等离子弧焊接，因为这几种方法都是由惰性气体保护的。不能选择 CO_2 气体保护焊方法的原因是因为这种方法的氧化性较强，而铝又比较活泼。

(2)合理选用焊接工艺参数。确定合适的焊接方法还要有合理的工艺参数，如前面所说的铝及铝合金用 TIG 焊、MIG 焊焊接时，要选择焊接电流、电弧电压、焊接速度、保护气流量、喷嘴孔径等。例如，最重要的工艺参数——电流，要随工件的厚度增加而加大。

(3)采用预热、焊后保温或缓冷等措施降低冷却速度。例如，铸铁的焊接通常要采用预热、焊后保温或缓冷的措施，以降低冷却速度，保证其完成石墨化过程。

(4)调整多层的焊道数和层间温度。层间温度 $T_i(t_i)$ 指多层焊施焊时在施焊后续焊道前其相邻焊道应保持的最低温度。在实际生产中可通过保温或加热等措施调整 T_i。单道焊时，为了保证焊缝及焊缝尺寸，热输入量只能在很窄范围内调整；多道焊时，通过调整焊道数可在较大范围内调整热输入量，从而调整焊接热循环。层间温度应等于或略高于预热温度，以保证降低冷却速度。

例如，重型机械骨架、机床骨架以及厚壁压力容器的焊接，都是厚板结构的焊接，其结构应力较大，焊缝中存在较大的三向应力，因此必须控制好焊道数和层间温度。

(5)利用短段多层焊。对于焊件上的某点而言，只有在离这些点最近的一层焊缝焊接时，最高加热温度最高；其他层焊接时，最高加热温度较低，相当于起到了缓冷或预热的作用。但是，短段多层焊可缩短 Ac_3 以上高温的停留时间，因此，其可解决高温停留时间和冷却速度难以同时降低的矛盾，以改善焊接接头的组织。例如，灰铸铁的冷焊工艺要求短段多层焊。

四、多层多道焊及其焊接热循环

1. 多层多道焊的概念

多层多道焊是指在同一焊接位置按照板厚和材质的不同分层多次焊接。多层焊的热循环实际是由多个单层焊热循环叠加而成的，在相邻焊缝之间先焊的焊道对后面的焊道具有预热作用，后焊的焊道对前面的焊道具有后热的作用。层间温度与预热温度相当，不能低于预热温度。

2. 多层多道焊的种类及其焊接热循环

按照实际生产中的不同要求，多层焊可分为“长段多层焊”与“短段多层焊”，其焊接热循环具有如下的特点：

(1)长段多层焊的焊接热循环。生产中将每道焊缝长度在 1m 以上的多层焊称为长段多层焊。由于焊道较长，在焊完前一道后再焊下一层时，前层焊道已冷却到较低温度(一般在 200℃以下)，其热循环如图 2-10 所示。由图中可以看出，前层焊道对后层可起到预热作用，而后层焊道对前层则起到了后热作用。为了防止最后一层焊缝金属因冷却速度过大而淬硬，可以多加一层“退火焊道”以提高焊接质量。

在焊接淬硬倾向较大的材料(例如某些调质钢)时，如采用长段多层焊则有可能在焊下一层焊道前，前层焊道已因形成硬脆组织而开裂。此时，应采取必要的辅助措施(例如预热、层间保温)加以配合。

(2)短段多层焊。一般每层焊道长度在 50~400mm 时，称为短段多层焊。这样，在焊下层焊道时，前层焊道的温度可保持在 M_S 点以上。短段多层焊的热循环，如图 2-11 所示。

由图可以看出，1 点在整个焊接过程中的 Ac_3 以上停留的时间较短，避免了奥氏体的晶粒粗化；但在 Ac_3 以下的冷却速度又比较低，防止了淬硬组织的形成。4 点则是在前几道施焊产生的预热作用基础上焊接的，因此在焊缝长度适当时，仍可保证在 Ac_3 以上停留较短的时间。为了防止最后的焊道形成淬硬组织，可另加退火焊道，以保证过冷奥氏体有足够的时间分解。

短段多层焊操作起来较烦琐，因此生产率很低，只在很有必要时才应用。一般情况下，短段多层焊适用于焊接过热倾向大而又容易淬硬的金属。

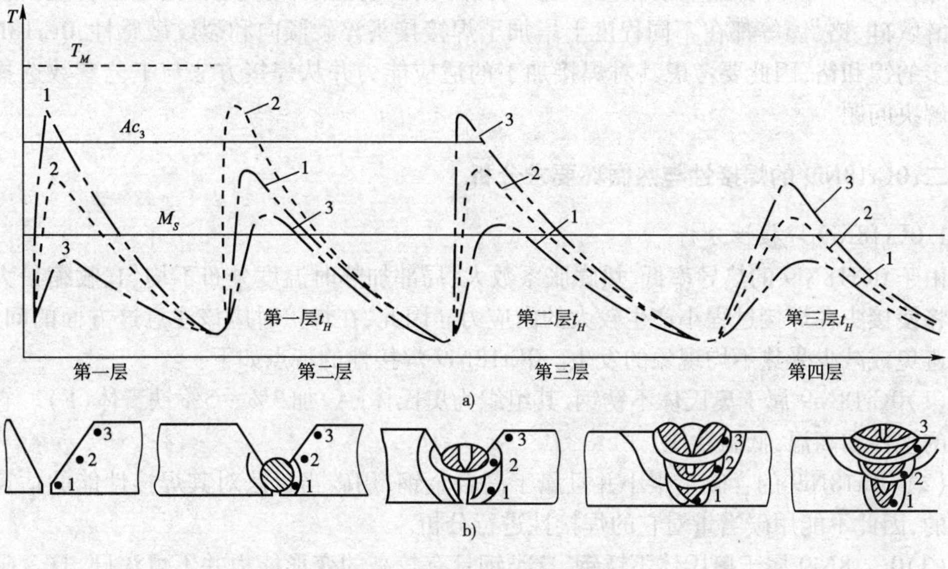

图 2-10　长段多层焊焊接热循环

a)熔敷各层时近缝区 1、2、3 点热循环；b)各层焊缝断面示意图

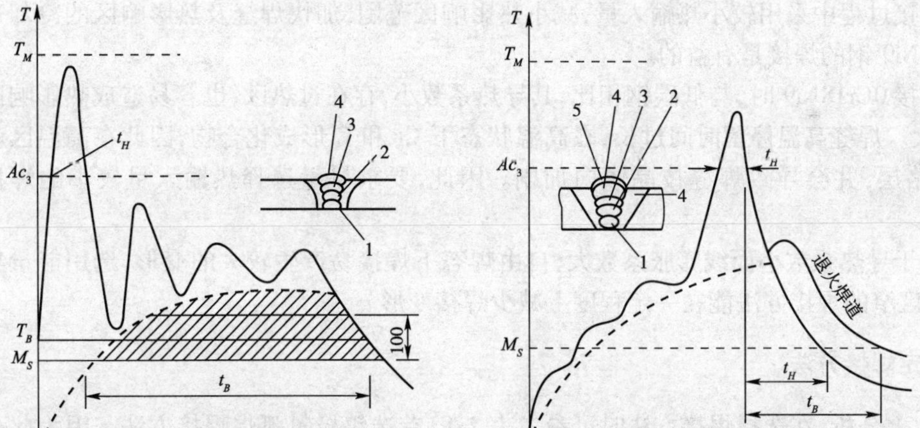

图 2-11　短段多层焊的热循环

a)多层焊热循环；b)有退火焊道的多层焊热循环

T_B-由 Ac_3 冷却到 M_S 点的时间(s)

【任务实施】　0Cr18Ni9 钢焊接工艺参数选择

一、任务提出

现有 0Cr18Ni9 钢，用于制造白酒储罐，选择 0Cr18Ni9 钢焊接的工艺。

0Cr18Ni9 钢常用于制造低温储罐,用来储存水、液态 N_2、液态 Ar、白酒及液态 CO_2 等低温液体, 0Cr18Ni9 的含碳量很低,所以影响其焊接性的主要因素是合金元素含量。合金元素,如锰、硅、铬、镍等都在不同程度上增加了焊接接头淬硬倾向和裂纹敏感性,0Cr18Ni9 含有较多的镍和铬,因此要考虑其对焊接加工的适应能力并从焊接方法与工艺参数选择方面着手解决问题。

二、0Cr18Ni9 的焊接性与热循环要求分析

1. 0Cr18Ni9 焊接性分析

由于 0Cr18Ni9 的热导率低、热膨胀系数大、局部加热时温度分布不均匀、收缩量大等特点都将使接头在焊接过程小产生较大的内应力。因此,在焊接时应该注意这方面的问题,并尽量避免或减少受热不均现象的发生。0Cr18Ni9 焊接性的特点如下:

(1)0Cr18Ni9 属于奥氏体不锈钢,其组织为奥氏体(A)加 3% ~5% 铁素体(F)。它具有良好的塑性和高温、低温性能。

(2) 0Cr18Ni9 的含碳量很小并且属于高合金钢,用碳当量法对其焊接性能的估算是不准确的,因此不能用碳当量对它的焊接性进行分析。

(3)0Cr18Ni9 属于奥氏体不锈钢,这类钢具有较高的变形能力并不可淬硬,且含碳量很低,所以具有较好的焊接性。

2. 0Cr18Ni9 焊接热循环要求

(1)焊接过程中采用较小热输入量,减小热影响区范围,加快焊缝及热影响区的冷却速度对 0Cr18Ni9 钢的焊接是有益的。

(2)焊接 0Cr18Ni9 时,与低碳钢相比,其导热系数小,存在过热区,也容易造成热影响区的晶粒长大。焊缝高温停留时间过长,在高温状态下 Cr 和 C 形成化合物,因此在高温区就形成了贫铬层,并会导致焊缝枝晶倾向加剧。因此,要求尽量选择热输入量较小的焊接方法。

(3)由于导热系数小而线膨胀系数大,自由焊态下焊接易产生较大的变形,选用能量集中、热影响区窄的焊接方法能在一定程度上减少焊接变形。

三、确定焊接方法

根据以上分析,在选择焊接方法时可参考表 2-8,首选钨极氩弧焊焊接方法。因为此种焊接方法的加热速度快,相变停留的时间相对较短,冷却的速度也较快。此外,也可选择焊条电弧焊方法。这是因为焊条电弧焊操作灵活、适应性强。当板厚在 10 ~ 12 mm 以下时,较短的不规则焊道采用焊条电弧焊是非常适合的。

四、确定工艺参数

不论是钨极氩弧焊焊接方法还是焊条电弧焊方法,只要母材成分确定(本任务是 0Cr18Ni9),就可以确定其焊接热输入量 E——比低碳钢手工焊的热输入量 E(约为17 J/cm)小 10%,约为 15J/cm。

1. 坡口尺寸及焊道布置

由于工件的厚度大于 3mm,不能开 I 形坡口,可以开 V 形坡口,坡口尺寸与焊道布置根

据相关的标准选择如图2-12所示的形式和尺寸，组件装配参数见表2-8。

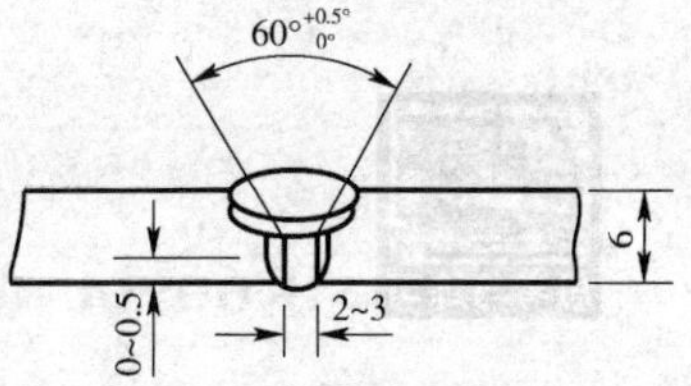

图2-12 试件的坡口尺寸

2. 工艺参数

根据板厚等条件选择、确定焊接工艺参数。焊件的厚度为4mm，则焊条直径可以选择 $\phi 3.2 \sim 4$mm，焊接电流可以选择160~210A。

(1)钨极氩弧焊工艺参数，见表2-9。

组件装配参数 表2-8

坡口角度(°)	装配间隙(mm)	钝边(mm)	反变形(°)	错边(mm)	定位焊长度(mm)
60~65	2~3	0~0.5	5~8	≤0.8	10~15

钨极氩弧焊工艺参数 表2-9

焊接层	焊接电流(A)	焊接电压(V)	氩气流量(L/min)	钨极直径	焊丝直径	钨极伸出长度	喷嘴直径	喷嘴至工件距离
				(mm)				
打底焊	80~90	12~16	7~9	2.5	2.5	4~8	10	≤12
填充焊	90~100							
盖面焊	90~100							

(2)焊条电弧焊工艺参数。如果选择焊条电弧焊，焊条直径与焊件厚度的关系见表2-10。由于工件厚度为6mm，选择直径为2 mm的焊条焊打底层，直径为3.2 mm的焊条焊接盖面层。

焊条直径与焊件厚度的关系 表2-10

焊件厚度(mm)	2	3	4~5	6~12	≥13
焊条直径(mm)	2	3.2	3.2~4	4~5	4~6

所选择的焊接电流可参考表2-11。打底层的焊接电流为40~65A，盖面层焊接电流为100~130A。

焊条直径与焊接电流的关系 表2-11

焊条直径(mm)	1.6	2.0	2.5	3.2	4.0	5.0	6.0
焊接电流(A)	25~40	40~65	50~80	100~130	160~210	260~270	260~300

五、分析工艺参数的影响因素并对可能出现的偏差进行调整

1. 酸性焊条(如E4303)

打底层焊接时，要选择较小的焊接电流，所以选择80~85A；填充层及盖面层焊接时，因为焊接位置为平焊，可选择偏大一些的焊接电流，可以选样95~100A。

2. 碱性焊条(如E5015、E5016)

选用的焊接电流比酸性焊条小10%左右。

3. 不锈钢焊条(如A207、A302)

不锈钢焊条比碳钢焊条选用的焊接电流小20%左右。

思考与练习 SIKAOYULIANXI

一、填空

1. 焊接热源主要的三个特征是________、________和________。

2. 在焊接过程中由热源所产生的热量并不是全部被利用，而是有一部分热量损失于________，即焊件吸收到的热量________热源所提供的热量。我们把焊件（包括母材与填充金属）所吸收的热量叫做________。

3. 理想的热源应该是具有________、________、________等特点。

4. 焊接温度场是指________________________。

5. 根据焊件的尺寸和形状，温度场可以是________、________和________。

6. 焊接热输入是指________。

7. 根据研究的结果认为，热能由热源传给焊件（除电阻焊和摩擦焊以外）主要是以________和________为主；而母材和焊条获得热能之后，热的传播则以________为主。

8. 在焊接过程中热源沿焊件移动时，焊件上某点的________随时间________过程称焊接热循环。

9. 焊接热循环的四个参数是________、________、________和________。

二、简答

1. 生产中常用的焊接热源有哪些？

2. 比较电弧焊与电渣焊的焊接热源的特点及热效。

3. 焊接温度场的特点有哪些？

4. 影响焊接温度场分布的因素有哪些？对焊接温度场的分布有什么影响？

5. 影响焊接热循环的主要因素有哪些？对焊接热循环的曲线分布有什么影响？

6. 试说出几种可以调节焊接热循环曲线的方法。

三、分析讨论

1. 分析各种焊接方法所用的焊接热源的特点，讨论不同的焊接热源的热效率。

2. 分析不同的焊接条件下焊接温度场的分布。

模块三　焊缝金属的构成

学习目标

1. 了解焊缝金属的组成；
2. 掌握焊条(焊丝)与母材在焊接过程中的加热与熔化的特点。

能力目标

1. 熟悉熔滴过渡对焊接过程的影响；
2. 掌握焊缝的成型规律。

通过本模块的学习，了解焊缝金属的组成；掌握焊条(焊丝)与母材在焊接过程中的加热与熔化的特点；熟悉焊缝的成型规律以及熔滴过渡对焊接过程的影响。

任务一　焊条(焊丝)的加热与熔化

一、焊条(焊丝)的加热

电弧焊时焊条(或焊丝)是电弧放电的电极之一，加热熔化后进入熔池，与熔化的母材混合而成焊缝。

电弧焊时，加热和熔化焊条(或焊丝)的能量有：焊接电流通过焊芯时所产生的电阻热，焊接电弧传给焊条端部的热能。由于化学反应所产生的热能，在一般情况下后者仅占1% ~ 3%，因此可忽略不计。

1. 电阻加热

焊接电流通过焊芯时产生的电阻热，使其本身和药皮的温度升高。电流通过焊条产生的电阻热 Q_R 为：

$$Q_R = I^2Rt$$

式中：I——焊接电流，A；

R——焊芯的电阻，Ω；

t——电弧燃烧时间，s。

电阻加热的特点是：从导电接触点至电弧之间的焊芯上，热量均匀分布。当电流密度不大和加热时间不长时，电阻热的影响可以不考虑。当焊接电流密度很大、焊芯过长时，由于电阻热增大，使焊芯和药皮温升过高将引起以下的不良后果：①焊条金属在电弧作用下熔化过分激烈，使飞溅增加。②焊条药皮开裂，或过早脱落使电弧不能稳定燃烧。③药皮组成物之间过早地发生反应，丧失其冶金性能。④焊缝成型变坏，甚至产生气孔等缺陷。⑤焊条发红变软,操作困难。用不锈钢焊条焊接时,这种现象更加突出,严重者焊接时熔化焊条长度的三分之二,就会因药皮发红、脱落而不能继续施焊,不仅影响了焊接质量,而且造成很大浪费。因此,焊条电弧焊时,应当严格限制焊芯或药皮的加热温度。

实验表明,焊芯和药皮的加热温度取决于电流密度、焊芯的电阻、焊芯的熔化速度、药皮厚度及其成分等。在其他条件相同的情况下,电流密度越大,焊芯的温升越高,所以调节焊接电流密度是控制焊芯加热温度的有效方法。显然,在同样的电流密度下,焊芯的电阻越大,其温升越高。例如,H08A 低碳钢焊芯比 Cr18Ni9 不锈钢焊芯的电阻小,当 130A 的电流通过直径为 4mm 的上述两种焊芯时,其表面温升分别为 532℃和 917℃,后者比前者高约 400℃。故电阻较大的不锈钢焊条比碳钢焊条短,相同直径的焊条选用的电流也要低些。在同样条件下,焊条的熔化速度越快,因其被加热的时间缩短,它的温升越低。药皮的成分和厚度直接影响焊芯表面的散热条件,随着药皮厚度的增加,药皮表面的温度会直线下降,但同时也增加了药皮和焊芯之间的温差,因而增加了药皮开裂倾向;调整药皮的成分,使焊芯金属由短路过渡变成细颗粒过渡,可以提高焊条的熔化速度,降低焊接终了时药皮的温度。

2. 电弧加热

焊接电弧产生的热量,大部分用于熔化母材,一小部分用于熔化焊条。焊条端部得到这部分能量后,一部分消耗于熔化端部的药皮及焊芯,另一部分传导到焊芯的上部,使焊芯和药皮的温度升高。但电弧对焊条加热的特点是热量非常集中,沿焊条轴向与径向的温度场都非常窄。根据对焊条轴向药皮表面温度测量的结果表明,电弧热量集中在至焊条端部 10mm 以内,如图 3-1 所示。焊条径向温度下降得也很快,药皮表面比焊芯的温度要低得多,如图 3-2 所示。

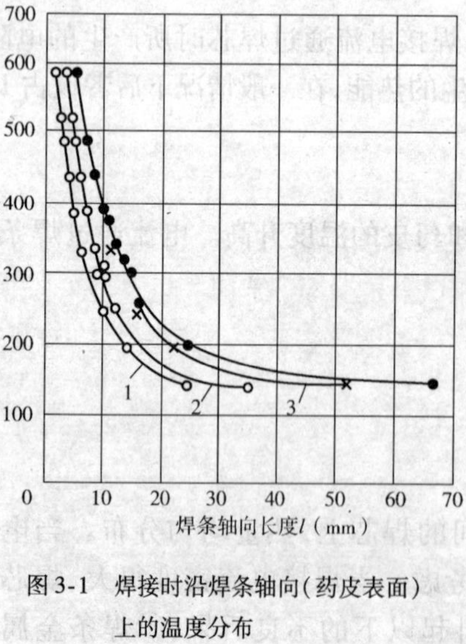

图 3-1 焊接时沿焊条轴向(药皮表面)上的温度分布

不锈钢焊条:$\phi = 5mm, I = 190A, U = 25V$

电弧燃烧时间:1-10s;2-20s;3-30s;4-40s

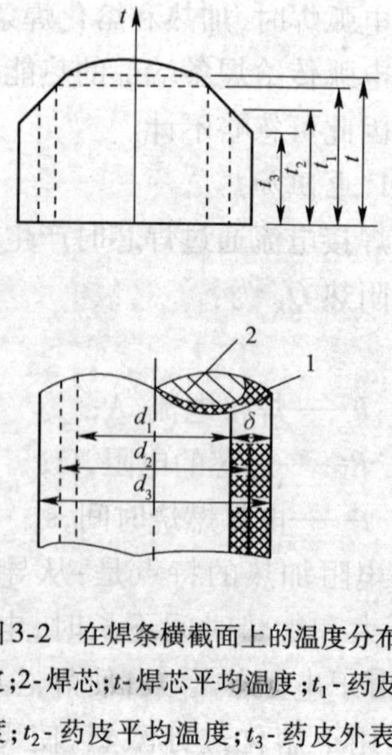

图 3-2 在焊条横截面上的温度分布

1-药皮;2-焊芯;t-焊芯平均温度;t_1-药皮内表面温度;t_2-药皮平均温度;t_3-药皮外表面温度;δ-药皮厚度

二、焊条的熔化速度

在电弧热的作用下，焊条端部的焊芯熔化后进入熔池。焊条的熔化速度是标志焊接生产率的主要参数。经研究发现，焊条的熔化是以周期性的滴状形式进行的，这说明焊条的熔化是不均匀的。另外，在大电流密度下用焊条焊接时，由于电流对焊芯的强烈预热作用，焊接终了时的熔化速度比开始时大30%或更多。

焊条的熔化速度可用单位时间内焊芯熔化的长度或质量来表示。试验证明，在正常焊接参数条件下，焊条的平均熔化速度与焊接电流成正比，即：

$$v_m = \frac{m}{t} = \alpha_p I$$

式中：v_m——焊条的平均熔化速度，g/h；

m——熔化的焊芯质量，g；

t——电弧燃烧的时间，h；

α_p——焊条的熔化系数，熔焊过程中，在单位时间内使用单位电流时焊芯（或焊丝）的熔化量。

$$\alpha_p = \frac{m}{tI}$$

三、焊条药皮的熔化及过渡

药皮的温度、熔化及过渡特点对焊接化学冶金反应有极其重要的影响。前面已介绍了药皮表面的温度及其沿焊条长度的分布情况，这里仅就药皮的熔化及过渡加以讨论。

焊条药皮是压涂在焊芯表面上的涂料层，它是具有不同物理和化学性质的细颗粒物质的紧密混合物。加热和熔化这样的混合物伴随着各种过程的发生（如化合物的分解、各组成物之间的相互作用、水分的蒸发、低沸点材料的挥发等）。药皮各组成物的熔化并不是同时进行的，而是从低熔点的成分开始，并同时发生高熔点成分溶解在所形成的液体中。

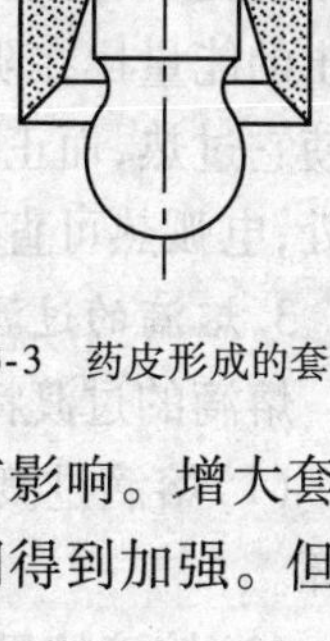

图3-3　药皮形成的套筒

由于焊条药皮的导热能力比焊芯低得多，加之药皮表面的散热作用，因此，在药皮厚度方向的温度分布是不均匀的，等温线由焊芯过渡到药皮内表面发生突然转折，以锥面伸展到药皮外表面，这样在焊条端部形成了所谓的套筒，如图3-3所示。药皮的熔点越高，药皮厚度越大，套筒也就越长。

药皮套筒的长度对焊接工艺性能、熔滴过渡形态和化学冶金过程都有影响。增大套筒长度可以提高电弧吹力，增加熔深、细化熔滴，并使气流对熔滴的保护作用得到加强。但套筒过长，将使电弧拉长，造成电弧不稳，甚至中断或是药皮成块脱落。

药皮熔化后，形成熔渣向熔池过渡。熔渣过渡形式有两种：一是包在熔滴外形成一层薄膜或部分熔渣质点被熔滴金属包裹，随熔滴过渡；二是从焊条端部直接进入熔池。在第一种情况下，熔渣在过渡过程中就能与熔滴进行冶金反应，因此冶金反应进行得比较充分。第二种情况是在药皮厚度比较大时才会出现，熔渣仅和熔池金属进行反应。

任务二 熔滴过渡

电弧焊时,焊条(或焊丝)的末端在电弧的高温作用下加热熔化,熔化的液体金属积累到一定程度便以一定的方式脱离焊条末端,并过渡到熔池中去。这个过程称为熔滴过渡。

一、熔滴的过渡特性

1.熔滴的比表面积和相互作用时间

焊接时金属与熔渣和气体的相互作用属于高温多相反应。因此,熔滴的表面积和熔滴与周围介质相互作用的时间对熔滴阶段的冶金反应有很大的影响。

熔滴的比表面积 S,即熔滴的表面积 F_g 与其体积 V_g 或质量 ρV_g 之比,可表示为:

$$S=\frac{F_g}{V_g} \quad 或 \quad S=\frac{F_g}{\rho V_g}$$

随着物体体积的增大其表面积也迅速增大,因此,在熔滴长大的过程中其比表面积也应当是变化的,熔滴的比表面积取决于它的形状和尺寸。

熔滴越细,其比表面积越大。因此,凡是能使熔滴变细的因素,如增大电流密度、在药皮中加入表面活性物质等,都能使熔滴的比表面积增大,从而有利于冶金反应的进行。

焊接时,熔滴的比表面积是相当大的,据统计可达 $10^3 \sim 10^4 cm^2/kg$。熔滴与其他相的接触面积比熔滴的表面积还要大,因为在熔滴内部常常含有熔渣的质点和气泡。焊接时的化学冶金反应是很激烈的。

2.熔滴的温度

熔滴的温度是研究熔滴阶段各种物理化学反应时不可缺少的重要参数。到目前为止,还不能从理论上精确计算出熔滴的温度。

对焊接低碳钢而言,熔滴的平均温度波动在2100~2700K的范围内。

试验表明,熔滴的平均温度随焊接电流的增加而升高,并随焊丝直径的增加而降低。在多数情况下,正极性焊接时熔滴的平均温度比反极性焊接时低。首先是因为电弧在阳极区析出的能量比在阴极区析出的能量多;其次是反极性时电弧的斑点稳定于熔滴的下面,因此易使它过热,而正极性时电弧斑点在熔滴表面上飘动,有时转移到液体金属与固体金属的交界处,电弧热可直接传给焊丝,自然使熔滴的温度下降。

3.熔滴的过渡特性对焊接过程的影响

熔滴的过渡特性对焊接过程的影响如下:

(1)熔滴过渡的速度和熔滴的尺寸影响焊接过程的稳定性、飞溅程度以及焊缝成型的好坏。

(2)熔滴的尺寸大小和长大情况决定了熔滴反应的作用时间和比表面积的大小,从而决定了熔滴反应速度和完全程度。

(3)熔滴过渡的形式与频率直接影响焊接生产率。

(4)熔滴过渡的特性对焊接热输入有一定的影响,改变熔滴过渡的特性可以在一定程度上调节焊接热输入,从而改变焊缝的结晶过程和热影响区的尺寸及性能。

二、熔滴过渡的作用力

根据作用力的来源不同，熔滴过渡的作用力主要有以下几种。

1. 重力

当焊条直径较大而焊接电流较小时，在平焊位置的情况下，使熔滴脱离焊条的力主要是重力，如果熔滴的重力大于表面张力时，熔滴就要脱离焊条。

显然，在立焊及仰焊时，重力阻碍熔滴过渡。

2. 表面张力

表面张力是使熔滴保持在焊条端部上的主要作用力。

平焊时，表面张力阻碍熔滴过渡，因此，只要使表面张力减小的措施都将有利于平焊时熔滴的过渡。除平焊之外的其他位置焊接时，表面张力对熔滴过渡有利。因为一是熔滴与熔池接触时表面张力有将熔滴拉入熔池的作用；二是使熔池或熔滴不易流淌。

在熔滴上具有少量的表面活化物质时可以大大地降低表面张力系数。在液态钢中，最大的表面活化物质是氧和硫。因此，影响这些杂质含量的各种因素（金属的脱氧程度、熔渣的成分等）将会影响熔滴过渡的特征。

增加熔滴温度，会降低金属的表面张力系数，从而减小熔滴尺寸。

3. 电磁力

电流流过导体时，在导体周围产生磁场，此磁场对导体又产生压缩力 p（图 3-4），这种力称为电磁力。

电磁力的方向垂直于导体表面（更确切地说是垂直于电流线），使导体截面积减小。电磁力对焊条未熔化部分无甚影响，而对熔化的金属则有显著的压缩作用。特别是在焊条末端与熔滴之间的细颈部分，电流密度最大，电磁力也最大。此种沿焊条轴线分布不均匀的电磁力又构成一种轴向推力，促使熔滴脱离焊条，而向熔池过渡。

在空间任何位置进行焊接时，电磁力都有促进熔滴过渡的作用。在用大电流施焊时，电磁力是熔滴过渡中的主要作用力。

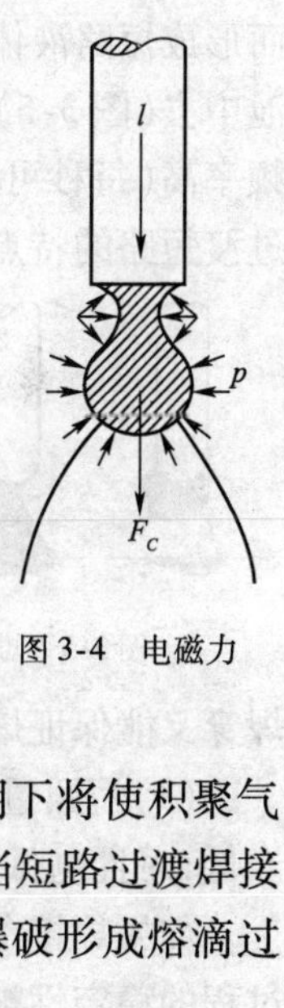

图 3-4　电磁力

4. 熔滴爆破力

当熔滴内部因冶金反应而生成气体或含易蒸发金属时，在电弧高温作用下将使积聚气体膨胀而产生较大的内压力，致使熔滴爆破，这一内压力称为熔滴爆破力。当短路过渡焊接时，在电磁力及表面张力的作用下形成缩颈，在其中流过较大电流，使小桥爆破形成熔滴过渡，同时会产生飞溅。

5. 电弧的气体吹力

在焊条电弧焊时，焊条药皮的熔化滞后于焊芯的熔化，这样在焊条的端头形成套筒，此时药皮中造气剂产生的气体及焊芯中碳元素氧化产生的 CO 气体在高温作用下急剧膨胀，从套筒中喷出，作用于熔滴。不论何种位置的焊接，电弧气体吹力总是促进熔滴过渡。

6. 斑点压力

电极上形成斑点时，由于斑点是导电的主要通道，所以此处也是产热集中的地方。同时该处将承受电子（反接）或正离子（正接）的撞击力。又因该处电流密度很高，将使金属强烈蒸发,金属蒸发时对金属表面产生很大的反作用力,对电极造成压力。当斑点面积较小时(如 CO_2 焊接时的情况),斑点压力常常是阻碍熔滴过渡的力;而当斑点面积很大,笼罩整个熔滴时(如 MIG 焊喷射过渡的情况),斑点压力常常促进熔滴过渡。

上述诸力,除重力和表面张力之外,电弧力、爆破力等的存在与方向都与电弧形态有关,而对于熔滴过渡的作用,则随工艺条件、焊接位置以及熔滴状态等的变化而异。例如,长弧焊时,表面张力总是阻碍熔滴从焊丝末端脱离,而成为反过渡力。但短弧焊时.当熔滴与熔池金属短路并形成液态金属过桥时,由于与熔池接触界面很大,使向下的表面张力远大于焊丝端向上的表面张力,结果使金属液桥被拉进熔池而有利于熔滴过渡。

三、熔滴过渡的主要形式及其特点

熔滴过渡的形式以及过渡过程的稳定性取决于作用在焊丝末端熔滴上的各种力的综合影响,其结果会关系到焊接过程的稳定性、焊缝成型、飞溅大小,最终影响焊接质量和生产效率。由于焊接方法不同以及工艺条件的差异,可以进一步细分为以下几种典型熔滴过渡的形式。

1. 短路过渡

短路过渡主要用于 $\phi 1.6$mm 以下的细丝 CO_2 气体保护焊或使用碱性焊条,采用低电压、小电流焊接工艺的焊条电弧焊。由于电压低,电弧较短,熔滴尚未长成大滴时即与熔池接触而形成短路液体过桥,在向熔池方向的表面张力及电磁收缩力的作用下,熔滴金属过渡到熔池中去(图 3-5),这样的过渡形式称为短路过渡。这种过渡电弧稳定,飞溅较小,熔滴过渡频率高(每秒可达几十次至一百多次),焊缝成型良好。广泛用于薄板结构及全位置焊接。过渡短路的特点如下:

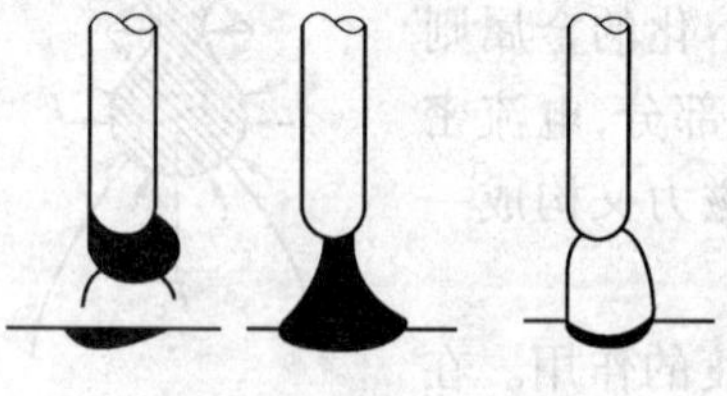

图 3-5　短路过渡示意图

(1)短路过渡是燃弧、短路交替进行。燃弧时电弧对焊件加热,短路时电弧熄灭,熔池温度降低。因此,调节燃弧时间或熄弧时间即可调节对焊件的热输入,控制母材熔深。

(2)短路过渡时所使用的焊接电流(平均值)较小,但短路时的峰值电流可达平均电流的几倍,既可避免薄件的焊穿又能保证熔滴顺利过渡,有利于薄板焊接或全位置焊接。

(3)短路过渡一般采用细丝(或细焊条),焊接电流密度大,焊接速度快,故对焊件热输入低,而且电弧短,加热集中,可减小焊接热影响区宽度和焊件变形。

如果焊接参数不当或焊接电源动特性不佳时,短路过渡将伴随着大量的金属飞溅,过渡过程的稳定性被破坏,不但影响焊接质量,而且浪费焊接材料,恶化劳动条件。

2. 滴状过渡

滴状过渡时电弧电压较高,由于焊接参数及材料的不同又分为粗滴过渡(大颗粒过渡)及细滴过渡(细颗粒过渡)。

(1)粗滴过渡。电流较小而电弧电压较高时,因弧长较长,熔滴与熔池不发生短路,焊丝末端便形成较大的熔滴。熔滴长大到一定程度后,重力克服表面张力使熔滴脱落(如前所述因电流较小,电弧力不起主要作用),如图 3-6 所示。

这种过渡方式由于熔滴大,形成的时间长,影响了电弧的稳定性,造成焊缝成型粗糙,飞溅较大，在生产中基本不采用。

(2)细滴过渡。电流比较大时，电磁收缩力较大，熔滴表面张力减小，熔滴细化，这些都促使熔滴过渡，并使熔滴过渡频率增加。这种过渡形式称为细滴过渡。因飞溅较少，电弧稳定，焊缝成型较好，在生产中被广泛应用。

这种过渡形式在不同气体介质中或材料不同时，其过渡特点也不同。对于 CO_2 气体保护电弧焊及酸性焊条电弧焊，熔滴呈非轴向过渡(偏离轴向)。而铝合金熔化极氩弧焊或用较大电流的活性气体保护焊焊钢件时，熔滴呈轴向过渡(熔滴沿焊丝轴向落入熔池)。因此，前者又称为细颗粒过渡；而后者称为射流过渡，如图 3-7 所示。相比之下，后者比前者飞溅小。

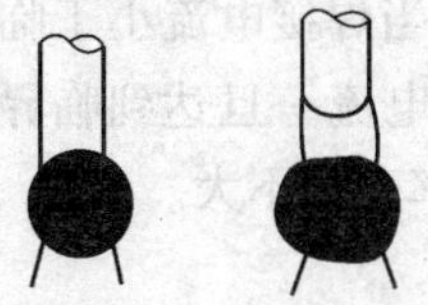

图 3-6　粗滴过渡示意图

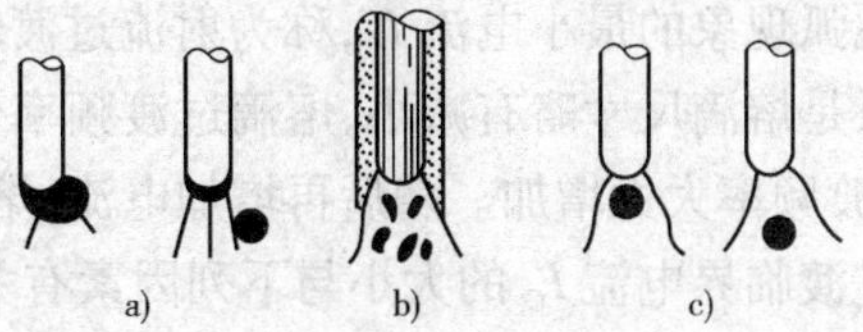

图 3-7　细颗粒过渡与射流过渡

a)、b)细颗粒过渡；c)射流过渡

3. 喷射过渡

氩气或富氩气体保护焊接时，在一定工艺条件下，会出现喷射过渡。通常分为射滴、亚射流、射流和旋转射流四种过渡形式。射滴过渡是介于滴状过渡与连续射流过渡之间的一种熔滴过渡形式，其工艺条件与连续射流过渡有相似之处，主要适用于钢焊丝脉冲焊及铝合金焊丝熔化极气体保护焊。亚射流过渡是介于短路与射滴之间的一种过渡形式，主要用于铝、镁及其合金的熔化极气体保护焊。旋转射流过渡是在焊丝伸出长度较大，焊接电流比通常射流过渡临界电流高出很多时(称为第二临界电流)出现的一种熔滴过渡形式。

射流过渡是喷射过渡中最富有代表性且用途广泛的一种过渡形式。获得射流过渡的条件是采用纯氩或富氩保护气氛，直流反接，除了保持高弧压(长弧)外，还必须使焊接电流大于某一临界值。

当熔化极氩弧焊电流较小、弧长较长时，则焊丝末端形成的溶滴尺寸较大，电弧呈圆柱形状，电磁收缩力也较小，熔滴在重力作用下呈粗滴过渡(图 3-8a)。随着电流的增加，熔滴尺寸减小，并且电磁收缩力增大。当电流增加到一定程度时，熔滴与焊丝接触处形成颈缩，电弧弧根扩展至熔滴根部(图 3-8b)。缩颈处电流密度较大，使缩颈过热，其表面产生大量金属蒸气，具备了产生电极斑点的条件，电弧将从熔滴根部跳至细颈根部(图 3-8c)，产生所谓跳弧现象。跳弧后，电弧形态发生明显的改变，形成锥形电弧，电磁收缩力进一步增大并产生较强的等离子流力，对熔滴产生较大的推力。第一个熔滴(较大)被推落之后，在电弧力作用下焊丝端头的液态金属呈铅笔尖

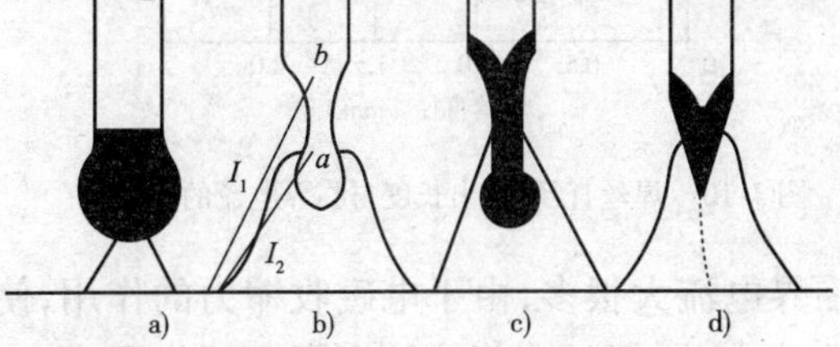

图 3-8　射流过渡形成示意图

状液柱(图3-8d)。由于此液柱的表面张力很小,在较强的等离子流力作用下,细小的熔滴便从液柱尖端一个接一个的以高速冲向熔池(其加速度可达重力加速度的几十倍),这种过渡形式称为射流过渡。

射流过渡在工艺上的主要优点:

(1)焊接过程稳定,飞溅极少,焊缝成型质量好。

(2)由于电弧稳定,对保护气流的扰动作用小,故保护效果好。

(3)射流过渡电弧功率大,热流集中,对焊件的熔透能力强。而且过渡的熔滴沿电弧轴线高速流向熔池,使焊缝中心部位熔深明显增大而呈指状熔深。所以射流过渡主要用于平焊厚度大于3mm的工件,不宜焊薄件。

产生跳弧现象的最小电流 I_C,称为射流过渡临界电流。当焊接电流小于临界电流时,电流的增大只是熔滴尺寸略有减小,熔滴过渡频率变化不大。电流一旦达到临界电流,熔滴尺寸减小,过渡频率大大增加。随后再增加电流,熔滴过渡频率变化不大。

射流过渡临界电流 I_C 的大小与下列因素有关:

(1)焊丝成分。焊丝成分不同将引起电阻率、熔点及金属蒸发能力的变化。图3-9为各种不同成分焊丝的临界电流。

(2)焊丝直径。即使是同种材料的焊丝,直径不同,其临界电流值也不同。由图3-9和图3-10可见,随焊丝直径的增大,临界电流成比例地增加。这是因为焊丝直径大,则电流密度小,熔化焊丝所需要的热量增加,因而形成射流过渡的临界电流值也随之增大。

(3)焊丝伸出长度。焊丝伸出长度长,电阻热的预热作用增强,焊丝熔化快,易实现射流过渡,使临界电流值降低。这种现象,电阻率越大的材料越明显,如图3-10所示。

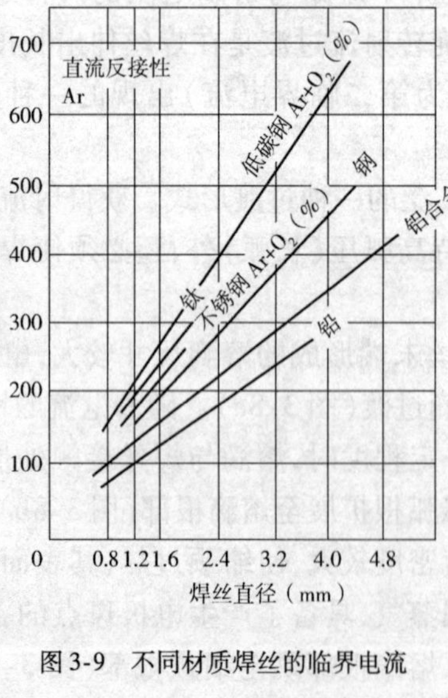

图3-9　不同材质焊丝的临界电流

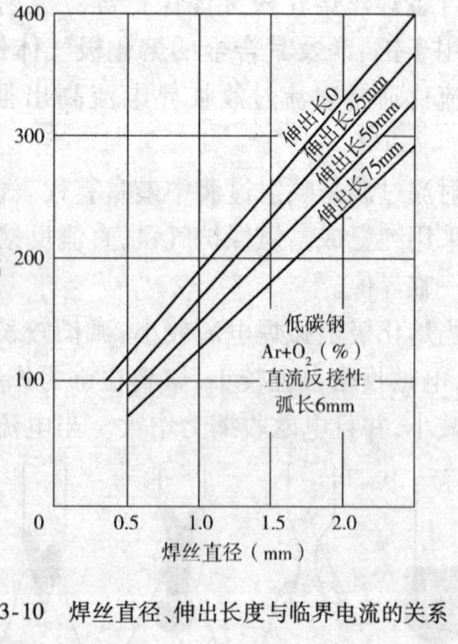

图3-10　焊丝直径、伸出长度与临界电流的关系

如果焊丝伸出长度过长,而且焊接电流比临界电流大很多,由于电磁收缩力的作用,使焊丝端部液柱的长度增加,射流过渡的细滴高速喷出,对焊丝端部液柱会产生反作用力,一旦某种偶然因素使反作用力偏离轴线,则液柱端部偏斜,使液柱旋转,熔滴从液柱端部向四周高速甩出,形成所谓旋转射流过渡,如图3-11b)所示。以前认为这种过渡形式电弧不稳,

金属飞溅严重，焊缝成型差，无使用价值。现在有学者发现，在窄间隙的条件下旋转射流过渡由于有较多的金属蒸气包围，尽管产生了旋转射流过渡，但焊接过程很稳定。由于此时焊丝熔化很快，生产率很高，所以有应用价值。

（4）气体介质。不同气体介质对电弧电场强度的影响不同。在 Ar 气保护下弧柱电场强度较低，电弧弧根容易扩展，易形成射流过渡，临界电流值较低。当 Ar 气中加入 CO_2 时，随加入 CO_2 的比例增加临界电流值增大。若 CO_2 的比例超过 30%（体积），则不能形成射流过渡。这是由于 CO_2 气体对电弧的冷却作用较强，使电弧收缩，电场强度提高，电弧不易扩展所致。当 Ar 中加入 O_2 时，如果 O_2 的比例小于 5%（体积），因为 O_2 使熔滴表面张力降低，减小过渡阻力，故可降低临界电流值。但若 O_2 加入量增大，因为 O_2 的解离吸热使弧柱电场强度提高，电弧收缩不易扩展，使临界电流 I_C 反而提高，如图 3-12 所示。

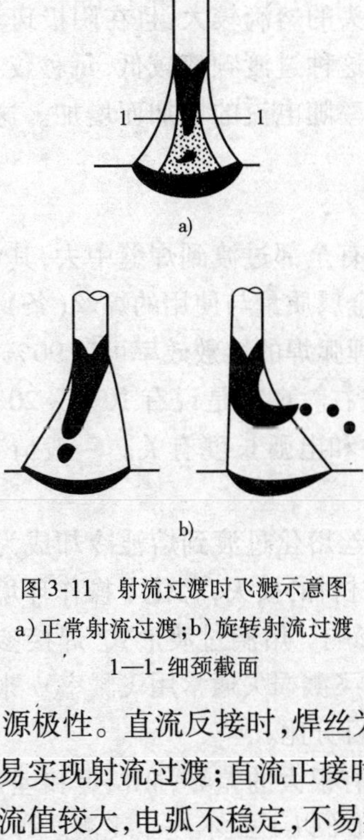

图 3-11 射流过渡时飞溅示意图
a）正常射流过渡；b）旋转射流过渡
1—1-细颈截面

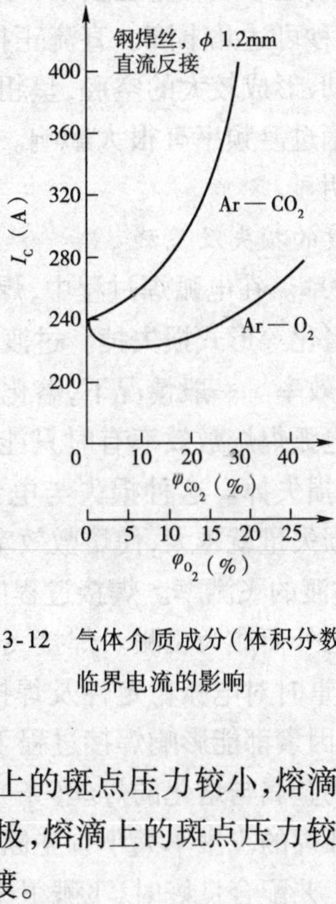

图 3-12 气体介质成分（体积分数）对临界电流的影响

（5）电源极性。直流反接时，焊丝为阳极，熔滴上的斑点压力较小，熔滴易脱落，临界电流值较小，易实现射流过渡；直流正接时，焊丝为阴极，熔滴上的斑点压力较大，阻碍熔滴过渡，临界电流值较大，电弧不稳定，不易实现射流过渡。

4. 渣壁过渡

渣壁过渡是焊条电弧焊和埋弧焊中出现的一种熔滴过渡形式。熔滴沿渣壁流下，落入熔池，如图 3-13 所示。

使用焊条焊接时，可能出现的过渡形式有四种：渣壁过渡、粗滴过渡、细滴过渡和短路过渡。过渡形式取决于药皮的成分与厚度、焊接参数、电流种类和极性等。用厚药皮焊条焊接时，由于焊芯熔化先于药皮，焊条端部形成药皮套筒，熔化的部分液态金属如果沿套筒落入熔池，即形成渣壁过渡。

埋弧焊时，电弧在熔渣形成的空腔内燃烧，熔滴主要通过渣壁流入熔池，只有少量熔滴通过空腔内的电弧空间落入熔池。

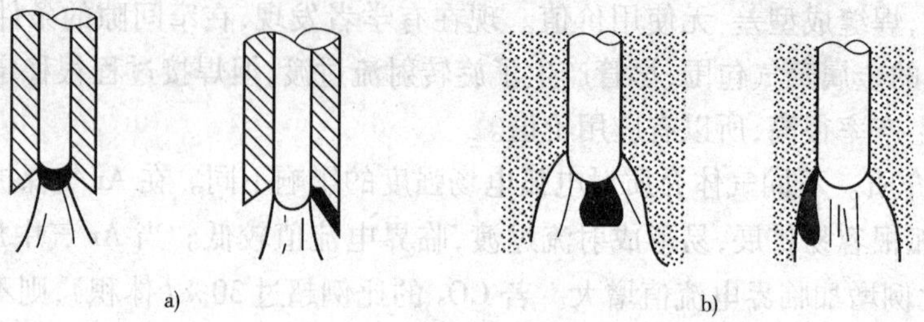

图 3-13 渣壁过渡

a)焊条电弧焊;b)埋弧焊

埋弧焊的熔滴过渡与焊接速度、极性、电弧电压和焊接电流有关。直流反接时,如果电弧电压较低,则熔渣形成的空腔较小,焊丝端头形成的熔滴较细小,沿渣壁以小滴状过渡,过渡频率较高,每秒可达几十滴。直流正接时,焊丝端头的熔滴较大,且在阴极斑点压力的作用下不停地摆动,形成较大的空腔,呈粗滴状过渡。这种过渡频率较低,每秒仅10滴左右。焊接电流对熔滴过渡频率有很大影响。熔滴过渡频率随电流的增加而增加。这种现象,直流反接时更为明显。

5. 熔滴过渡的损失及飞溅

(1)熔敷效率。在电弧焊过程中,焊丝金属并没有全部过渡到焊缝中去,其中一部分要以飞溅、蒸发、氧化等形式损失掉。过渡到焊缝中的金属质量与使用的焊丝(条)金属质量之比,定义为熔敷效率。一般情况下,熔化极氩弧焊及埋弧焊的熔敷效率可达90%。CO_2 气体保护焊和焊条电弧焊熔敷效率有时只能达到80%左右。也就是说有10%~20%焊丝被氧化、飞溅和蒸发损失掉。这种损失与电流大小、极性和电弧长度有关。一般情况下弧长越大,电流越大,损失量就越大,使熔敷效率降低。

(2)熔滴过渡的飞溅率。焊接过程中,大部分焊丝熔化过渡到熔池冷却成为焊缝,小部分飞落到熔池之外而成为飞溅。焊接飞溅造成焊接材料的损失,恶化了操作环境,增加了焊接清理工序,严重时对电弧稳定性及焊接过程构成影响。熔滴过渡形式、焊接参数、焊丝成分、气体介质等因素都能影响焊接过程飞溅的大小。飞溅损失通常用飞溅率 ψ 来表示,其定义为飞溅损失的金属与熔化的焊丝(条)金属的质量百分比。

熔化极电弧焊的飞溅率大小首先因焊接方法而有很大的差异,MIG焊和埋弧焊在焊接参数合适并且工艺配合良好时,飞溅很少,飞溅率在1%以下或不产生飞溅。焊条电弧焊和 CO_2 电弧焊的飞溅问题最为突出,也包括MAG焊(活性气体保护电弧焊),与采用的焊接参数及电源特性有直接关系,严重时飞溅率高达20%以上,较为正常的情况是3%~5%,控制较好时可以降低到1%~2%。

从不同的熔滴过渡形式来看,滴状过渡,特别是粗滴过渡通常伴随着大量的飞溅,因此在实际焊接中应用极少;射流过渡,在正常情况下电弧稳定,飞溅率仅为1%以下;短路过渡,在细焊丝、小电流、低电压稳定焊接时,飞溅率通常在5%以下,如果短路电流峰值控制得当,飞溅率还可降到2%左右。但是工艺参数选择不当,电源动态特性不好等原因则可能出现较大的飞溅。

①短路过渡飞溅的特点。短路过渡过程飞溅大小是衡量电弧稳定性的最直观的标志。

在短路过渡过程中,熔滴与熔池接触时将形成液态缩颈。随着短路电流增大,缩颈变细,缩颈内的电流密度大大增加,使缩颈液态金属迅速加热,最后导致缩颈金属汽化爆炸,产生大量细颗粒飞溅。

另外,缩颈位置对飞溅的影响很大。如果缩颈出现在熔滴与熔池之间,则缩颈爆炸力阻碍熔滴向熔池过渡,此时形成大量飞溅。如果缩颈位置出现在焊丝与熔滴之间,则缩颈爆炸力将促使熔滴向熔池过渡,飞溅较少。为此,必须控制短路电流上升速度 d_i/d_t,使熔滴与熔池接触瞬间不能形成缩颈。在表面张力和重力作用下,熔滴向熔池过渡,最后在焊丝与熔滴之间形成缩颈,减少金属飞溅。

②滴状过渡飞溅的特点。CO_2 电弧焊或 CO_2 含量大于 30%(体积)的混合气体保护焊呈粗滴过渡时,因 CO_2 气体高温分解吸热时对电弧有冷却作用,使电弧电场强度提高,电弧收缩,集中于熔滴顶部,弧根面积小于熔滴直径,此时形成的电磁收缩力会阻碍熔滴过渡,易形成粗滴飞溅(图 3-14a)。另外,熔滴在焊丝端头停留时间较长,严重过热,此时在熔滴内部发生强烈的冶金反应,析出气体使熔滴爆炸而形成大量金属飞溅(图 3-14b),焊缝成型很差,故不宜采用。

细滴过渡时,飞溅较少,主要产生于熔滴与焊丝之间的缩颈处。因为该处电流密度较大,使金属过热而爆断,形成颗粒细小的飞溅(图 3-14c)。但是,如果焊丝或工件清理不良或焊丝含碳量较大,在熔化金属内部生成 CO 气体,当这些气体从熔化金属中析出时,将造成小滴金属飞溅(图 3-14d)。

酸性焊条焊接一般为细滴过渡。当电流较大,渣与金属生成的气体较多时,由于气体膨胀,将造成渣和液体金属爆炸,形成大量金属飞溅(图 3-14e)。

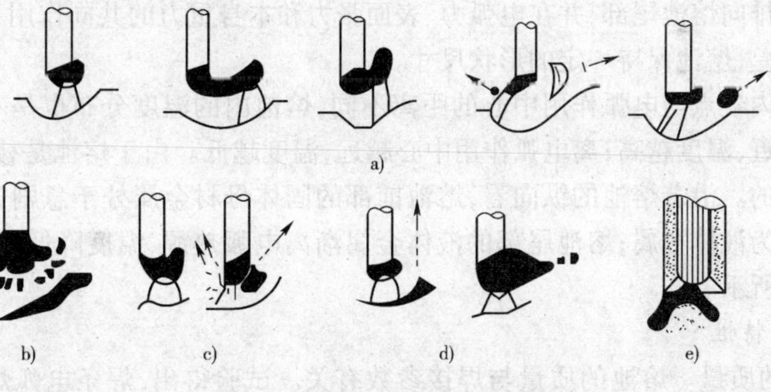

图 3-14　滴状过渡的金属飞溅特点

a)粗滴过渡时的飞溅;b)熔滴爆炸形成的飞溅;c)缩颈爆炸形成的飞溅;d)气体析出引起的飞溅;e)渣和液体金属爆炸形成的飞溅

③射流过渡飞溅的特点。在进行富氩气体保护电弧焊接时,熔滴沿焊丝轴线方向以细滴状过渡。对于钢焊丝的射流过渡,焊丝端头呈"铅笔尖"状,被圆锥形电弧所笼罩,如图 3-13a)所示。在细颈断面 1—1 处,焊接电流不但由液态金属细颈流过,同时还通过电弧流过。由于电弧的分流作用,减弱了细颈处的电磁收缩力与爆破力,不存在液态小桥过热问题,而促使细颈破断和熔滴过渡的主要原因是受等离子流力作用机械拉断,所以飞溅极少。在正常射流过渡情况下,飞溅率在 1% 以下。但是,在焊接参数不合理的情况下,

如电流过高或焊丝伸出长度过大时，焊丝端头熔化部分变长，而它又被电弧包围着，焊丝端部液体表面能够产生金属蒸气，当受到某一扰动后，液柱发生弯曲，在金属蒸气的反作用推动下旋转，形成旋转射流过渡，此时熔滴可能会被横向抛出成为飞溅，如图 3-13b)所示。

任务三　母材的熔化与焊缝成型

电弧焊时，在电弧的作用下，母材局部和填充金属均被加热熔化形成熔池，冷却凝固后形成焊缝。这个过程对焊缝的外形和内在质量均产生重要影响。

一、焊缝形成过程及焊缝形状尺寸

1. 焊缝形成过程

电弧焊时，焊缝的形成一般要经历加热、熔化、化学冶金、凝固和固态相变等一系列冶金过程。其中，熔化和凝固是两个必不可少的过程。

在电弧的作用下，整个焊件上的温度分布是不均匀的，电弧作用中心的温度最高，随着远离电弧作用中心其温度逐渐降低。在电弧正下方的母材温度超过了熔点，因此必然被熔化，与此同时，填充材料被电弧加热形成熔滴，向母材方向过渡，这两部分金属互相混合在一起，共同形成了具有一定几何形状的液体金属，即所谓的焊接熔池。如果用非熔化极电弧进行焊接并且不加填充焊丝，则熔池仅由局部熔化的母材金属组成。由于焊接电弧是沿着焊件接缝不断移动的，因此熔池也是移动的。在移动的过程中，熔池中电弧正下方的金属在电弧力作用下被排向熔池尾部，并在电弧力、表面张力和本身重力的共同作用下与前部金属保持一定的液面差，熔池保持一定的形状尺寸。

由于熔池内各点与电弧作用中心的距离不同，熔池内的温度分布也是不均匀的。离电弧作用中心越近，温度越高；离电弧作用中心越远，温度越低。由于熔池是移动的，也使各点的温度是变化的。沿着熔池的纵向看，熔池前部的固体母材金属处于急剧升温阶段并不断被电弧熔化成为液体金属；熔池尾部的液体金属渐离电弧热源，温度降低，不断凝固形成焊缝，如图 3-15 所示。

2. 熔池的特性

(1)熔池的质量。熔池的质量与焊接参数有关。试验得出，焊条电弧焊时熔池的质量 m_p 与 P_0^2/v 呈线性关系，如图 3-16 所示，即 m_p 随 P_0 的增加而急剧上升，随焊接速度的增大而减少。m_p 一般在 0.6～16g 之间变化，大多数情况是在 5g 以下。埋弧焊时，即使电流很大，m_p 也不超过 100g。

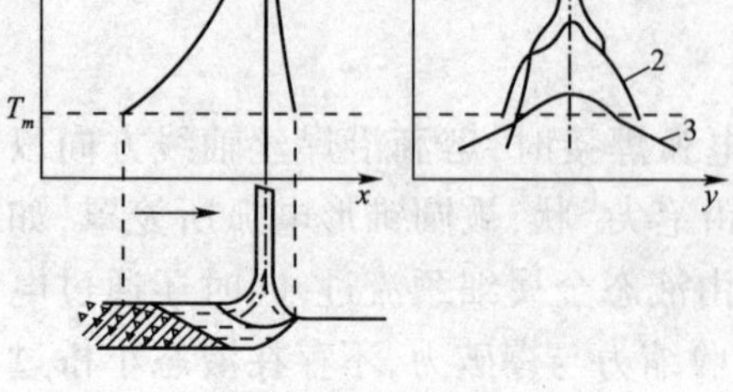

图 3-15　熔池内的温度分布

1-熔池中部；2-头部；3-尾部

(2)熔池的存在时间。熔池存在的时间对冶金反应有直接的影响，由于熔池的体积和质量很小，所以熔池存在的时间一般只在几秒至几十秒之内，这说明在熔池中进行的冶金反应时间是很短暂的，然而比熔滴阶段要长。

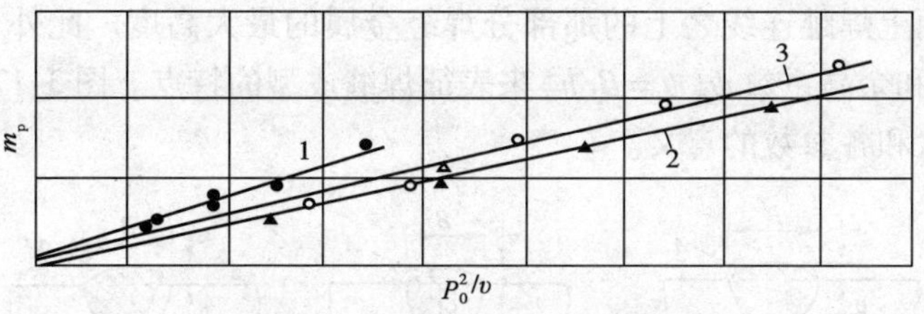

图 3-16　熔池质量 m_p 与 P_0^2/v 的关系

1-光焊丝;2-纤维素焊条;3-氧化铁型焊条;P_0-电弧功率;v-焊接速度

熔池在液态存在的最长时间 τ_{max} 与熔池长度 L 的关系为:

$$\tau_{max} = \frac{L}{v}$$

式中:L——熔池长度,mm;

v——焊接速度,mm/s。

焊缝轴线上各点在液态停留的时间最长,离轴线越远,停留的时间越短。

(3)熔池的温度。熔池各点的温度分布不均匀,如图 3-15 所示。根据温度分布及变化规律,以热源中心为界可将熔池划分为头部与尾部两部分。熔池的最高温度位于电弧下面的熔池表面。熔池的头部输入的热量大于散失的热量,所以随热源的移动母材不断熔化。而在熔池的尾部,由于输入的热量小于散失的热量,所以随温度下降而不断凝固。由于热源的移动,熔池头部和尾部经历的热过程完全相反,这对熔池中进行的物理化学反应有明显的影响。

在研究冶金反应时,为了使问题简化,一般可取熔池的平均温度。熔池的平均温度取决于被焊金属的熔点 t_m 与焊接方法,见表 3-1。

(4)熔池的流动。焊接熔池中的液体金属不是静止不动的,而是在强烈地运动着。正是这种运动使得熔池中的热量和液体的传输过程得以进行。而热量与液体的传输过程,又对熔池的形状、结晶、气体和夹杂物的吸收、聚集和逸出,化学成分的均匀性以及化学反应的平衡都有很大的影响。

熔池的平均温度　　表 3-1

被焊金属	焊接方法	平均温度(℃)	过热度(℃)
低碳钢 $t_m = 1535$℃	埋弧焊	1705 ~ 1860/1768	185 ~ 325/243
	熔化极氩弧焊	1625 ~ 1800	100 ~ 276
	钨极氩弧焊	1665 ~ 1790	140 ~ 265
铝 $t_m = 660$℃	熔化极氩弧焊	1000 ~ 1245	340 ~ 585
	钨极氩弧焊	1075 ~ 1215	415 ~ 550
Cr12V1 钢 $t_m = 1310$℃	药芯焊丝	1500 ~ 1610/1570	190 ~ 300/260

注:过热度为平均温度与被焊金属熔点之差。

3. 焊缝形状尺寸

焊缝的形状一般是指焊缝横截面的形状,通常用焊缝熔深 H、焊缝熔宽 B 和焊缝余高 h

来描述。其中,焊缝熔深 H 是指母材熔化的深度;焊缝熔宽 B 是两焊趾之间的距离;焊缝余高 h 是焊缝横截面上焊趾连线之上的那部分焊缝金属的最大高度。此外,还常用焊缝成型系数 $\phi(\phi=B/H)$ 和余高系数 $\psi(\psi=B/h)$ 来表征焊缝成型的特点。图 3-17 是对接接头和角接接头的焊缝形状和各参数的意义。

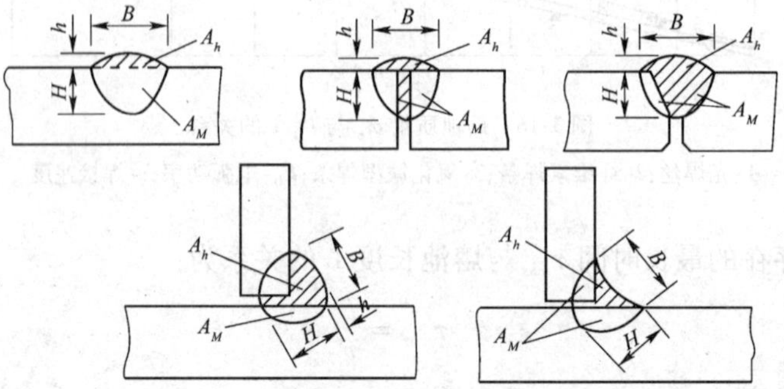

图 3-17　对接接头和角接接头焊缝形状和尺寸

H-焊缝熔深;B-焊缝熔宽;h-焊缝余高;A_h-填充金属熔化面积;A_M-母材熔化面积

焊缝形状的合理与否对焊接质量能产生很大影响。例如,焊缝熔深 H 是对接接头焊缝很重要的尺寸,它直接影响接头的承载能力。焊缝成型系数 ϕ 的大小能影响熔池中气体逸出的难易程度、熔池金属的结晶方向、焊缝中心偏析程度等,因而对焊缝产生裂纹和气孔的敏感性、熔池的冶金条件等均能产生影响。在能够保证焊缝充分熔透的情况下,较小的焊缝成型系数 ϕ,可以缩小焊缝宽度方向的无效加热范围,进而可以提高热效率及减小热影响区。但过小的焊缝成型系数 ϕ,使焊缝截面过窄,熔池中的气体不易逸出,在焊缝中容易产生气孔,结晶条件也恶化,加大焊缝中产生渣及裂纹的倾向。不同的焊接方法对焊缝成型系数的要求不同。实际焊接时,在保证焊透的前提下要求匹配合适的 ϕ 值。对于常用的电弧焊方法,焊缝的成型系数 ϕ 一般取 1.3～2;堆焊时,为了保证堆焊层的成分和高的堆焊生产率,要求熔深浅,焊缝宽度大,成型系数 ϕ 可达到 10。

焊缝余高在静载下可以增加焊缝的承载能力,但在动载或交变载荷下,不仅不能起加强作用,反而由于能引起应力集中而降低焊缝的疲劳强度,因此需要合适的焊缝余高尺寸。通常,对接接头的余高 $h=0\sim3$mm,或者余高系数 $\psi(B/h)$ 为 4～8。当焊件的疲劳寿命是主要问题时,焊后应将余高去除。

4. 焊缝金属的熔合比

熔合比 γ 是另一个表征焊缝横截面形状特征的重要参数。所谓熔合比 γ 是指单道焊时,在焊缝横截面上熔化的母材所占的面积与焊缝的总面积之比。如图 3-18 所示。它能反映母材成分对焊缝成分的稀释程度。熔合比 γ 越大,说明母材向焊缝中熔入的量越多,稀释程度越大。熔合比 γ 用下式计算:

$$\gamma=\frac{A_m}{(A_m+A_H)}$$

式中:A_m——熔化的母材在焊缝横截面积中所占的面积;

A_H——填充金属在焊缝横截面中所占的面积。

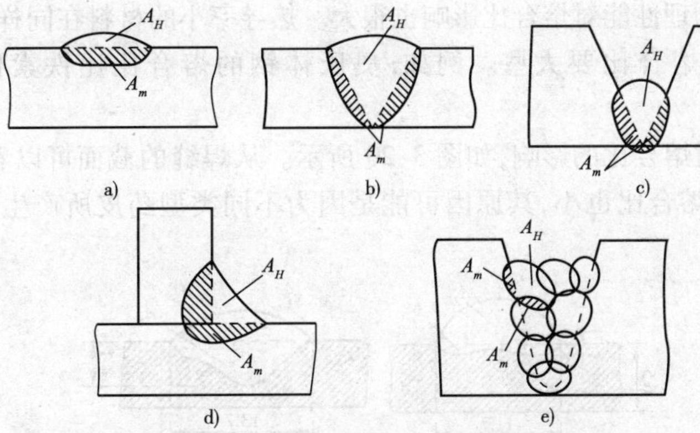

图 3-18　不同接头形式焊缝横截面积的熔透情况

熔合比又具有熔透的含义。在实际生产中,母材与焊芯(或焊丝)的成分往往不同,当焊缝金属中的合金元素主要来自于焊芯(如合金堆焊)时,局部熔化的母材将对焊缝的成分起到稀释的作用,因此熔合比又称为稀释率。

显然,熔合比取决于母材的熔透情况以及焊条(或焊丝)熔化的情况,而二者又都与焊接方法、焊接参数、接头尺寸形状、坡口形状、焊道数目以及母材热物理性能有关系,图 3-19 所示为接头形式及焊道层数对熔合比的影响。三种情况下的第一道焊缝的熔合比都很大,随着所焊层数 n 的增加,熔合比逐渐下降。但坡口形式不同,熔合比下降的趋势也不同,其中以表面堆焊时下降最快。焊层比较多时,母材在焊缝金属中所占的比例很小。焊接低碳钢时,焊接方法和接头形式对熔合比的影响,见表 3-2。

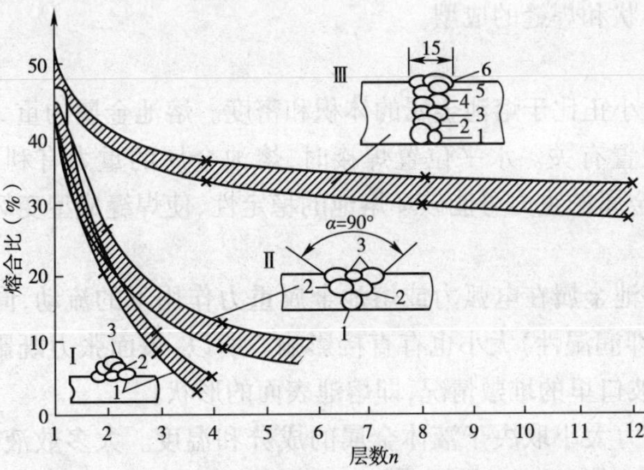

图 3-19　接头形式与焊道层数对熔合比的影响

Ⅰ-表面堆焊;Ⅱ-V 形坡口对接;Ⅲ-U 形坡口对接(奥氏体钢,焊条电弧焊)

焊接方法与接头形式对熔合比的影响(低碳钢)　　表 3-2

焊接方法	焊条电弧焊								埋弧焊
接头形式	I 形坡口对接		V 形坡口对接			角接或搭接		堆焊	对接
板厚(mm)	2 ~ 14	10	4	6	10 ~ 20	2 ~ 4	5 ~ 20	—	10 ~ 30
熔合比 θ	0.4 ~ 0.5	0.5 ~ 0.6	0.25 ~ 0.50	0.2 ~ 0.4	0.2 ~ 0.3	0.3 ~ 0.4	0.2 ~ 0.3	0.1 ~ 0.4	0.45 ~ 0.75

焊件金属的热物理性能对熔合比影响也很大。热导率小的材料在同样的焊接条件下比热导率大的材料的熔合比要大些。例如，奥氏体钢的熔合比比铁素体—珠光体钢大20% ~30%。

焊条药皮类型对熔合比的影响，如图 3-20 所示。从焊缝的截面可以看出，钛型焊条的熔深要小得多，因而熔合比也小，其原因可能是因为不同类型药皮所产生的电弧吹力不同所致。

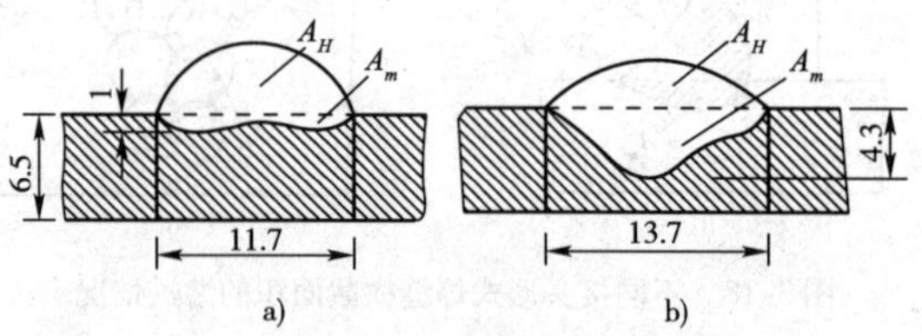

图 3-20　药皮类型对焊缝截面及熔合比的影响

（焊芯为 H0Cr19Ni9Ti，ϕ5mm 直流反接）

a）含 TiO_2 药皮；b）含 CaF_2 药皮

二、熔池受到的力及其对焊缝成型的影响

在电弧焊焊接过程中，熔池不仅受到热的作用，还受到力的作用。在电弧力和其他各种力的作用下熔池表面产生凹陷，液体金属被排向熔池尾部，使熔池尾部的液面高于焊件表面，从而产生焊缝余高。同时，电弧力及其他力还使熔池金属产生流动，一方面促使熔池内部的对流换热和填充金属与母材金属的混合，从而使焊缝各处的成分比较均匀一致；另一方面也必然影响熔池的形状和焊缝的成型。

1. 熔池金属的重力

熔池金属的重力大小正比于熔池金属的体积和密度。熔池金属的重力对熔池金属流动的作用与焊缝的空间位置有关。水平位置焊接时，熔池金属的重力有利于熔池的稳定性。空间位置焊接时，熔池金属的重力可能破坏熔池的稳定性，使焊缝成型变坏。

2. 表面张力

表面张力将阻止熔池金属在电弧力或熔池金属重力作用下的流动，同时对熔池金属在熔池界面上的接触角（即润湿性）大小也有直接影响。所以，表面张力既影响熔池的轮廓形状，也影响熔池金属在坡口里的堆敷情况，即熔池表面的形状。

熔池金属的表面张力大小取决于液体金属的成分和温度。大多数液体金属中，当含有氧、硫等表面活性元素时，能够明显降低表面张力。液体金属的表面张力随温度升高而降低。

此外，熔池金属由于各处成分和温度的不均匀性，各处表面张力大小也不同，这样形成沿表面方向的表面张力梯度 d_σ/d_r（σ 为表面张力，r 为熔池半径），这种表面张力梯度将促使液体金属流动。

在电弧轴线下的熔池表面的温度最高，熔池四周的温度较低。如果熔池表面处材料的成分是均匀一致的，那么表面张力梯度 $d_\sigma/d_r>0$，即熔池四周的表面张力大，电弧轴线下熔池中心处的表面张力最低，在这样一种表面张力梯度作用下，熔池表面的金属从中心流向四周，因而形成的熔池宽而浅（图 3-21）。当熔池金属中含有易于在表面偏析的活性元素（如硫和氧等)时,在熔池表面较热的地方通过蒸发或者减小表面偏析使表面张力增大,在这种情况下表面张力梯度 $d_\sigma/d_r<0$,熔池四周的表面张力低,因而熔池表面的金属从四周流向中心,形成的熔池窄而深(图 3-22)。

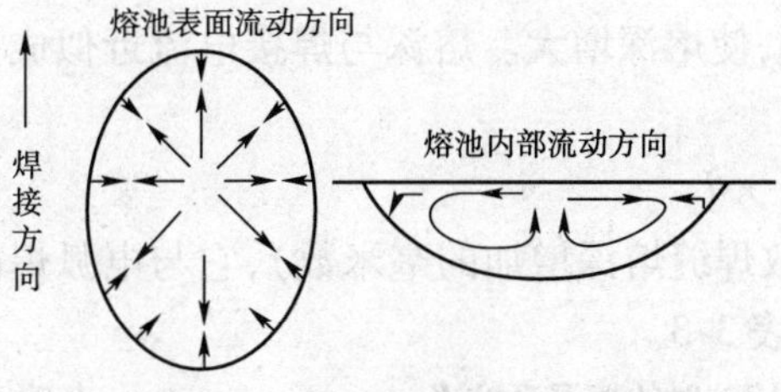

图 3-21　熔池金属流动与表面张力梯度的关系($d_\sigma/d_r>0$)

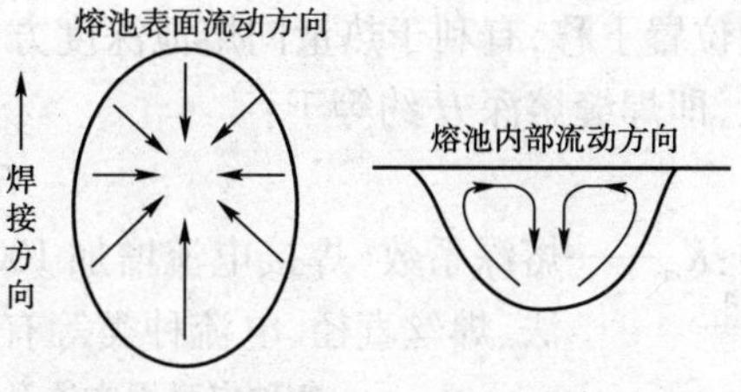

图 3-22　熔池金属流动与表面张力梯度的关系($d_\sigma/d_r<0$)

3. 焊接电弧力

焊接电流流入焊接熔池时,由于斑点面积较小,电流密度较大,因而斑点处的压力较大,而熔池表面内的其他处的电流密度较小,压力也较小。这种压力差促使熔池金属流动,在熔池中心处,较大的斑点压力促使液体金属向下流动,而熔池四周的液体金属流向熔池中心,形成涡流现象。金属流动时,由于熔池中心的高温金属能把热量带向熔池底部,因而会使熔深加大。

电弧静压力作用于熔池液体表面,使熔池形成下凹的形态,如图 3-23 所示。

当等离子流力(电弧动压力)比较明显时,也对焊缝成型产生较大影响。例如,在富氩气体保护熔化极电弧焊射流过渡时,等离子流力与熔滴的冲击力共同作用于熔池,能使熔池形成指状形态,焊缝形成指状熔深,如图 3-24 所示。

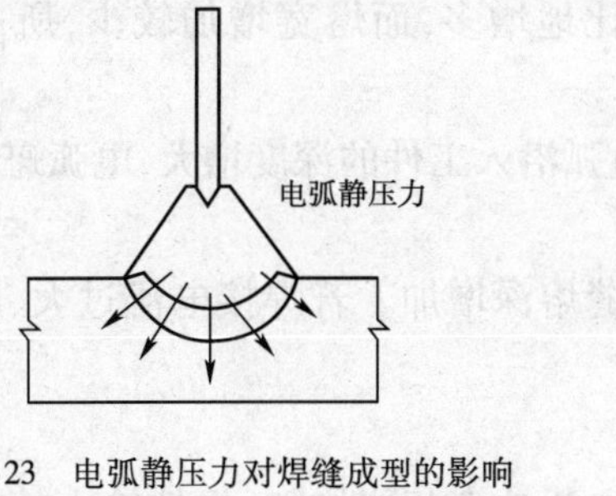

图 3-23　电弧静压力对焊缝成型的影响

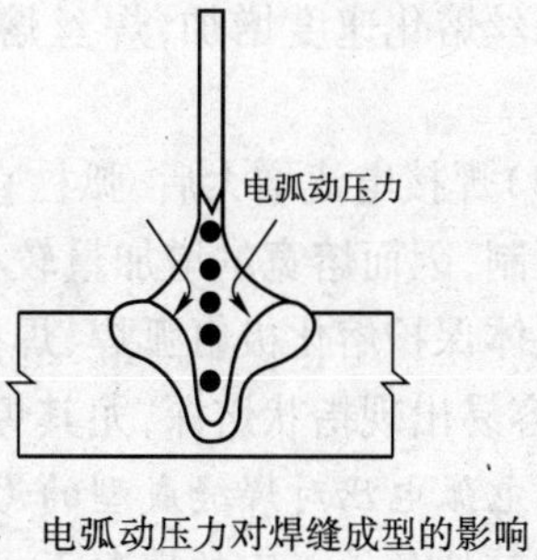

图 3-24　电弧动压力对焊缝成型的影响

4. 熔滴冲击力

富氩气体保护熔化极电弧焊射流过渡时,焊丝前端熔化金属以较小的熔滴及很高的速度沿焊丝轴向冲向熔池,对熔池形成较大的冲击力,因此也容易形成指状熔深。

三、焊接参数和工艺因素对焊缝成型的影响

前面介绍了电弧热源及电弧力对熔池及焊缝成型的影响规律。实际上影响熔池及焊缝成型的因素很多,影响关系也很复杂。下面介绍焊接参数及工艺因素对焊缝成型的影响规律。

1. 参数对焊缝成型的影响

在其他条件一定的情况下，随着电弧焊焊接电流增加，焊缝的熔深和余高均增加，熔宽略有增加。其原因如下：

(1)随着电弧焊焊接电流增加，作用在焊件上的电弧力增加，电弧对焊件的热输入增加，热源位置下移，有利于热量向熔池深度方向传导，使熔深增大。熔深与焊接电流近似成正比关系，即焊缝熔深 H 约等于：

$$H = K_m \times I$$

式中：K_m——熔深系数（焊接电流增加 100A 导致焊缝熔深增加的毫米数），它与电弧焊的方法、焊丝直径、电流种类等有关，见表 3-3。

各种电弧焊方法及规范（焊钢）时的熔深系数 K_m 表 3-3

电弧焊方法	电极直径（mm）	焊接电流（A）	电弧电压（V）	焊接速度（m/h）	熔深系数（mm/100A）
钨极氩弧焊	3.2	100~350	10~16	6~18	0.8~1.8
等离子弧焊	1.6 喷嘴孔径	50~100	20~26	10~60	1.2~2
	3.4 喷嘴孔径	220~300	28~36	18~30	1.5~2.4
埋弧焊	2	200~700	32~40	15~100	1.0~1.7
	5	450~1200	34~44	30~60	0.7~1.3
熔化极氩弧焊	1.2~2.4	210~550	24~42	40~120	1.5~1.8
CO_2 焊	0.8~1.6	70~300	16~23	30~150	0.8~1.2
	2~4	500~900	35~45	40~80	1.1~1.6

(2)电弧焊的焊芯或焊丝的熔化速度与焊接电流成正比。由于电弧焊的焊接电流增加导致焊丝熔化速度增加，焊丝熔化量近似成正比地增多，而熔宽增加较少，所以焊缝余高增大。

(3)焊接电流增大后，弧柱直径增大，但是电弧潜入工件的深度增大，电弧斑点移动范围受到限制，因而熔宽的增加量较小。

气体保护熔化极氩弧焊，焊接电流增加，焊缝熔深增加。若焊接电流过大、电流密度过高时，容易出现指状熔深，尤其焊铝时较明显。

2. 电弧电压对焊缝成型的影响

在其他条件一定的情况下，提高电弧电压，电弧功率相应增加，焊件输入的热量有所增加。但是电弧电压增加是通过增加电弧长来实现的，电弧长度增加使得电弧热源半径增大，电弧散热增加，输入焊件的能量密度减小，因此熔深略有减小而熔宽增大。同时，由于焊接电流不变，焊丝的熔化量基本不变，使得焊缝余高减小。

各种电弧焊方法，为了得到合适的焊缝成型，即保持合适的焊缝成型系数 ϕ，在增大焊接电流的同时要适当提高电弧电压，要求电弧电压与焊接电流具有适当的匹配关系。这点在熔化极电弧焊中最为常见。

3. 焊接速度对焊缝成型的影响

在其他条件一定的情况下，提高焊接速度会导致焊接热输入减少，从而焊缝熔宽和熔深都减小。由于单位长度焊缝上的焊丝金属熔敷量与焊接速度成反比,所以也导致焊缝余高减小。

焊接速度是评价焊接生产率的一项重要指标,为了提高焊接生产率,应该提高焊接速度。但为了保证结构设计上所需的焊缝尺寸,在提高焊接速度的同时要相应提高焊接电流和电弧电压,这三个量是相互联系的。同时,还应考虑在提高焊接电流、电弧电压、焊接速度(即采用大功率焊接电弧、高焊接速度焊接)时,有可能在形成熔池过程中及熔池凝固过程中产生焊接缺陷,如咬边、裂纹等,所以提高焊接速度是有限度的。

4. 电流种类和极性、电极尺寸对焊缝成型的影响

(1)焊接电流的种类和极性。焊接电流的种类分为直流和交流。其中,直流电弧焊根据电流的有无脉冲又分为恒定直流和脉冲直流;根据极性分为直流正接(焊件接正)和直流反接(焊件接负)。交流电弧焊根据电流波形的不同又分为正弦波交流和方波交流等。焊接电流种类和极性能影响电弧输入焊件热量的大小,因此能影响焊缝成型,同时还能影响熔滴过渡过程和对母材表面氧化膜的去除。

钨极氩弧焊焊接钢、钛等金属材料时,直流正接时形成的焊缝熔深最大,直流反接时的熔深最小,交流介于两者之间。由于直流正接时焊缝熔深最大,而且钨极烧损最小,所以钨极氩弧焊焊接钢、钛等金属材料时应采用直流正接。钨极氩弧焊采用脉冲直流焊接时,由于能够调整脉冲参数,可以根据需要控制焊缝成型尺寸。钨极氩弧焊焊接铝、镁及其合金时,需要利用电弧的阴极清理作用来清理母材表面的氧化膜,采用交流为好,由于方波交流的波形参数可调,则焊接效果更好。

熔化极电弧焊时,直流反接时的焊缝熔深和熔宽都要大于直流正接的情况,交流焊接的熔深和熔宽介于两者之间。因此,埋弧焊时,多采用直流反接以获得较大的熔深;而埋弧堆焊时,则采用直流正接以减小熔深。熔化极气体保护电弧焊时,由于直流反接时不仅熔深大,而且焊接电弧和熔滴过渡过程都较直流正接和交流时稳定,而且具有阴极清理作用,因此被广泛采用,而直流正接和交流则一般不被采用。

(2)钨极端部形状、焊丝直径和伸出长度的影响。钨极前端角度和形状对电弧的集中性及电弧压力影响较大,应根据焊接电流大小及焊件厚薄选取。通常电弧越集中、电弧压力越大,所形成的熔深越大,而熔宽相应减小。

熔化极气体保护电弧焊,在焊接电流一定的条件下,焊丝越细,电弧加热越集中,熔深增加,熔宽减小。但在实际焊接工程中选择焊丝直径时,还要考虑电流大小和熔池形态,避免出现不良焊缝成型。

熔化极气体保护电弧焊的焊丝伸出长度增加时,焊接电流流过焊丝伸出部分产生的电阻热增加,使焊丝熔化速度增加,因此焊缝余高增大,而熔深有所减小。由于钢焊丝的电阻率比较大,因而在钢质、细焊丝焊接中,焊丝伸出长度对焊缝成型的影响比较明显。铝焊丝的电阻率比较小,其影响不大。虽然增加焊丝伸出长度可以提高焊丝的熔化系数,但从焊丝熔化的稳定性和焊缝成型方面综合考虑,焊丝伸出长度存在一个允许的变化范围。

四、其他工艺因素对焊缝成型的影响

除了上述工艺因素外,其他焊接工艺因素,如坡口尺寸和间隙大小、电极和工件的倾角、

接头的空间位置等也能对焊缝成型及焊缝尺寸产生影响。

1. 坡口和间隙

用电弧焊焊接对接接头时，通常根据焊件板厚确定是否预留间隙、间隙大小以及所开坡口的形式。在其他条件下定时，坡口或间隙的尺寸越大，所焊出焊缝的余高越小，相当于焊缝位置下降（图 3-25），此时熔合比减小。因此，留间隙或开坡口可用来控制余高的大小和调整熔合比。留间隙与不留间隙开坡口相比，两者的散热条件有些不同，一般来说开坡口的结晶条件较为有利。

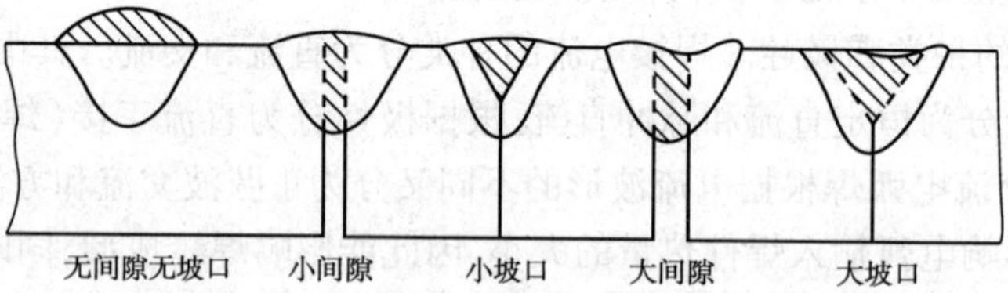

图 3-25　坡口和间隙对焊缝成型的影响

2. 电极（焊丝）倾角

电弧焊时，根据电极倾斜方向与焊接方向的关系，分为电极前倾和电极后倾两种，焊丝倾斜时，电弧轴线也相应倾斜。焊丝前倾时（图 3-26a），电弧力对熔池金属向后排出的作用减弱，熔池底部的液体金属层变厚，熔深减小，电弧潜入焊件的深度减小，电弧斑点移动范围扩大，熔宽增大，余高减小。焊丝前顷 α 角越小，这一影响越明显（图 3-26c）。焊丝后倾时（图 3-26b），情况则相反。焊条电弧焊时，多数采用电极后倾法，倾角 α 在 65°～80°之间比较合适。

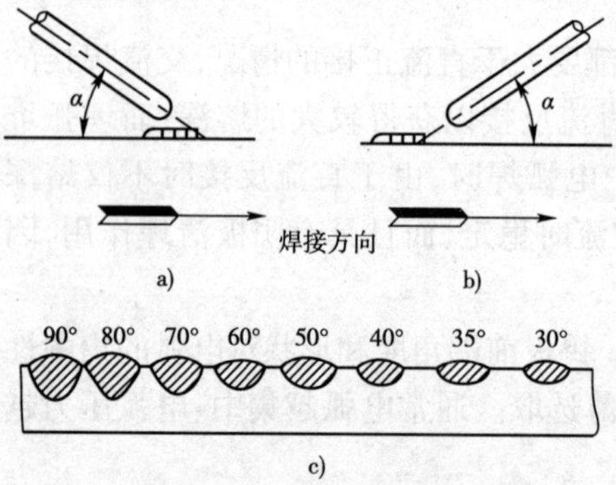

图 3-26　焊丝倾角对焊缝成型的影响

3. 焊件倾角

焊件倾斜在实际生产中经常碰到，可分为上坡焊和下坡焊。此时，熔池金属在重力的作用下有沿斜坡向下流动的倾向。上坡焊时（图 3-27a），重力有助于熔池金属排向熔池尾部，因而熔深大，熔宽窄，余高大。当上坡角度 α 为 6°～12°时，余高过大，且两侧易产生咬边。下坡焊时（图 3-27b），这种作用阻止熔池金属排向熔池尾部，电弧不能深入加热熔池底部的金属，熔深减小，电弧斑点移动范围扩大，熔宽增大，余高减小。焊件倾角过大，会导致熔深不足和熔池液体金属溢流。

4. 焊件材质和厚度

焊缝熔深与焊接电流有关，也与材料的导热性能及容积热容有关。材料的导热性能越好、容积热容越大，则熔化单位体积金属及升高同样的温度所需要的热量就越多，因此在焊接电流等其他条件一定的情况下，熔深和熔宽就减小。材料的密度或液体黏度越大，则电弧对液体熔池金属的排开越困难，熔深也越浅。焊件的厚度影响焊件内部热量的传导，其他条件相同时，焊件厚度增加，散热加大，熔宽和熔深都减小。

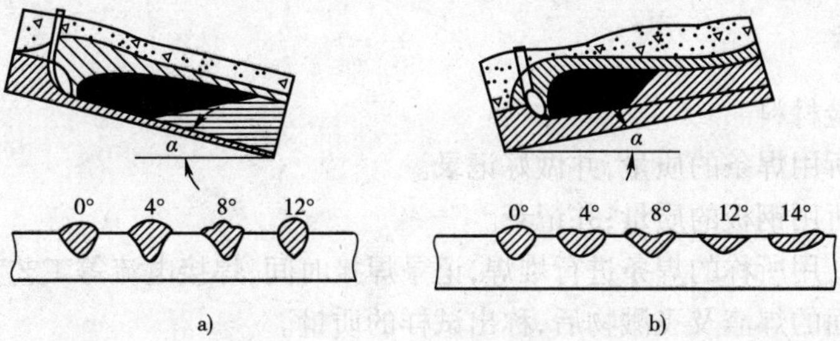

图 3-27　工件倾角对焊缝成形的影响

5. 焊剂、焊条药皮和保护气体

焊剂或焊条药皮的成分不同,导致电弧的极区压降和弧柱电位梯度不同,必然会影响焊缝成型。当焊剂密度小、颗粒度大或堆积高度小时,电弧四周的压力低,弧柱膨胀,电弧斑点移动范围大,所以熔深较小,熔宽较大,余高小。用大功率电弧焊焊接厚件时,用浮石状焊剂可降低电弧压力,减小熔深,增大熔宽。此外,焊接熔渣应有合适的黏度和熔化温度,黏度过高或熔化温度较高使熔渣透气不良,容易在焊缝表面形成许多压坑,焊缝表面成型变差。

电弧焊用保护气体(如 Ar、He、N_2、CO_2)的成分不同,其热导率等物理性能不同,使电弧的极区压降和弧柱的电位梯度、弧柱导电截面、等离子流力、比热流分布等不同,这些都影响焊缝的成型,如图 3-28 所示。

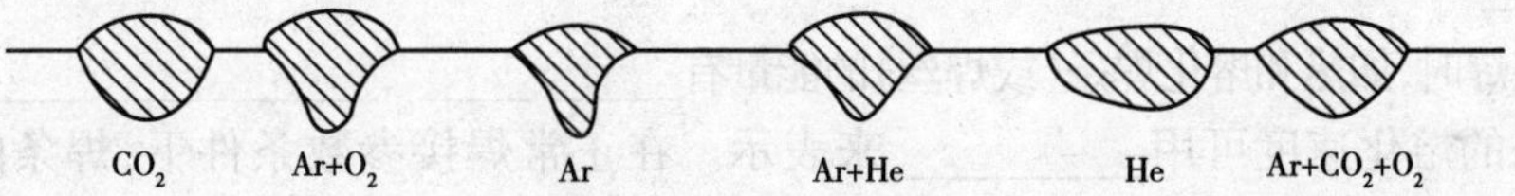

图 3-28　保护气体的成分对焊缝成型的影响

总之,焊缝成型的影响因素很多,要想获得良好的焊缝成型,需要根据焊件的材质和厚度、焊缝的空间位置、接头形式、工作条件对接头性能和焊缝尺寸的要求等来选择合适的焊接方法和焊接条件进行焊接。否则,焊缝成型及其性能就可能达不到要求,甚至出现各种焊接缺陷。

【任务实施】　20g 钢(J426)焊接熔合比控制

一、训练目标

通过实验测量焊条(焊丝)的熔化系数。

二、训练准备

(1)人员准备:每 5 ~8 人组成一个实验小组。

(2)材料准备:交、直流手弧焊机各一台;交、直流电流表、电压表备一块;天平一台;秒表一块;E5015、E4303 焊条若干;低合金钢板若干。

三、训练方法

(1)准备实验材料。

(2)称量出所用焊条的质量,并做好记录。

(3)称量出所用钢板的质量;并记录。

(4)在钢板上用所称的焊条进行堆焊,记录焊接时间、焊接电流等工艺参数。

(5)清除表面的焊渣及飞溅物后,称出试样的质量。

(6)称出焊后焊条的质量,并做记录。

(7)根据记录的结果,计算焊条的熔化系数。

四、分析结果

根据实验结果,分析影响焊接熔化系数、熔敷系数、损失率的因素有哪些?具体的影响规律如何?

思考与练习 SIKAOYULIANXI

一、填空

1. 电弧焊时,加热和熔化焊条(或焊丝)的能量有__________、__________、__________等。

2. 焊条的熔化速度可用__________来表示。在正常焊接参数条件下,焊条的平均熔化速度与__________成正比。

3. 由于金属蒸发、氧化和飞溅,焊芯(或焊丝)在熔敷过程中的损失量与__________的百分比叫作飞溅率。

4. 试验表明,熔滴的平均温度随焊接电流的增加而__________,并随焊丝直径的增加而__________。

5. 在母材上由__________和__________组成的具有__________的液体金属叫熔池。

6. 熔池的主要尺寸为__________、__________、__________。

二、简答

1. 熔池的特性有哪些?

2. 使熔池中液态金属发生运动的主要原因是什么?

3. 熔滴的过渡特性对焊接过程的影响有哪些方面?

4. 熔滴过渡的方式有哪几种?各有什么特点?

5. 影响飞溅的因素有哪些?

6. 解释焊缝成型系数、焊缝熔合比的概念。

三、分析讨论

1. 熔滴过渡时受哪些作用力的影响?各个作用力对熔滴的过渡分别起到什么样的影响?

2. 分析焊缝成型系数的大小对焊接质量的影响规律，说明常用电弧焊方法的焊缝成型系数的取值范围。

3. 分析熔池所受到的力及其对焊缝成型的影响规律。

4. 分析焊接参数和工艺因素对焊缝成型的影响规律。

模块四　焊接化学冶金过程

学习目标

1. 了解焊接冶金的特点及作用；
2. 掌握焊接冶金对焊接接头组织和性能的影响；
3. 熟悉焊接冶金过程的一般规律。

能力目标

1. 掌握各种有害元素对焊缝金属的作用及控制方法；
2. 焊接时氢和氧的控制。

普通冶金过程是对金属熔炼加工的过程，是在特定的反应炉中进行的；焊接冶金过程是金属在焊接条件下再熔炼的过程，焊接时的熔池（焊缝）相当于高炉。以上两个冶金过程的目的和参与反应的材料是不同的。普通冶金的材料是矿石、焦炭、废钢铁等；焊接冶金的材料是焊条、焊丝、焊剂和母材等，在金属熔化焊的焊接区内，气体、液态金属、熔渣在内的各种物质在高温下相互作用。普通冶金的目的是提炼金属；焊接冶金的目的是对金属再熔炼，以满足焊接构件的性能要求。

焊接化学冶金过程，首先要控制主要影响焊接质量的杂质，如氮、氢、氧、硫、磷及相关产物。在去除以上杂质元素的同时，一些有用的合金元素如碳、硅、锰等也会流失。因此，还要补充一些合金元素，这就需要通过焊缝的合金化来实现。

任务一　焊接化学冶金过程的特点

一、焊接时焊缝金属的保护

焊接过程中，对焊缝金属的保护效果将影响到焊接化学冶金过程中的冶金反应，从而影响焊缝金属的组织和性能。下面介绍焊接过程中保护焊缝金属的必要性、保护方式和效果及其对焊缝金属性能的影响。

1. 保护焊缝金属的必要性

如果焊条电弧焊时采用光焊丝进行焊接，电弧燃烧的稳定性将变差、焊条易粘钢板，操作困难，焊条的工艺性能不好。即使用直流电源焊接，电弧仍然很不稳定，且飞溅严重，因而焊缝成型很差，并有较多的气孔。同时焊缝金属的成分和性能与母材和焊丝比较，发生了很大的变化。由于熔化金属和它周围的空气激烈地相互作用，使焊缝中的氧与氮的含量大大增加，有益的元素 Mn、Si 大大减少，力学性能亦随之恶化，塑性和韧性急剧下降，见表 4-1、表 4-2。

上述一系列现象的产生主要是由于用光焊丝焊接时，熔化金属与空气直接接触，在高温下熔化的金属与侵入到焊缝金属中的氧、氮等发生了激烈的反应所造成的。因此，用光焊丝焊接的焊接结构性能不能满足使用的要求，从而没有任何的实用价值。

用不同焊条焊接时低碳钢焊缝的化学成分　　表 4-1

分析对象		化学成分(质量分数,%)					
		W_C	W_{Si}	W_{Mn}	W_N	W_O	W_H
焊芯		0.13	0.07	0.66	0.005	0.021	0.0001
低碳钢母材		0.20	0.18	0.44	0.004	0.003	0.0005
焊缝金属	用光焊丝	0.03	0.02	0.20	0.14	0.21	0.0002
	用酸性焊条	0.06	0.07	0.36	0.013	0.099	0.0009
	用碱性焊条	0.07	0.23	0.43	0.026	0.051	0.0005

用光焊丝焊接时低碳钢焊缝金属的性能　　表 4-2

性能	金属	
	母材	焊缝
抗拉强度 σ_b(MPa)	390 ~ 440	324 ~ 390
伸长率 δ(%)	25 ~ 30	5 ~ 10
冷弯角 α(°)	180	20 ~ 40
冲击韧度 a_K(J/cm^2)	>147	4.9 ~ 24.5

2. 保护方式及效果

各种焊接方法，其焊缝金属的保护方式不同。每种保护方式也各有其特点和效果。焊条电弧焊和药芯焊丝的焊接是利用焊条药皮和焊丝药芯中的造渣剂、造气剂、铁合金等来实现对焊缝金属的保护。这些物质熔化以后形成的熔渣覆盖在熔滴和熔池的表面上，从而将焊缝金属与空气隔开。熔渣凝固后，在焊缝上面形成渣壳，可以防止处于高温的焊缝金属与空气接触。同时，造气剂(主要是有机物、碳酸盐等)受热分解，析出大量气体，这些气体在药皮套筒中被电弧加热膨胀，从而形成定向气流吹向熔池，对焊接区域实现保护。焊缝金属的保护效果一般用焊缝金属中的氮含量来衡量。目前，大多数牌号的焊条，可保证焊缝中氮的质量分数在 0.010% ~ 0.014% 之间(低碳钢钢板为 0.004%)，已证明对焊缝金属的保护是可靠的，各种焊接方法的保护方式，见表 4-3。

各种焊接方法的保护方式　　表 4-3

保护方式	焊接方法
熔渣保护	埋弧焊、电渣焊、不含造气物质的焊条或药芯焊丝焊接
气体保护	在惰性气体或其他气体(如 CO_2、混合气体)保护中焊接、气焊
气—渣联合保护	具有造气物质的焊条或药芯焊丝焊接
真空	真空电子束焊接
自保护	用含有脱氧、脱氧剂的“自保护”焊丝进行焊接

埋弧焊是指利用焊剂熔化以后形成的熔渣隔离空气保护焊缝金属的。在焊接过程中，

电弧在焊剂层下利用熔化的焊剂所围成的封闭的空腔内燃烧，焊剂的保护效果取决于焊剂的粒度和结构。焊缝金属中氮的质量分数一般为0.002%~0.007%，保护效果优于焊条。

气体保护的焊接方式是利用包围在焊接区域的气体将焊缝金属与空气隔离开，其保护效果取决于气体的纯度、焊炬的结构、气流的特性等因素。一般来说，这种保护的效果是比较好的，适用于各个位置和各种金属材料的焊接。

真空电子束焊是在真空度高于0.01Pa($\approx 10^{-4}$Torr)的真空室内进行焊接的，保护效果最好，可以把氮、氧的有害作用降到最低限度。

自保护焊是利用含有脱氧剂和脱氮剂的特制光焊丝在空气中进行焊接的一种方法。焊接时，焊丝中的脱氧剂和脱氮剂进入熔池进行脱氧、脱氮。自保护焊丝的保护效果较差，焊缝金属的塑性和韧性偏低，所以目前在生产中很少使用。

目前，关于隔离空气的问题已基本解决。但仅仅是机械地保护熔化金属，在有些情况下仍然无法得到合格的焊缝成分。如在很多情况下，焊条药皮或焊剂对金属有着不同的氧化作用，而使焊缝中的氧含量增加；有些情况下还要求对焊缝的化学成分进行必要的调整。因此，在机械保护的同时，还需要对熔化的金属进行必要的冶金处理，即通过调整焊接材料的成分和性能来控制冶金反应的进行，从而获得预期的焊缝成分。

二、焊接反应区的特点

焊接化学冶金反应的重要特点之一是：反应是分区域（或阶段）连续进行的，且各区的反应条件（反应物的性质和浓度、温度、反应时间、相接触的面积、对流和搅拌运动等）有较大的差异，这就会影响到反应进行的可能性、方向、速度和限度。

电弧焊时，一般在反应区内有三个相互作用的相——熔化金属、熔渣和电弧气氛。不同的焊接方法，参加反应的相是不同的。焊条电弧焊时，三个反应相都存在。因此焊条电弧焊时有三个反应区：药皮反应区、熔滴反应区和熔池反应区；熔化极气体保护焊时，只有熔滴反应和熔池反应区。不加填充金属的气焊、钨极氩弧焊和电子束焊则只有熔池反应区。现以焊条电弧焊为例，说明各个反应区的特点及相互联系。三个反应区的划分，如图4-1所示。

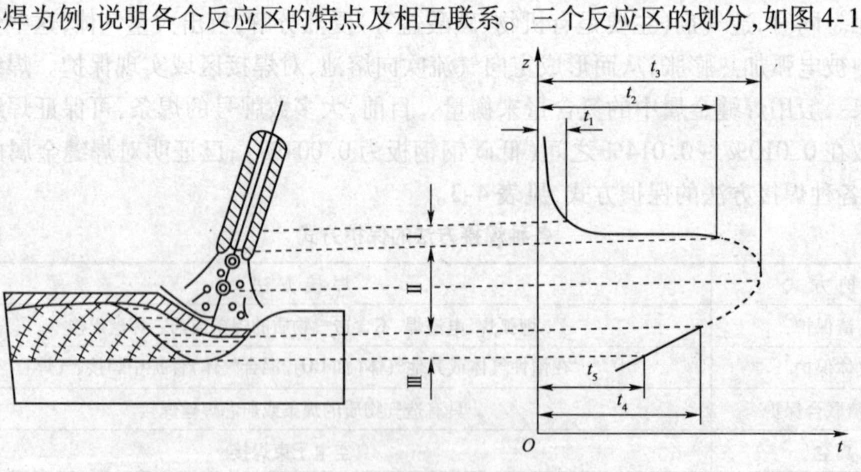

图4-1　焊接冶金反应区的特性

Ⅰ-药皮反应区；Ⅱ-熔滴反应区；Ⅲ-熔池反应区；t_1-药皮开始反应温度；t_2-焊条端熔滴温度；t_3-弧柱间熔滴温度；t_4-熔池最高温度；t_5-熔池凝固温度

1. 药皮反应区的特点

药皮反应区的温度范围从100℃至药皮的熔点（钢焊条约为1200℃）。当药皮加热温度达到100℃时，焊条端部的固态药皮中就开始发生物理化学反应，主要是水分的蒸发、某些物质的分解和铁合金的氧化。药皮加热温度超过100℃时，药皮中的吸附水分开始蒸发；温度超过200℃时，如果药皮中含有机物（木粉、纤维素、淀粉等）时，有机物开始分解，析出CO_2和H_2等气体；温度超过300℃时，药皮内的组成物中的结晶水开始蒸发。温度继续升高，药皮中的碳酸盐将分解为低价氧化物，伴随产生大量的CO_2和O_2，其反应式为：

$$MgCO_3 \rightarrow MgO + CO_2$$

$$CaCO_3 \rightarrow CaO + CO_2$$

$$2MnO_2 \rightarrow 2MnO + O_2$$

$$2Fe_2O_3 \rightarrow 4FeO + O_2$$

上述反应析出的大量气体（H_2O、CO_2、O_2），一方面对熔化金属起到机械保护的作用，另一方面对金属和药皮中的铁合金（如锰铁、硅铁、钛铁等）有很大的氧化作用，将合金元素氧化。例如：

$$Mn + \frac{1}{2}O_2 = MnO$$

$$Mn + CO_2 = MnO + CO$$

$$Mn + H_2O = MnO + H_2$$

上述反应的结果使气相的氧化性大大下降。这个过程即是所谓的“先期脱氧”。先期脱氧将明显改变焊接区气氛的性质。几种类型焊条的焊接区气氛的组成数据，见表4-4，这是在高温时抽样而在常温下分析的结果，虽然与高温的实际情况有所出入，但大体可以反映焊接区高温时气氛的性质。

药皮反应区进行的反应属于整个冶金过程的准备阶段，其产物就是熔滴与熔池反应区的反应物，故对冶金全过程有一定的影响。焊条电弧焊时参加冶金反应的气体，大部分是这个阶段产生的。

几种类型焊条的焊接区气氛组成（体积分数）分析示例（%）　　表4-4

药皮类型	CO	CO_2	H_2	H_2O
钛钙型	50.7	5.9	37.7	5.7
钛铁矿型	48.1	4.8	36.6	10.5
低氢型	79.8	16.9	1.8	1.5

2. 熔滴反应区的特点

从熔滴形成、长大，到过渡到熔池之前都属于熔滴反应区。熔滴反应区除了液体金属外，充满了药皮反应区分解产生的气体与可能渗入的少量空气。同时，一部分熔化的药皮包围在熔滴表面并与熔滴金属混合，随熔滴一起过渡。

熔滴反应区的特点如下：

（1）熔滴的温度高，熔滴反应区是焊接区温度最高的部分，如钢质焊条熔滴金属的温度可接近钢的沸点（约为2800℃）。

(2)熔滴比表面积大,因而与气相、熔渣相的接触面积大。

(3)作用时间短,熔滴在焊条末端停留的时间只有0.01~0.1 s,而通过弧柱区的时间更短,只有0.0001~0.001s,熔滴反应区的反应主要在焊条端部进行。

(4)液体金属与熔渣发生强烈的混合。熔滴在形成、长大和过渡时,尺寸与形状不断改变,其局部表面被拉长或收缩。

根据以上的特点可以看出,熔滴反应区是焊接冶金反应最为激烈的部位,主要的物理化学反应有:金属的蒸发,气体的分解与溶解,熔渣中某些氧化物的分解,金属的氧化、还原以及金属的合金化等。其中很多反应几乎可以达到很完全的程度,对焊缝的成分影响最大。

3. 熔池反应区的特点

熔池反应区对焊缝金属的化学成分具有决定性的作用。与熔滴反应区相比,二者反应条件有较大的差异。熔池的平均温度较低,比表面积也比熔滴小得多,而反应的时间较长,如焊条电弧焊为3~8s,埋弧焊为6~25s。熔滴进入熔池后,即同熔化的母材混合并一起向熔池的尾部和四周运动。不仅熔池内部有相对运动,而且在熔渣与金属之间也有相对运动,这些对提高反应速度、促使一些不溶于液体金属的气体和夹渣的浮出都是有利的。

如前所述,熔池的头部和尾部分别处于升温和降温的过程。因此,同一时间,在熔池头、尾部则可能分别发生相反的冶金反应过程。如熔池头部有利于气体的溶解、吸热还原反应的进行,而尾部则有利于气体的析出、放热的氧化反应的进行。表4-5所示为几种常见元素的损失情况。

合金元素在不同阶段的损失 表4-5

药　皮	元　素	元素损失占原始含量的百分比(%)		
		总损失量	熔滴中损失量	熔池中损失量
赤铁矿	C	87.5	80	7.5
	Mn	97	97	0
$K_b=0.5$	Si	98.3	98.3	0
大理石80%	C	40	30	10
氟石20%	Mn	47.2	29.2	18
$K_b=0.27$	Si	75	47.5	27.5

三、焊接参数对焊接冶金的影响

焊接冶金过程的另一个特点是它与焊接参数有密切的联系。实际生产中,由于母材成分、产品的结构尺寸、接头形式、焊缝分布等条件不同,焊接参数将在很大范围内变化,而这些变化将从以下几方面对焊接冶金过程发生影响。

1. 焊接参数对熔合比的影响

熔合比的数值取决于焊接方法、规范、接头形式、坡口角度、药皮和焊剂的性质以及焊条(焊丝)的倾角等因素。熔合比与焊缝金属中某合金元素B的质量分数之间的关系可表示为：

$$W_{WB}=\theta W_{bB}+(1-\theta)W_{dB}$$

式中：W_{WB}——某元素B在焊缝中的质量分数；

W_{bB}——某元素B在母材中的原始质量分数；

W_{dB}——熔敷金属中某元素B的质量分数；

θ——焊缝金属的熔合比。

由上式可以看出，通过改变熔合比可以改变焊缝金属的化学成分。而熔合比随焊接参数变化。一般来说，θ值随焊接电流的增加而增加，随电弧电压、焊接速度的增加而减小。例如堆焊时，总是调整焊接参数使熔合比尽可能地小，以减少母材成分对堆焊层性能的影响。在焊接异种钢时，熔合比对焊缝成分和性能影响更大，因此要根据熔合比选择焊接材料。

2. 焊接参数影响冶金反应的条件和作用时间

首先，焊接参数对熔滴过渡特性有影响。熔滴过渡形式不同，其主要的特性参数将不同，从而使其比表面积、过渡周期（或频率）发生改变，引起冶金反应程度的变化。

试验表明，熔滴阶段的反应时间（熔滴存在的时间）随着电流的增加而变短，随着电弧电压的增加而变长。因此可以断定反应进行的完全程度将随着电流的增加而减小，随着电弧电压的增加而增大。

3. 焊接参数影响参加冶金反应的熔渣量

焊条电弧焊时，药皮质量系数与焊接参数无关，焊接参数的变化只是改变了熔滴过渡的特性和熔合比，因此对焊缝成分的影响相对比较小。埋弧焊时，焊接参数可以在很宽的范围内变化，这不仅使熔滴过渡的特性和熔合比有很大的变化，而且使焊剂的熔化率发生很大的变化。例如，增加焊接电流使焊剂熔化率减小，而增加电弧电压使其显著增大。熔化率的变化意味着与金属相互作用的熔渣质量是波动的。因此，埋弧焊时焊接参数对焊缝成分的影响就更大。

任务二　气相对焊缝金属的作用

在焊接过程中，焊接区内充满大量的气体，这些气体不断地与熔滴金属、熔池金属发生冶金反应。从而影响焊缝金属的成分和性能。因此必须首先了解焊接区内气体的来源、成分和数量，才能进一步研究它们与熔化金属的作用问题。焊接区内的气体来源于以下几个方面。

1. 焊接材料

焊条药皮、焊剂和焊丝药芯中含有的造气剂、高价氧化物和水分都是气体的重要来源。这些造气剂和高价氧化物在加热时分解或燃烧，析出大量气体。气体保护的电弧焊时，焊接区内的气体主要来自所采用的保护气体及其杂质（如氧、氮、水汽等）。在一般的情况下，母材和焊丝中因冶炼而残留的气体是很少的，对气相的成分影响不大。

2. 热源周围的气体介质

药皮或焊剂中的造气剂所产生的气体并不能完全隔绝热源周围空气的入侵。焊接过程中因某些因素的变化而使焊接时的保护效果变差，空气也有可能进入到焊缝金属中。焊条电弧焊时，堆焊金属中常含有质量分数大约为0.025%的氮（空气是氮的主要来源）就证明了这一点。

3. 焊丝和母材表面上的杂质

如焊丝表面上和母材坡口附近的铁皮，油污、铁锈、油漆、吸附的水分等，在焊接高温加热时也会析出气体进入电弧区。

4. 高温蒸发所产生的气体

电弧区的温度很高，达到了金属和熔渣的沸点，使部分金属和熔液蒸发，以气体的形态存在于电弧的气相中。

焊接时，气相的成分、数量，随焊接方法、规范、药皮或焊剂的种类不同而变化（表4-4）。用酸性焊条焊接时，气相的主要成分是CO、H_2、H_2O，此外还含有少量的CO_2、O_2、N_2和金属蒸气。低氧型焊条焊接时，气相的主要成分是由CO、CO_2组成的，含H_2O、H_2很少。埋弧自动焊时，气相的主要成分是CO和H_2，而O_2、N_2、H_2O很少。

进入焊接区内的气体，在电弧的高温作用下还将发生分解，其中某些气体还能发生电离。

如前所述，焊接区内的气体是由CO、H_2、H_2O、CO_2和少量的氮、这些气体在高温时分解出的一定氧以及它们分解或电离的产物所组成的混合物。下面主要讨论氢、氮、氧三种气体对金属的作用，它们与金属的作用对焊缝质量的影响极大。

一、氮对金属的作用及控制

在焊接生产中，尤其是在碳钢焊缝中氮是有害的元素，它可以致使气孔及脆性相产生，对焊接质量危害较大，所以必须控制焊缝的含氮量。

1. 氮的主要来源

焊缝金属中氮的主要来源是，焊接时焊接区周围的空气在电弧高温作用下分解并进入熔池金属。焊接时，氮在金属中的溶解一般可以分成分解和扩散两个阶段。第一个阶段是分子氮向气体—金属相界面上运动并被金属表面吸附，吸附的氮气分子分解为氮原子；第二个阶段是被熔滴和熔池前部的金属表面吸附的氮原子穿过表面进行扩散。其分解和扩散过程如下式所示：

$$N_2 \rightarrow N + N \quad -712.4\text{kJ/mol}$$

$$(N) \rightarrow [N]$$

式中：(N)——熔池之外的氮；

[N]——熔池之中的氮。

氮分子的分解程度用分解度表示，代号为α。在5000 K时，氮的分解度只有不到20%。因此，在焊接条件下大部分氮以分子的形式存在。α与温度的关系，如图4-2所示。

氮在Fe中的溶解用溶解度（即平衡浓度）表示，代号为$C_{[N]}$，表达式如下，该式所表现的规律又称为平方根定律。

$$C_{[N]} = K_N \sqrt{P_{N_2}}$$

式中：$C_{[N]}$——铁液中氮原子的溶解度（即平衡浓度）；

K_N——氮溶解反应的平衡常数；

P_{N_2}——平衡时气相中分子氮的分压，Pa。

2. 影响氮溶解度的因素

(1)熔滴与熔池金属成分。如果在熔池主要金属铁中加入C、Si、Ni，其原子将占据晶格间隙并将氮原子“挤走”，从而使氮(原子)溶解度下降；加入V、Nb、Cr、Ta，将形成细小氮化物沉淀，使氮的溶解度升高。

(2)溶解速度。N的存在状态影响溶解速度，从而影响溶解度。氮原子的溶解速度比氮分子的溶解速度大，所以当N多以原子状态存在时氮的溶解度大。

电弧中N以原子形式存在，溶解速度较大，故熔融金属[N]较高。电弧焊时，熔化金属吸收的气体量常常超过它的平衡含量(溶解度)，主要原因是电弧中氮原子的溶解速度比氮分子溶解速度要快得多；电弧中的氮离子 N^+ 在阴极溶解；在氧化性电弧气氛中NO形成，遇温度较低的液体金属时，NO又分解为N和O，N迅速溶于金属。

(3)温度。氮在铁中的溶解度与温度的关系，见图4-3。从图4-3可以看出，氮在液态铁中的溶解度随着温度的升高而增大(1000～1400℃除外)；当温度为2200℃时，氮的溶解度达到最大值为 $47cm^3/100g$(0.059%)；当金属发生相变时，由于金属组织结构的变化，气体的溶解度将发生突变。继续升高温度，氮的溶解度急剧下降，至该合金的沸点(2750℃)时溶解度变为零，这是由于金属的蒸气压急剧增加的结果。

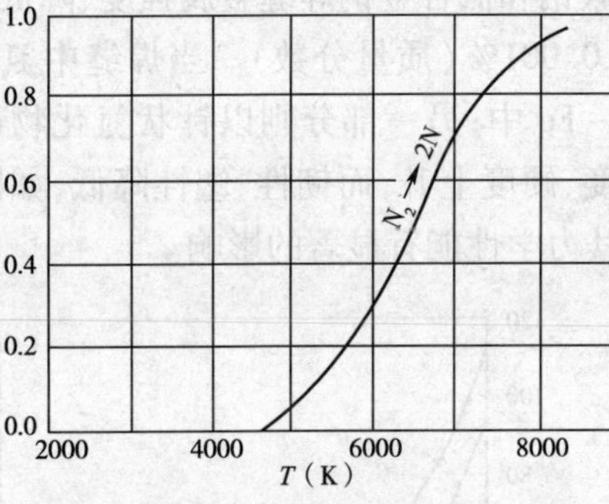

图4-2　氮的分解度α与温度的关系
(P=101.3kPa，即1atm)

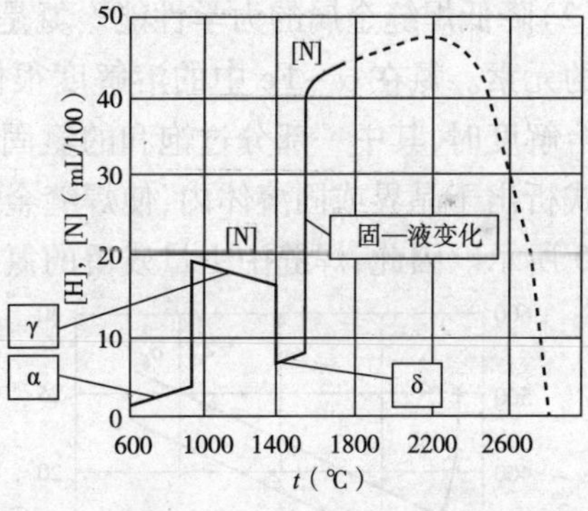

图4-3　氮在Fe—1%Mn中的溶解度与温度的关系

3. 氮与金属作用的特点

氮与金属作用的特点大致可分为两种情况，一种是起反应，一种是不起反应。在焊接Cu、Ni等金属时，由于与这些金属不起反应，氮可以作为保护气体；在焊接含Fe、Ti、Mn、Cr等较多的金属时，由于氮对以上金属较敏感并易形成氮化物，因此必须采取保护措施防止金属氮化。此外，氮是奥氏体的形成元素，可以扩大奥氏体区，有利于得到马氏组织，如低碳马氏体，其综合力学性能较高；有时有意识地在惰性保护气体中加入 N_2，可以提高电弧功率，使电弧的能量密度提高，从而使热影响区变窄，降低接头硬化与软化的倾向；焊接铜时，氮气还可以用作保护气体。

4. 氮对焊接质量的影响

氮对含Ti、Mn、Cr的钢较敏感，如20CrMnTi、1Cr13等。随着Ti的增加，钢中脆性的氮化钛夹杂物增多,钢的疲劳寿命降低。特别是当钢中的 $W_{Ti} > 50 \times 10^{-6}$ 时,氮化钛夹杂物尺寸较大,钢的疲劳寿命开始大幅度下降。一般认为,当钢中 Ti 含量很低时,TiO 起主要作用;相反,TiO 含量较低,而 Ti 含量较高,氮化钛在固液两区析出,尺寸较大,这时就变成了 Ti 起主要作用,这对质量有不利的影响。

将钢中的 W_{Ti} 降到 30×10^{-6}、W_N 降到 50×10^{-6} 以下,其氮化钛的析出温度将降到固相线以下,析出的夹杂尺寸细小,对钢的性能不利影响较小,甚至有益,因为它能细化晶粒。

钢在冶炼时,脱氮就很难,焊接时也是一样。因为氮扩散能力差,同时熔池中氧、硫的存在阻碍着氮去除的作用,这是脱氮难的内在因素。而母材及焊接材料中的 W_N 高和熔池吸收大气中的氮是脱氮难的工艺因素。

在碳钢焊缝中,氮是有害的元素,它对焊接质量有以下几方面的影响:

(1)形成气孔。氮在高温的液态金属中有一定的溶解度,而在其凝固时氮的溶解度突然下降。这时过饱和的氮将以气泡的形式从熔池中向外逸出。当焊缝金属的结晶速度大于它的逸出速度时,氮气在焊缝结晶之前来不及逸出,就留在焊缝金属中形成气孔。

气孔的主要影响是降低金属塑性。因此,气孔也可使焊缝的塑性降低。气孔严重地降低了焊缝的有效截面积,使焊缝的承载能力下降。在熔合线附近的气孔会使该处产生较大的应力集中。气孔还会降低焊缝的致密性,如果带有焊缝的容器中盛装有小分子气体,如 H_2 或 CO 等,则很有可能发生渗漏并形成灾害隐患。

(2)降低焊缝金属的力学性能。氮是提高低碳钢和低合金钢焊缝金属强度、降低塑性和韧性的元素。氮在 α - Fe 中的溶解度很低,仅为 0.001%(质量分数)。当焊缝中氮的含量超过溶解度时,其中一部分过饱和的氮固溶于 α - Fe 中;另一部分则以针状氮化物(Fe_4N)的形式析出于晶界或固溶体内,使焊缝金属的强度、硬度上升,而韧性、塑性降低,如图 4-4、图 4-5 所示。因此,焊缝中少量残留的氮就会对其力学性能有显著的影响。

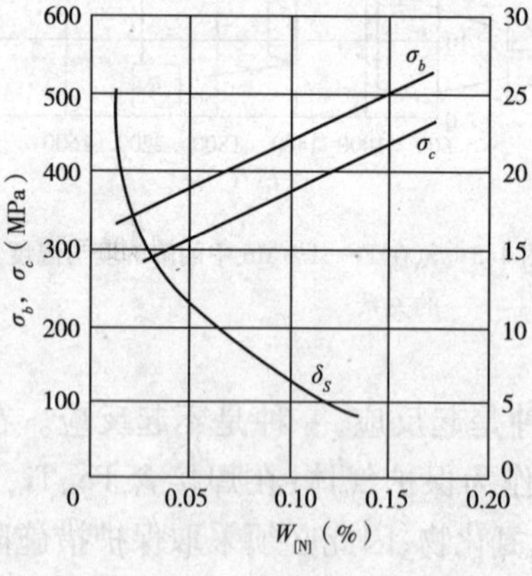

图 4-4 氮对焊缝金属常温力学性能的影响

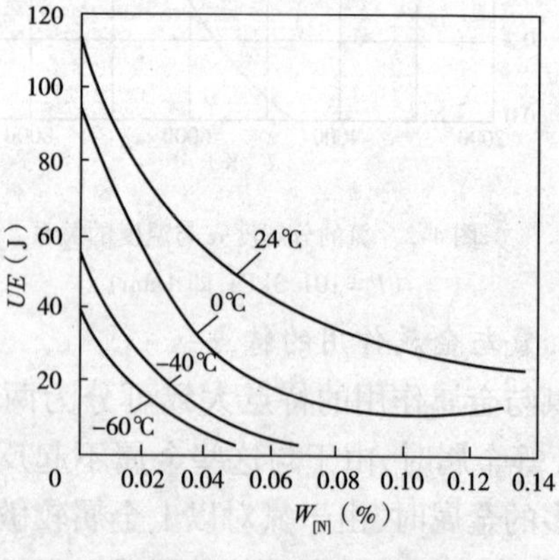

图 4-5 氮对低碳钢焊缝低温韧性的影响

(3)产生时效脆化。氮是促使焊缝金属时效脆化的元素。焊接时,冷却速度大,氮来不及随温度的下降而析出,焊缝金属中过饱和的氮处于不稳定状态。经过一段时间,过饱和的氮将以针状的 Fe_4N 析出,导致焊缝金属脆化,使结构的塑性降低,易造成危害较大的脆性断裂发生。在熔池中加入能形成稳定氮化物的元素,如钛、锆、铝等,则可显著降低时效脆化倾向。

5. 氮含量控制措施

(1)减少氮的溶入。

①选择合适的焊缝位置以减少氮的溶入。根据需要选择合适的焊缝位置。如图4-6所示,船形位置适合于角焊缝,与水平位置焊缝相比有利于气体上浮,有利于操作控制。但是,如果反过来进行仰焊,则不利于船形熔池中产生的气体逸出。

②加强熔池的保护以减少空气中氮的溶入。在常用的焊接方法如焊条电弧焊、CO_2焊和埋弧焊等方法中,由于CO_2焊飞溅较大,从而破坏了保护气的流态,使空气中的氮进入熔池。空气中的氮一旦进入焊缝,则难以采用冶金的办法进行脱氮,因此加强熔池的保护是控制焊缝金属氮含量的主要措施。生产中,常用的保护方法有气体保护、熔渣保护、气渣联合保护等措施。不同的保护方法有不同的保护效果,表4-6给出了不同的焊接材料和焊接方法条件下焊缝中氮含量的情况。从表中可以看出埋弧焊、熔化极氩弧焊的保护效果最好。

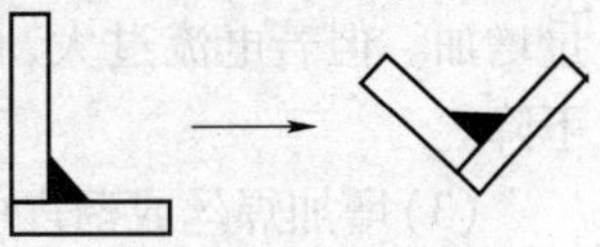

图4-6　角焊缝船形位置

焊接材料和焊接方法对焊缝的氮含量的影响①质量分数(%)　　表4-6

焊接方法及材料	W_N	焊接方法及材料	W_N
光焊丝电弧焊	0.08~0.228	气焊	0.015~0.020
纤维素焊条	0.013	熔化极氩弧焊	0.0068
钛型焊条	0.015	药芯焊丝明弧焊	0.015~0.04
低氢型焊条	0.010	自保护合含焊丝	<0.12
埋弧焊	0.002~0.007	钛铁矿型焊条	0.014

注:①母材为低碳钢,W_N=0.03%;焊丝H08,W_N=0.03%。

(2)选用合理的焊接参数使保护效果稳定。

合理的焊接参数会使焊接过程稳定,从而使保护效果稳定。所有焊接参数都要根据权威的手册进行选择,如《焊接手册》《焊接工程师手册》等。由于不同焊机的参数准确度不同,因此在焊接前需要进行工艺试验对焊接参数做微小调整。焊接参数中最重要的就是焊接电流,如果焊接电流过大就会烧穿焊缝,如果电流过小就会使焊接电弧时燃时熄,焊接过程不稳。

①选择焊条电弧焊参数。焊条电弧焊主要参数中焊接电流和焊接电压是同步调整的,所以要根据所选焊条直径、所焊层数、焊层与焊道位置来调整焊接电流。注意对接头和收尾处的保护。如焊条直径增大,则焊接电流增大,其数值是焊条直径的30~50倍。如焊条直径是4mm,则使用的焊接电流为120~200A。

②选择CO_2焊焊接参数。大多数焊机不能同步调整CO_2焊焊接电流和焊接电压。为控制飞溅,通常要将焊接电压控制在合适的大小,在调节电弧电压时,能听到电弧发出细脆的噼啪声就可以了。也可以采用药芯焊丝,或都采用混合气(70% Ar+30% CO_2)对焊接过程进行保护,这样焊接电流和电压匹配就较好调节了。

③埋弧焊焊接参数。埋弧焊焊接电流和焊接电压是同步调整的,但进行打底后要求清

焊根，也可以用陶瓷垫强迫成型，不清焊根，单面焊双面成型。

选用合理的焊接参数对电弧和液体金属的温度、气体分解的程度及其在气相中的分压，金属与气体之间的相互作用时间和接触面积等都有很大的影响，因而也就必然影响金属的氮含量。

增加电弧电压(即增加电弧长度)将导致保护效果变差，氮与熔滴的相互作用时间延长，故使焊缝金属的氮含量增加。在熔渣保护不良的情况下，电弧长度对焊缝质量的影响尤其显著。为减少焊缝金属中的氮含量，应尽量采用短弧焊。

焊接电流对焊缝中氮含量的影响与被焊材料有关。因为焊接电流增加将使熔滴的温度升高，此时对于低碳钢而言，由于氮的溶解是吸热过程，所以增加焊接电流使得焊缝中氮含量增加。但若电流过大，将造成金属强烈地蒸发，使氮分压下降，焊缝中的氮含量又逐渐下降。

(3)增加焊丝或药皮中的碳含量来降低焊缝中氮的含量。

控制焊丝金属的成分，增加焊丝或药皮中的碳含量可以降低焊缝中氮的含量。这是因为碳能够降低氮在铁中的溶解度；另外，碳氧化生成 CO、CO_2，加强了对熔池的保护，降低了氮的分压。在熔池中生成的 CO、CO_2 还可引起熔池的沸腾，有利于氮的逸出，避免氮气孔的产生。

对于碳钢焊丝，强度越高的焊丝其含碳量越高，如 H10A 比 H08A 含碳量高；对于焊条，其药皮中碳酸盐及有机物含量越高的，含碳量高。

二、氢对金属的作用及控制

在实际焊接生产中，由于在选材、焊条焊剂烘干、母材预处理等方面，存在没有执行工艺要求的情况，结果会使焊缝产生氢脆、裂纹、气孔及合金元素烧损等缺陷和问题，以致严重影响焊接质量，所以必须严格控制焊缝中氢的含量。

1.氢在金属中的存在状态

(1)氢的溶解。

焊接时，氢主要来源于以下几个方面：

①空气中的水在电弧高温下分解出的氢。

②焊材表面和母材坡口附近的吸附水、油(有机物)、锈及氧化铁皮(含结晶水)等。

③焊接材料(焊剂、保护气体等)的蒸发、分解和燃烧物质的蒸发，如100℃时吸附水蒸发，400～600℃时焊条药皮中的组分如白泥和云母结晶水被排出。电弧高温时金属元素和熔渣中的各种成分蒸发，如 Fe、Mn 及氟化物等。

④有机物的分解和燃烧，如淀粉、纤维素等分解和燃烧时产生 H_2、CO 和 CO_2。水在焊接高温条件下将分解为 H_2 和 O_2。H_2 分子进一步分解为氢原子和氢离子。

$$H_2 = 2H - 432.9\text{kJ/mol}$$

$$H_2 = H + H^+ + e - 1745\text{kJ/mol}$$

在弧柱中(温度 >5000 K)，氢主要以原子状态存在，其分解度 $\alpha > 90\%$；而在低于 2000K 的区域，氢的分解度很小，主要以分子状态存在。氢的分解度与温度的关系，如图 4-7 所示。

CO_2 气体保护焊时，由于 CO_2 气体多是食品、酿造行业的副产品，所以含水量较多，因此

使用 CO_2 时要加干燥过滤器。这时,如果不干燥过滤或干燥过滤效果不好,水分解后产生的氢则可以直接在金属的表面上以原子或质子的形式溶入金属。

在埋弧焊、焊条电弧焊、电渣焊及药芯焊丝 CO_2 气体保护焊时,焊接产生的熔渣中也有一部分氢,其可以通过对流或搅拌作用到达金属的表面,然后溶入金属中。这里的熔渣本身具有一定溶解氢的能力,溶解在熔渣中的氢大部分以 OH^- 形式存在。OH^- 与 Fe^{2+} 通过交换电子生成氢原子并进入金属液体。

$$Fe^{2+} + 2\,OH^- = [Fe] + 2[O] + 2[H]$$

氢在金属中的溶解度与氢的存在状态有关系。从形式上看,溶解的氢来自水分子(包括铁锈中的结晶水)、有机物(碳氢氧化合物)和原子氧(熔渣)。

(2)氢在金属中的主要存在形式。

①扩散氢。在焊缝金属中,大部分氢是以 H、H^+ 或 H^- 形式存在的。H 的原子和离子半径很小,它们与焊缝金属形成间隙固溶体。其中一部分氢可以在焊缝金属晶格中自由扩散,称为扩散氢。

②残余氢。一部分氢扩散聚集到金属的晶格缺陷、显微裂纹和非金属夹杂物边缘的空隙中,结合为氢分子,因其半径增大,不能自由扩散,称为残余氢。

③氢化物。在锆、钛等金属及其合金的焊缝中,氢主要是以氢化物的形式存在的。一些合金元素与氢形成化合物,从而对氢在金属中的溶解度有很大的影响,如图 4-8 所示为合金元素的质量分数对氢在铁合金中的溶解度的影响。

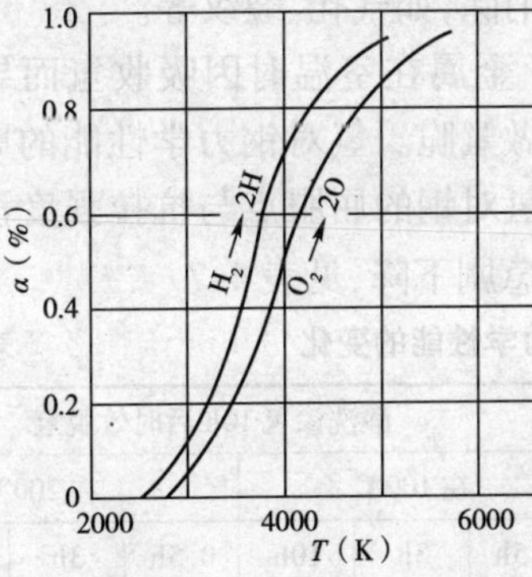

图 4-7　氢和氧的分解度 α 与温度的关系

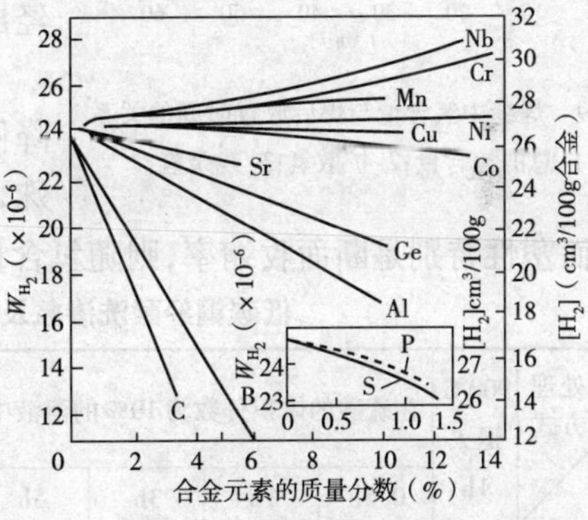

图 4-8　合金元素的质量分数对氢在铁合金中的溶解度的影响(加热温度 1600℃)

(3)氢与金属形成氢化物。

根据金属与氢形成化合物的特点,可以把金属分为能形成稳定氢化物的金属、不能形成稳定氧化物的金属两类。

①能形成稳定氢化物的金属。例如 Zr、Ti、V、Ta、Nb 等金属在吸收氢不多时,与氢形成固溶体;在吸收氢较多时与氢形成氢化物。在温度为 300 ~ 700℃ 的范围内,这些金属在固态下可吸收大量的氢;再升高温度,则氢化物分解,由金属中析出氢气,其氢含量下降。焊接这类金属及合金时,必须防止其在固态下吸收大量的氢,否则将严重影响金属的性能,因此要限制这类金属的总含量。限制的方法是在选择焊条、焊丝、焊剂时,要注意了解其成分组成。如果含有较多的 Zr、Ti、V、Ta、Nb,就不要选用。

②不能形成稳定氢化物的金属。例如 Fe、Ni、Cu、Cr、Mo 等，但氢可以溶解于这类金属及其合金中。氢溶解于固态或液态金属时，首先分解为原子，然后溶解。氢在这类金属中的溶解度是固定的，从控制氢元素含量的角度来看，可以对这类元素不加限制。

(4)影响氢溶解度的其他因素。

氢的溶解度还与温度有关。当固态铁在临界温度发生晶格结构变化时，氢的溶解度也要发生突变，氢在面心立方晶格中的溶解度大于在体心立方晶格中的溶解度。由于氢在扩散过程中总有一部分要转变为残余氢，还有一部分扩散到焊件以外的空间，所以焊缝金属中的总的氢含量和扩散氢的含量都是随时间的延长而减少的，残余氢则增加，如图 4-9 所示。通常所说的焊缝氢含量是指焊后立即进行测定所得的氢含量。为了使测定的结果准确，焊后必须立即将试件进行急冷，并按统一标准操作。

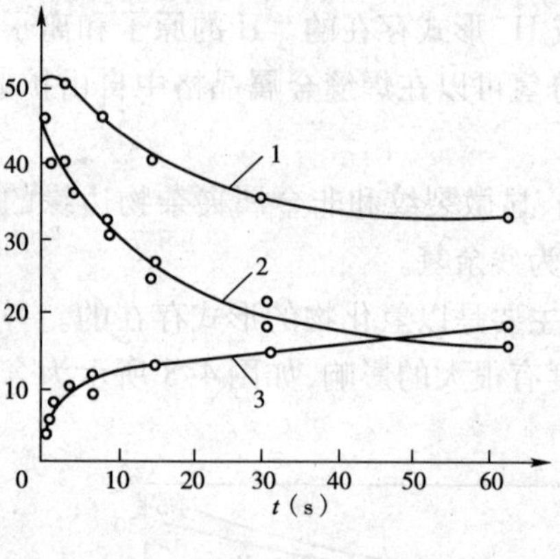

图 4-9 焊缝中氢含量与焊后放置时间的关系
1-总的氢含量；2-扩散氢；3-残余氢

2. 氢对焊接质量的影响

氢是还原性气体，焊接时有助于减小金属的氧化倾向。在用氩弧焊焊接高合金钢时，加入少量的氢可以改善焊接工艺性能，但在多数情况下，氢的有害作用是主要的。在结构钢焊接时，氢的有害作用可分为两种类型：一种是暂态现象，包括氢脆和白点，这种现象通过相应的热处理或时效处理，使氢自焊件中逸出，即可消除；另一种是永久现象，它们一经出现就无法消除，如气孔、裂纹等。

(1)氢脆。金属在室温时因吸收氢而导致塑性降低的现象叫做氢脆。氢对钢力学性能的影响很特殊，实验表明，氢对钢的屈服点与抗拉强度没有明显影响；而塑性特别是断面收缩率，则随氢含量的增加而急剧下降，见表 4-7。

低碳钢经酸洗渗氢及时效脱氢后力学性能的变化 表 4-7

处理方式 / 力学性能	900℃退火1h	在硫酸的体积分数为 10% 的溶液中酸洗渗氢					酸洗渗氢 10h 后时效脱氢					
							在 100℃			在 200℃		
		0.5h	1h	3h	5h	10h	0.5h	3h	10h	0.5h	3h	10h
σ_b(MPa)	256.7	264.4	266.5	269.5	269.5	269.5	266.5	252.8	257.6	247.9	253.8	252.8
σ_s(MPa)	366.5	37.4	372.4	372.4	372.4	372.4	372.4	368.4	366.4	364.5	366.4	360.6
δ_5(%)	34.0	28.2	25.4	22.4	19.3	18.9	20.9	26.9	29.7	31.3	33.9	35.0
Ψ(%)	72.8	65.1	53.5	40.3	29.6	28.0	37.0	56.7	67.6	63.5	70.0	72.0

氢脆现象是溶解在金属晶格中的氢引起的。在试件拉伸过程中，金属中的位错发生运动和堆积，结果形成显微空腔。与此同时，溶解在晶格中的原子氢不断地沿着位错运动的方向扩散，最后聚集到显微空腔内，结合为分子氢。这个过程的发展使空腔内产生很高的压力，导致金属变脆。

氢脆的一个重要特点是，它与试验温度和试验时的应变速度有关。在室温条件下，氢脆表现明显，试验温度较高或很低时，都不会出现氢脆。氢脆的程度还随试验时的应变速度提高而不断加大。在各种晶格结构中，马氏体的强度最高，因此其氢脆敏感性最高。而氢在奥氏体中的溶解度虽比在铁素体中高，但氢脆并不显著。

(2)白点。在碳钢或低合金钢焊缝中，如果氢含量高，则常常在其拉伸或弯曲试件的断面上出现银白色圆形局部脆断点，称为白点。白点的直径一般由零点几毫米到几毫米，其周围为韧性断口，用肉眼即可辨别。在横向腐蚀磨片上，表现为细长、弯曲的裂纹，呈放射状或无规则分布。

关于产生白点的原因说法很多。按照公认的“诱捕理论”可解释为在金属塑变过程中，小夹杂物边缘的空隙和气孔像“陷阱”一样可以捕捉原子氢，并在其中结合为分子氢。由于“陷阱”内的压力不断增大，最后导致局部脆断。

如果焊缝金属中有产生白点的倾向，则其塑性将大大下降。焊缝金属中产生白点的敏感性与氢含量、金属的组织和变形速度等因素有关。碳钢和用 Ni、Mo 等元素合金化的焊缝，尤其是当这些元素含量较高时，对白点很敏感，而纯铁素体和铬镍奥氏体焊缝不出现白点。

(3)氢气孔。如果熔池中溶解了大量的氢，则在冷却凝固过程中，由于氢在固态金属中的溶解度比在液态金属中的溶解度小很多，过饱和的氢将由固相向液相聚集，这时部分原子氢将结合为氢分子并形成气泡，如果气泡在金属凝固前来不及逸出就会在焊缝中形成气孔。

(4)裂纹。在焊接接头中，冷裂纹是危害性极大的一种焊接缺陷，而氢是促使冷裂纹产生的主要因素之一。关于焊接裂纹的内容将在模块六专门讨论。

3. 控制氢的措施

(1)限制焊接材料中的氢含量。在焊条药皮、焊剂和焊丝药芯中的纤维素、天然云母、白泥、长石、水玻璃、铁合金等，都不同程度地含有吸附水，结晶水、化合水或溶解的氢。在焊接高温加热时，这些物质将会分解出氢而溶入到焊缝金属中，从而危害焊缝性能。因此，制造低氢和超低氢($[H] < 1cm^3/100g$)型焊条和焊剂时，应尽量选用不含或含氢量少的材料。

为了减少焊接材料中的水分，在生产中经常采用以下两方面的措施：

①焊条、焊剂在使用之前必须烘干。这是生产中最有效的办法。试验表明，升高烘干温度可大大降低焊缝金属的氢含量(图 4-10)。但其烘干温度不可过高，否则焊接材料中的铁合金被氧化烧损，造气剂过早分解，从而影响其保护作用。因此，不同牌号焊条对烘干温度和时间都有明确规定，例如低氢型焊条为 350～450℃，钛钙型焊条为 150～200℃。

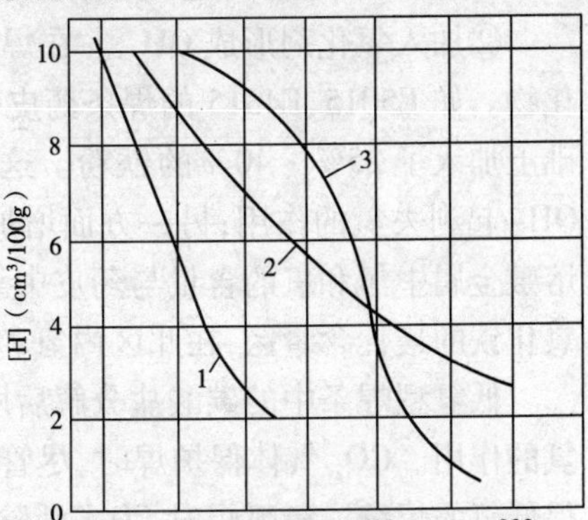

图 4-10 烘干温度与焊缝氢含量的关系

1-碱性焊条；2-碱性烧结焊剂；3-药芯

焊丝因其表面镀铜没有锈，但为降低抽送阻力，往往在其表面涂润滑油。润滑油是有机物，易在高温时脱碳并产生水蒸气，所以送丝机上要安装油刷。焊条、焊剂在放置过程中将吸潮，水的含量将增加。因此，焊条、焊剂都应在烘干后立即使用。烘干后未用的焊条，焊剂最好在 100～150℃的条件下存放。

②加强防潮措施。在存放焊接材料时应加强防

潮措施，以避免焊接材料在放置过程中吸附水分。例如，焊条要放在焊条保温筒中存放。焊剂要用防潮的材料包好、密封存放。

除此之外，气体保护焊时，所用的保护气体中常含有水分，水分进入焊缝金属将影响其性能。因此，在气体保护焊时必须严格控制保护气体中的含水率，必要时须采取脱水或干燥措施。例如，在进行 CO_2 气体保护焊时，CO_2 气体在输送到焊接区之前应进行干燥处理，可在气路中加入干燥器，通过加热干燥来脱除 CO_2 气中的水蒸气。

(2)清除焊件和焊丝表面的杂质。焊件坡口及焊丝表面的氧化膜、铁锈吸附水和化合水，以及油污、水渍等是焊缝金属中氢的又一主要来源。因此，焊前应仔细清理焊件坡口及表面。例如，在焊前用钢丝刷、锉刀、角磨及砂纸等打磨坡口表面及近缝区。此外，为了防止焊丝生锈，许多国家对焊丝采用了表面镀铜处理。

(3)冶金处理除氢。冶金处理除氢通过焊条药皮和焊剂的冶金作用，改变电弧气氛的性质，抑制原子氢的产生，从而使气相中氢分压下降，最终达到降低氢在液体金属中的溶解度的目的。

最有效的降低氢分压办法是设法使氢转化为不溶于金属的、稳定的氢化物，如氢氧化合物及 HF。在高温下，OH^- 及 HF 都很稳定，要到 4000K 才开始分解，如图 4-11 所示。

①加入氟化物形成 HF。在药皮和焊剂中加入氟化物可以形成 HF。如低氢型焊条 E5015、E5016 焊条的药皮中就有一定的氟化钙成分。

试验表明，在高硅高锰焊剂中加入适当比例的 CaF_2 和 SiO_2 可显著降低焊缝的氢含量。关于氟化物的去氢原理目前有多种假说，下面仅介绍其中的一种。当熔渣中 CaF_2 和 SiO_2 共存时，可进行如下的反应：

$$2CaF_2 + 3\,SiO_2 = 2\,CaSiO_3 + SiF_4\uparrow$$

生成的 SiF_4 沸点很低(90℃)，它将以气态存在，并与气相中的原子氢和水蒸气发生如下反应：

$$SiF_4 + 3H = SiF_2 + 3HF$$

$$SiF_4 + 2\,H2O = SiO_2 + 4\,HF$$

生成的 HF 扩散到空气中，因而能够降低焊缝中的氢含量。

②加入氧化剂形成 OH^-。在焊条药皮中加入适量的活性氧化剂，如 Fe 或 Mn 的高价氧化物。如 E5015、E4315 的焊条药皮中就加入了 15% ~25% 的铁合金；E5018 在 E5015 的基础上加入了 25% ~40% 的铁粉。这类氧化剂一方面在高温下分解出 O，通过 $O^{2-} + H^+ = OH^-$ 起到去氢的作用；另一方面增加了焊接熔池的氧化性，使液态金属中氢的溶解度降低。熔敷金属中氢和氧的含量与药皮中氧化铁含量的关系，如图 4-12 所示。图中Ⅱ区是药皮中氧化铁的最佳含量区，在此区内氢和氧的含量都处于较低水平。

低氢型焊条中的碳酸盐分解后所形成的 CO_2 可与氢原子直接作用而生成 OH^-，起到脱氢的作用。CO_2 气体保护焊时，尽管 CO_2 气体中含有水分，但由于 CO_2 的氧化作用，仍可获得低氢的焊缝。氩弧焊时，为了消除氢气孔，改善工艺性能，常在氩气中加入 5% 左右的 O_2 或 CO_2，就是以此为理论依据的。

(4)通过控制焊接参数控制氢含量。焊条电弧焊在保证焊接过程稳定时，增大焊接电流使熔滴吸收氢的含量增加；增加电弧电压使焊缝氢含量减小。

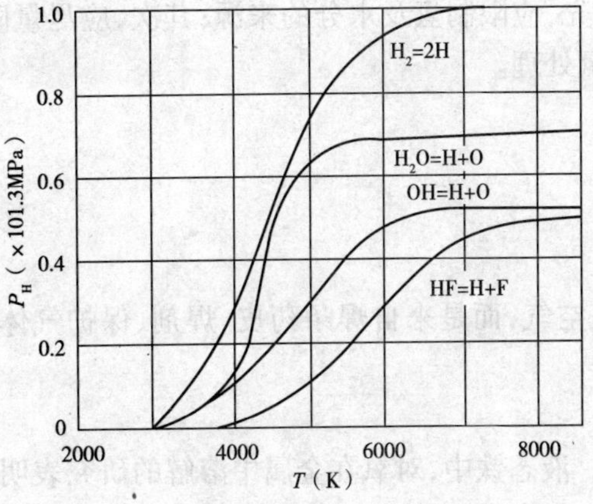

图 4-11 H_2、H_2O、OH^+、HF 分解时原子氢的平衡分压与强度的关系

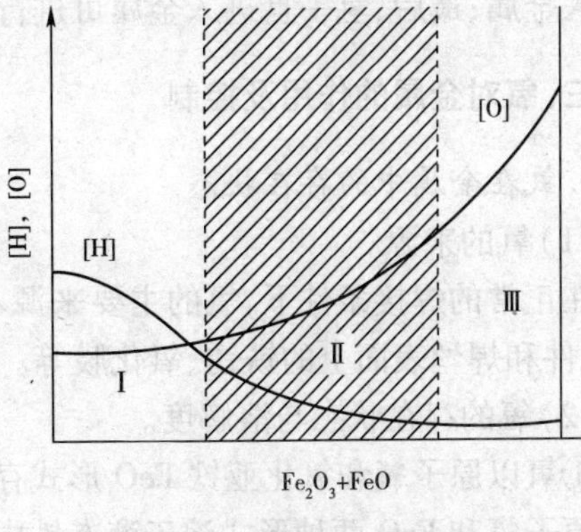

图 4-12 熔敷金属中氢和氧的含量与药皮中氧化铁含量的关系

Ⅰ-易形成冷裂纹的区域；Ⅱ-接头综合性能好的区域；Ⅲ-焊缝韧性化的区域

气体保护焊时，射流过渡比滴状过渡时熔滴中氢含量低。这是因为射流过渡时金属的蒸气压急剧增大，使氢的分压大大下降；同时由于过渡频率高，使熔滴与氢的接触时间缩短。所以，气体保护焊时，采用射流过渡比滴状过渡更好。当焊条或焊丝的直径一定时，焊接电流增加到一个临界值后熔滴过渡形式就会由滴状过渡转化为射流过渡。

如图 4-13 所示，电弧焊时的电流种类和极性对焊缝氢含量也有影响。焊速对焊缝中的总氢含量没有明显影响，但对扩散氢与总氢量的比值有很大影响。例如，当焊速由10cm/min增至60cm/min时，比值由 0.72 降至 0.46。

（5）焊后加热脱氢。脱氢处理是指利用氢的扩散能力，在焊后加热焊件促使氢扩散逸出，从而减少接头中氢含量的工艺。由图 4-14 可以看出，把焊件加热到 350℃以上保温 1h，几乎可将扩散氢全部去除。在生产上，对于易产生冷裂纹的焊件，常常要求进行脱氢处理，一般是加热到 300～400℃，保温若干小时。

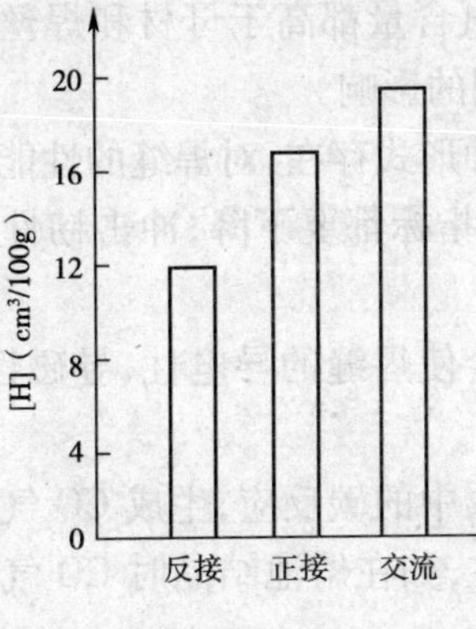

图 4-13 电流种类和极性对焊缝氢含量的影响

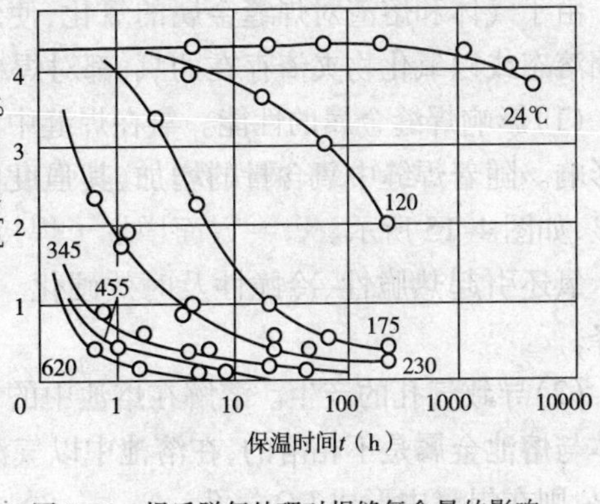

图 4-14 焊后脱氢处理对焊缝氢含量的影响

应当指出，由于氢在奥氏体钢中的溶解度大、扩散速度小，因此对于奥氏体钢焊缝进行脱氢处理的效果不好，也是不必要的。

综上所述，对氢的限制应以预防为主。首先，应限制氢及水分的来源；其次，应尽量防止氢溶入金属；最后，氢一旦进入金属可进行脱氢处理。

三、氧对金属的作用及控制

1.氧在金属中的存在状态

(1)氧的来源。

在正常的焊接条件下，氧的主要来源不是空气，而是来自焊条药皮、焊剂、保护气体、水分、工件和焊丝表面上的铁锈、氧化膜等。

(2)氧的存在状态与溶解度。

①氧以原子氧和氧化亚铁 FeO 形式存在。液态铁中，对氧在金属中溶解的研究表明，氧是以原子氧和 FeO 两种形式溶于液态铁中的。氧在铁中的溶解度也符合平方根定律：

$$S_O = K_{O_2}\sqrt{p_{O_2}}$$

式中：S_O——氧在铁中的溶解度；

K_{O_2}——平衡常数，取决于温度和液态金属的性质；

p_{O_2}——气相中分子氧的分压。

②以 CO 气孔形式存在。溶解在熔池中的氧与熔池金属中的碳反应生成 CO 气体，而 CO 气体与熔池金属是不相溶的，而在溶池中以气泡的形式存在，如在熔池结晶时 CO 气泡来不及逸出，则在焊缝中形成 CO 气孔。此外，在焊接碳含量较高的钢材时，碳的氧化形成大量的 CO。CO 气体受热膨胀而引起金属飞溅，从而影响焊接过程的稳定性，使焊接工艺性能变坏。

③以金属氧化物形式存在。在焊接高温作用下，氧使焊缝金属中有益的合金元素氧化(烧损)，使焊缝性能低于母材水平。但是，在某些场合下氧也有有利的一面，如在铸铁冷焊时，有意识地在药皮中加入氧化剂以烧损多余的碳，可改善焊接工艺性能和焊缝金属的成分。在焊接中，为了减少焊缝的氢含量，有时在焊接材料中还需加入少量的氧化剂。

2.氧对焊接质量的影响

由于气体和熔渣对焊缝金属的氧化，使焊缝金属的氧含量都高于母材和焊丝。无论是以固溶态或以氧化物夹渣存在的氧，都对焊缝性能有不利的影响。

(1)影响焊缝金属的性能。氧在焊缝中无论是以何种形式存在，对焊缝的性能均有明显的影响。随着焊缝中氧含量的增加，其强度、塑性及韧性指标都要下降，冲击韧性下降尤为明显，如图 4-15 所示。

氧还引起热脆性、冷脆性及时效硬化。此外，氧还会使焊缝的导电性、导磁性、耐蚀性下降。

(2)导致气孔的产生。溶解在熔池中的氧与熔池金属中的碳反应，生成 CO 气体，而 CO 气体与熔池金属是不相溶的，在溶池中以气泡的形式存在，如在熔池结晶时 CO 气泡来不及逸出，则在焊缝中形成 CO 气孔。

(3)合金元素的烧损。在焊接高温作用下，氧使焊缝金属中有益的合金元素烧损，使焊缝的性能达不到母材的水平，此外，在焊接碳含量较高的钢材时，碳的氧化形成大量的 CO。CO 气体受热膨胀而引起金属的飞溅，影响焊接过程的稳定性，使焊接工艺性能变坏。

3. 焊缝金属的氧化

焊接时金属的氧化除了由于自由氧直接与金属发生作用外，其余都是在各个反应区通过氧化性气体，如 CO_2、H_2O 等，或活性熔渣与金属相互作用实现的。熔渣对金属的氧化在任务三中介绍。

（1）自由氧对金属的氧化。在焊接低碳钢和低合金钢时，主要考虑铁的氧化。高温时铁的氧化物主要是 FeO。

焊条电弧焊时，虽然采取了气、渣联合保护的措施，但空气中的氧总是或多或少地侵入焊接区，药皮中的高价氧化物等物质受热分解也产生氧气，因此也使铁氧化，反应过程如下：

$$[Fe] + \frac{1}{2}O_2 = FeO + 26.97\ kJ/mol$$

$$[Fe] + O = FeO + 515.76\ kJ/mol$$

从反应的热效应看，原子氧对铁的氧化比分子氧对铁的氧化更激烈。

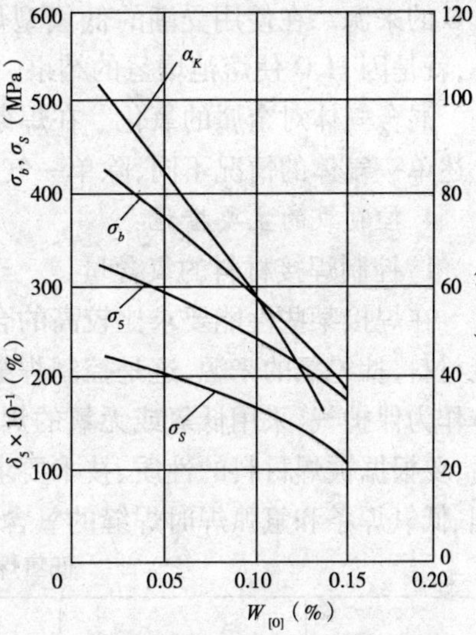

图 4-15　氧对低碳钢焊缝常温力学性能的影响（氧主要以氧化亚铁 FeO 形式存在）

在焊接钢时，除铁被氧氧化外，钢液中的其他对氧亲和力比铁大的元素，如 C、Si、Mn 等也发生氧化：

$$[C] + \frac{1}{2}O_2 = CO\uparrow$$

$$[Si] + O_2 = (SiO_2)$$

$$[Mn] + \frac{1}{2}O_2 = (MnO)$$

（2）CO_2 对金属的氧化。

焊条电弧焊时，焊条药皮中的碳酸盐（$MgCO_3$、$CaCO_3$ 等）分解产生 CO_2。CO_2 气体保护焊时，CO_2 作为保护气体，也参与了焊接时的冶金反应。所以在高温下 CO_2 对于液态铁和其他许多金属来说是活泼的氧化剂。

$$CO_2 = CO + \frac{1}{2}O_2$$

$$[Fe] + \frac{1}{2}O_2 = FeO$$

$$CO_2 + [Fe] = CO + [FeO]$$

实践表明，不仅纯 CO_2 具有强烈的氧化性，就是当气相中有少量的 CO_2 时，也会对焊缝金属有较强的氧化作用，因此，在含有碳酸盐的药皮中，必须加入一些锰、硅等元素进行脱氧；对于保护焊，焊丝中必须加入一定量的锰和硅脱氧元素，才能保证焊接质量。

（3）水蒸气对金属的氧化。焊接区的水蒸气在高温下分解后所生成的氧使铁和其他合金元素氧化。其氧化反应式为：

$$H_2O(气) + [Fe] = [FeO] + H_2$$

从反应式可以看出，水蒸气不仅使液态铁氧化，还可使焊缝金属中增氢，因此，当气相中含有较多的水蒸气时，仅依靠脱氧还不能完全抑制其有害的作用，还必须同时去氢或减少 H_2O 的来源。在使用受潮的低氢型焊条时，药皮中虽然有较多的脱氧剂，焊后仍会产生气孔，就是因 H_2O 使熔池增氢的结果。

混合气体对金属的氧化。在焊条电弧焊时，电弧气氛是由多种气体组成的混合物。与上述单一气体的情况不同，除单一气体的基本反应外，还要考虑各气体之间的相互作用。

4. 控制氧的主要措施

1）控制焊接材料的氧含量

在焊接某些性能要求比较高的合金钢、合金、活性金属时，应尽量少用或不用含氧的焊接材料，杜绝氧的来源，这是控制焊缝金属含氧量的基本方法。例如，采用高纯度的惰性气体作为保护气，采用低氧或无氧的焊条、焊剂，甚至在真空室中焊接。具体采用什么方法合适，要根据被焊材料的性质、技术要求和生产条件而定。表 4-8 和表 4-9 列出了采用无氧焊剂、低氧焊条和氩弧焊时焊缝的氧含量。

低氧焊条熔敷金属中氧的质量分数　　表 4-8

焊　条	药皮组成	焊　丝	氧的质量分数（%）	
			焊　丝	焊　缝
低氧焊条	$CaCO_3$ 10% ~15% CaF_2 85% ~90%	Cr20Ni80	0.013	0.010
一般碱性焊条	$CaCO_3$ 约 40%	Cr20Ni80	0.013	0.035

用不同方法焊接 Crl8Nil2Mo3Ti 钢时中的质量分数　　表 4-9

焊接方法及材料	焊缝中的气体的质量分数（%）			焊缝夹杂的质量分数（%）
	N_2	O_2	H_2	
埋弧焊（无氧焊剂 CaF_2 80%，NaF_2 20%）	0.0069	0.0083	0.00054	0.019
氩弧焊	0.0018	0.0017	0.00054	0.012
CO_2 保护焊	0.0150	0.0214	0.00027	0.026

2）控制焊接参数

焊缝中的氧含量与焊接工艺条件有密切的关系。电弧电压增加，即电弧过长，空气易于侵入焊接区，并增加氧与熔滴接触的时间，所以焊缝氧含量增加。为了减少焊缝氧含量，应采用短弧焊。此外，焊接电流的种类和极性以及熔滴过渡的特性等也有一定的影响，但是通过控制焊接工艺参数的方法控制焊缝中的含氧量的作用是有限的。

3）冶金脱氧

埋弧焊熔渣的脱氧与焊条电弧焊一样，主要是根据所选择的焊丝、母材选择焊剂。不同的焊剂中有不同脱氧剂，其侧重的脱氧方式也不同。

（1）脱氧剂及选择脱氧剂的原则。脱氧剂是焊剂中用于脱氧的元素或铁合金，选择脱氧剂的原则是：

①选择在焊接温度下，对氧的亲和力比被焊金属大的元素。1800℃时，各种元素对氧的

亲和力从小到大依次为：Ni、Cu、W、Mo、Fe、Cr、Nb、Mn、V、Si、B、Ti、Mg、C、Al、Ce。

②脱氧物不应溶于液态金属而应溶于熔渣，且熔点低、密度小，上浮至熔渣中，以减少夹杂物的数量。例如 Mn、Si、Ti 和 Al 常用于脱氧剂。

③必须考虑脱氧剂对焊缝成分、性能以及焊接工艺性能的影响。例如 Ni、Cu、W、Mn、Si、Ti 和 Al 等可以影响焊缝的塑性、韧性及强度。

(2)脱氧方式：

①先期脱氧。在药皮加热阶段，固态药皮中进行的脱氧反应称为先期脱氧。反应物为药皮中的脱氧剂与分解产物(O_2、CO_2)的反应物。由于 Al 和 Ti 对氧的亲和力很强，它们在先期脱氧过程中大部分被烧损，从而保护了 Si、Mn 等其他脱氧元素进入熔池脱氧。先期脱氧不完全，需进一步脱氧。在埋弧焊时，这种脱氧方式只产生于溶池周围靠近熔池边缘的地方。

②扩散脱氧。扩散脱氧是在液态金属与熔渣界面上进行的。利用 FeO 能够溶于熔渣的特性，通过扩散使氧从液态金属中进入熔渣，从而降低焊缝氧含量。根据分配定律 $L=(FeO)/[FeO]$，以及分配常数 L 与温度 T 的关系可知，分配常数 L 减小，便发生液态金属中的 FeO 向熔渣中扩散，从而使熔池中的 FeO 含量减少的现象，这说明扩散脱氧是在熔池的尾部低温区进行的。

除温度影响外，扩散脱氧还取决于 FeO 在熔渣中的活度。在温度不变的情况下，FeO 在熔渣中的活度越低其脱氧效果越好。当渣中含有较多的强酸性氧化物如 SiO_2、TiO_2 时，因其易与 FeO 形成复合物，从而使渣中 FeO 活度减小。为保持分配常数，液态金属中的 FeO 便不断向渣中扩散，所以酸性渣有利于扩散脱氧。相比之下，碱性熔渣扩散脱氧能力较差。

用冶金的方法脱氧是实际生产中最有效的方法。最常用的锰、硅或硅锰联合脱氧就是利用溶解在熔滴和熔池中的脱氧剂与[FeO]直接反应，把铁还原，并使脱氧产物转入熔渣而被清除出去。如 H08Mn2SiA 焊丝因含有锰、硅而具有较好的脱氧作用。

③沉淀脱氧。这种脱氧方式是埋弧焊的主要脱氧方式。沉淀脱氧是指溶解于液态金属中的脱氧剂直接和熔池中的[FeO]起作用，使其转化为不溶于液态金属的氧化物，并析出转入熔渣中的一种脱氧方式。优点是脱氧速度快、脱氧彻底。

常用的脱氧反应有三种：锰的脱氧反应、硅的脱氧及硅锰联合脱氧。锰的脱氧反应式如下：

$$[Mn]+[FeO]=[Fe]+(MnO)$$

从反应式可以看出，增加焊缝中含 Mn 量、减少渣中的 MnO 有利于脱氧。酸性渣中的 SiO_2 和 TiO_2 与 MnO 反应生成复合物 $MnO\cdot SiO_2$(或 $MnO\cdot TiO_2$)，降低了 MnO 的活度，脱氧效果较好。1600℃时，SiO_2 对锰脱氧的影响如图 4-16 所示。一般酸性焊条用锰铁作为脱氧剂，而碱性焊条不单独用锰铁作为脱氧剂，埋弧焊焊剂也是如此。

硅对氧的亲和力比锰大，脱氧能力比锰强。硅的脱氧反应为：

$$[Si]+2[FeO]\rightarrow 2[Fe]+(SiO_2)$$

显然，提高熔渣的碱度和金属中的硅含量，可以提高硅的脱氧效果。从脱氧能力来看，硅的脱氧能力比锰大，但生成的 SiO_2 熔点高(表 4-10)，通常认为其处于固态，不易聚合为大的质点；同时，SiO_2 与钢液的界面张力小、润湿性好，SiO_2 不易从钢液中分离，所以易造成夹杂。因此,一般不单独用硅脱氧。

几种化合物的熔点和密度　　表4-10

化合物	FeO	MnO	SiO_2	TiO_2	Al_2O_3	$(FeO)_2 \cdot SiO_2$	$MnO \cdot SiO_2$	$(MnO)_2 \cdot SiO_2$
熔点(℃)	1370	1580	1713	1825	2050	1205	1270	1326
密度(g/cm^3)	5.8	5.11	2.26	4.07	3.95	4.30	3.60	4.10

硅锰联合脱氧反应式如下:

$$[Si]+[Mn]+3[FeO]$$
$$=3[Fe]+(MnO \cdot SiO_2)(\text{硅酸锰})$$

当$[Mn]/[Si]=3\sim7$时,形成的脱氧产物为液态$MnO \cdot SiO_2$。碱性焊条或碱性焊剂一般采用硅锰钛联合脱氧。CO_2焊常采用硅锰联合脱氧(采用$H08Mn_2SiA$焊丝)。脱氧产物形态与[Mn]/[Si]的关系,如图4-17所示。

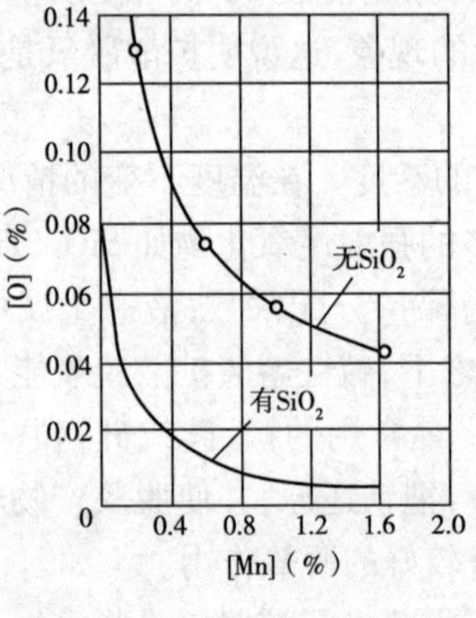

图4-16　1600℃时SiO_2对锰脱氧的影响

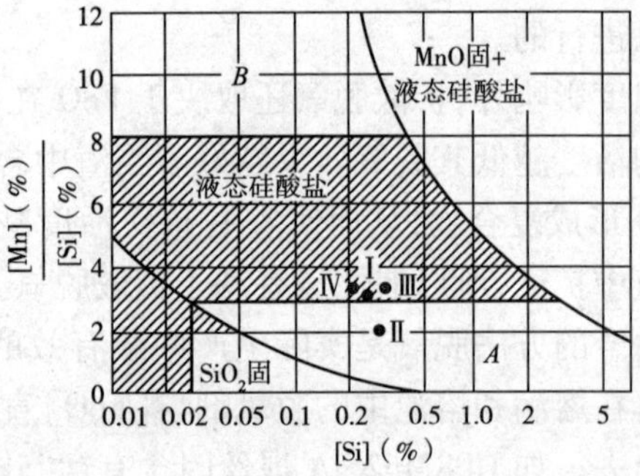

图4-17　脱氧产物形态与[Mn]/[Si]的关系

任务三　焊接熔渣及其对金属的作用

熔渣是焊接过程中焊(或钎)剂、药皮熔化后覆盖于焊(或钎)缝表面的非金属物质。如果焊(或钎)剂选择、操作不当,焊缝中就会残留一部分熔渣形成夹杂或者造成脱渣困难,以及使焊缝合金元素含量不当等。夹杂不仅降低焊缝金属的韧性,增加低温脆性,同时也增加了焊缝的热裂和层状撕裂倾向。脱渣困难严重影响焊缝表面质量,还会使生产效率下降。焊缝合金元素含量不当,则直接导致焊缝室温组织及性能变化,达不到所要求的强度、韧性等焊缝力学性能要求。所以,熔渣控制工艺措施非常重要。

一、熔渣的作用与分类

1. 焊接熔渣

焊接熔渣是焊接时焊条药皮或焊剂熔化后,经过一系列化学变化而形成的覆盖在焊缝表面上的非金属物质。焊接熔渣具有以下几个方面的作用：

(1)机械保护作用。焊接时形成的熔渣浮在熔滴和溶池的表面上，把熔池金属与空气隔开，削弱对液态金属的氧化和氮化，对焊缝金属起到保护作用。例如，焊条电弧焊就是靠焊剂熔化形成的熔渣及产生的气体来保护焊缝金属的。

(2)改善焊接工艺性能。熔渣是焊条或焊剂参加化学冶金过程的产物。熔渣改善焊接工艺性能主要表现为：在化学冶金阶段使电弧容易引燃，稳定燃烧，飞溅减少，并与空气隔离；熔渣浮出熔池并形成渣壳后，覆盖在焊缝上，具有良好的脱渣性和辅助成型性能。脱渣性和辅助成型性能主要与熔渣表面张力、熔渣的线膨胀系数有关。

(3)冶金处理作用。熔渣与液态金属、高温固态金属进行一系列物理化学反应，会起到脱氧、脱硫、脱磷、去氢作用，还可以使焊缝金属合金化，从而对焊缝金属的成分、性能产生很大影响。

2.熔渣的成分及分类

根据熔渣的成分和性能可将其分成盐型熔渣、盐—氧化物型熔渣、氧化物型熔渣三大类，熔渣的类型、主要成分、特点及应用，见表4-11。

熔渣的类型、主要成分、特点及应用　　表4-11

熔渣类型	主要成分	特　点	应　用
盐型熔渣	氟酸盐，氯酸盐	氧化性很小	焊铝、钛等活性金属
盐—氧化物型熔渣	氟化物、强金属氧化物	氧化性较小	焊重要的低合金高强钢和高合金钢
氧化物型熔渣	弱金属氧化物	氧化性较强	焊低碳钢、低合金钢

焊接熔渣是一个多成分的复杂体系，在对其进行分析时通常将含量少、影响小的次要成分略去，将其简化为含量多、影响大的成分组成，这个成分组成的体系称为渣系。不同的渣系适合不同的金属材料。

(1)盐型熔渣渣系。主要有 CaF_2—NaF、CaF_2—$BaCl_2$—NaF、KCl—NaCl—Na_3AlF_6、BaF_2—MgF_2—Ca F_2—LiF 等渣系。这类熔渣中含有较多的 K、Na、A1 等元素及其化合物(或离子)，主要是氟酸盐和氯酸盐，其氧化性很小，主要用于焊接铝、钛和其他化学活性较大的金属及合金，有时也可用于焊接含活性元素的高合金钢。

(2)盐—氧化物型渣系。主要有 CaF_2—CaO—Al_2O_3、CaF_2—CaO—SiO_2、CaF_2—CaO—Al_2O_3—SiO_2、CaF_2—CaO—MgO—Al_2O_3 等渣系。这类熔渣中含有较多的 Ca、Al 等元素及其化合物(或离子)，主要含氟化物及强金属氧化物。这类熔渣的氧化性比较小，但比 K、Na 及其化合物(或离子)大，可以将其他的比之较不活泼的金属元素从其氧化物中置换出来，主要用于焊接不含活性元素的高合金钢及低合金高强钢。

(3)氧化物型渣系。主要有 MnO—SiO_2、FeO—MnO—SiO_2、CaO—TiO_2—SiO_2 等渣系。这类熔渣中含有较多的 Mn、Si 等元素及其化合物(或离子)，属于弱金属氧化物类型。这类熔渣的氧化性比较强，但比 Fe 及其化合物(或离子)活泼，可以将其他的比之较不活泼的金属元素从其氧化物(如 FeO)中置换出来，所以这类渣系的熔渣主要用于焊接低碳钢和低合金钢。

二、熔渣的物理化学性质

1.熔渣的碱度

熔渣的碱度是判断熔渣碱性强弱的指标，是熔渣的重要化学性质，对焊接冶金过程中各种反应都有重要的影响。它还决定着熔渣中许多组元的存在形式,比如是自由氧化物还是复化物等。不同的熔渣结构理论对碱度的定义和计算方法是不同的。分子理论的定义和计算为:

$$B=\frac{\Sigma 碱性氧化物的摩尔分数}{\Sigma 酸性氧化物的摩尔分数}$$

提供自由氧离子 O^{2-} 的氧化物称为碱性氧化物,如 CaO。接受自由氧离子 O^{2-} 的氧化物称为酸性氧化物,如 SiO_2。理论上,当 $B>1$ 时为碱性渣;当 $B<1$ 时为酸性渣;当 $B=1$ 时为中性渣。

由于上述公式没有考虑各种氧化物的碱性或酸性强弱的不同,也没有考虑酸、碱性氧化物形成中性复合物的情况,所以在实际生产中当 $B>1.3$ 时,熔渣才为碱性熔渣。比较精确的计算公式如下:

$$B_1=\frac{0.018CaO+0.015MgO+0.006CaF_2+0.014(Na_2O+K_2O)+0.007(MnO+FeO)}{0.017SiO_2+0.005(Al_2O_3+TiO_2+ZrO_2)}$$

式中:CaO、MgO、CaF_2、SiO_2 等——以质量分数计,当 $B_1>1$ 时为碱性。

根据熔渣的碱度,可将焊条和焊剂分为酸性和碱性两大类。低氢型焊条又称为碱性焊条,其药皮的主要特点是不含有机物,但含大量的碳酸盐和一定的 CaF_2。其他非低氢型焊条又称为酸性焊条,其成分主要以硅酸盐或钛酸盐为主,一般不含 CaF_2。碱度越大,焊缝的氧、硫含量越低。碱性渣易吸潮,其电弧稳定性和脱渣性较差,而酸性焊条则相反。

2. 熔渣的熔点和密度

熔渣的熔点(或药皮的熔点)应与焊丝和母材的熔点相匹配。若熔渣的熔点过高,则熔渣过早凝固,将使其与液态金属间的反应不充分,易形成夹杂;熔点过低,当焊缝开始凝固时,熔渣仍处于稀流状态,使熔渣的覆盖性能变差,焊缝表面粗糙不平。熔渣熔点一般比焊缝熔点低 200~450℃,适于焊接钢的熔渣熔点一般为 1150~1350℃。几种焊条的熔渣熔点(凝固温度)范围,见表4-12。

几种焊条的熔渣熔点(凝固温度)范围(℃) 表4-12

焊条	型号	E4313	E4303	E4301	E4320	E4311
	牌号	J421	J422	J423	J424	J425
熔渣的熔点(凝固温度)范围		1218	1240~1185	1190~1125	1250~1140	1230~1185

熔渣的密度主要取决于各个组成物的密度及质量分数。密度与金属接近的熔渣易滞留于金属内部并形成夹杂。液态熔渣的密度一般是由试验测定的,常用焊条熔渣的密度,见表4-13。焊接熔渣中几种主要化合物的熔点和密度,见表4-14。

常用焊条熔渣的密度(g/cm^3) 表4-13

温度类型	铁锰型	纤维素型	高钛型	低氢型	钛铁矿型
常温	3.9	3.6	3.3	3.1	3.6
1300℃	3.1	2.2	2.2	2.0	3.0

焊接熔渣中几种主要化合物的熔点和密度　　表 4-14

化合物	熔点(℃)	密度(g/cm^3)	化合物	熔点(℃)	密度(g/cm^3)
Cao	2924	3.32	B_2O_3	450	3.33
CaF_2	1418	2.80	ZrO_2	2700	5.56
CaS		2.60	BaO	1925	—
MgO	2800	3.50	KF	857	—
MgF_2	1260	—	Na_2O	920	2.27
Al_2O_3	2050	3.37	NaF	997	—
Cu_2O	2230	6.00	NbO	1935	—
CuO	1447	—	NbO_2	2083	—
FeO	1370	5.90	P_2O_5	680	2.39
Fe_2O_3	1560	5.20	V_2O_3	2000	4.87
Fe_3O_4	1597	—	V_2O_5	670	—
FeS	1193	4.60	WO_2	1573	—
MnO	1585	5.11	La_2O_3	—	6.51
MnO_2	1650	—	BeO	—	3.03
MnS	1620	—	CeO_2	—	7.13
SiO_2	1713	2.26	PbO	—	9.21
TiO_2	1825	4.24	$CaO \cdot SiO_2$	1540	—
TiO_4	1920	—	$(CaO)_2 \cdot SiO_2$	1540	—
Cr_2O_3	2297	5.21	$MnO \cdot SiO_2$	1270	3.60
NiO	1960	—	$(MnO)_2 \cdot SiO_2$	1326	4.10
MoO_3	795	—	$(FeO)_2 \cdot SiO_2$	1250	4.30
ZnO	2075	5.47			

3. 熔渣的黏度

当液体发生相对运动时,将在其内部产生内摩擦力。在单位速度梯度(在与流体流动方向相垂直的 Y 方向流体速度的变化率,单位是 1/s)下,作用在单位接触面积上的内摩擦力称为动力黏度,简称黏度,以 η 表示。黏度的单位是帕秒(Pa·s)。黏度的倒数 $1/\eta$ 称为流动性。黏度越小,流动性越好。熔渣黏度主要影响保护效果、焊缝成形、熔池中气体的外逸等。

(1)温度对黏度的影响。熔渣的黏度随温度的上升而下降,但不同成分熔渣的具体变化规律是不同的,如图 4-18所示。

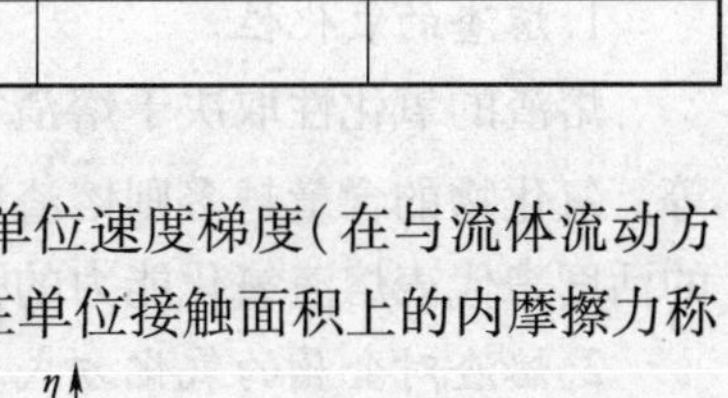

图 4-18　熔渣的黏度与温度的关系

1-碱性溶液;2-含 SiO_2 多的碱性溶液

根据熔渣黏度随温度变化的速率,可将熔渣分为:长渣——随温度升高黏度下降缓慢的渣;短渣——随温度升高黏度急剧下降的渣。短渣因凝固时间短适合于全位置焊,长渣适合于平位置焊。

(2)熔渣的成分对黏度的影响。含 SiO_2 较多的氧化铁型焊条熔渣属于长渣。低氢型、钛型和钛钙型焊条熔渣属于短渣。

4. 熔渣表面张力与熔渣的线膨胀系数

表面张力是液体表面所受到的指向液体内部的力。熔渣的表面张力主要取决于它的结构和温度。原子之间的键能越大,其表面张力也越大。具有离子键的物质,如 FeO、MnO, CaO、MgO、Al_2O_3 等的键能比较大,因此表面张力也比较大;具有极性键的物质,如 TiO_2、SiO_2 等的键能比较小,因此表面张力也较小;具有共价键的物质,如 B_2O_3、P_2O_5 等的键能最小,表面张力也最小。熔滴的表面张力与界面张力影响熔滴尺寸和熔渣覆盖性能,熔渣与金属之间的反应几乎全部是在界面上进行的,从而对冶金反应过程有很大影响。当温度升高时,界面张力减小,熔滴的尺寸减小;反之,熔滴粗化。

熔渣的线膨胀系数(单位长度熔渣在温度变化1℃的长度变化率)主要影响脱渣性,熔渣与焊缝金属的线膨胀系数差值越大,脱渣性越好。酸性熔渣的脱渣性要比碱性熔渣的脱渣性好,降低熔渣的碱度有利于脱渣。因此,减少熔渣中的碱性氧化物如氟化钙含量可以改善脱渣性。

5. 熔渣的电导率

熔渣的导电性直接影响引弧性、再引弧性和焊接过程的稳定性。焊接熔渣在2000℃时的导电率在1.5~10s/cm 范围内。

熔渣的电导率取决于温度和熔渣的成分(熔渣的结构)。温度升高,离子的尺寸变小,活动能力增强,电导率增大。熔渣的结构越复杂,离子的尺寸越大,其电导率越小。例如,高硅高锰焊剂在2000℃时的电导率仅为1.5~3.5s/cm。

三、活性熔渣对焊缝金属的氧化

1. 熔渣的氧化性

熔渣的氧化性取决于熔渣中的氧化物,如 CaO、K_2O、Na_2O、TiO_2、Al_2O_3、MgO、SiO_2、MnO 等。氧化物的含量越多则熔渣的氧化性越强。由于 FeO 是相当不稳定的,因此通常用 FeO 的活度来代表熔渣氧化能力的强弱。

2. 熔渣对金属的氧化方式

(1)扩散氧化。焊接钢时,FeO 既溶于渣又溶于液态钢,当熔渣中的 FeO 含量高于熔池中 FeO 的含量时,熔渣中的 FeO 能向熔池金属扩散,从而引起焊缝增氧;在一定温度下平衡时,FeO 在溶渣和熔池中的浓度符合分配定律。

$$L = (FeO)/[FeO]$$

式中:[FeO]——表示 FeO 在焊缝金属中的含量;

(FeO)——表示 FeO 在熔渣中的含量;

L——为分配系数,L 下降,有利于扩散氧化。

随着温度的升高,L 值减少,有利于扩散氧化。熔池前部发生扩散氧化,则熔池尾部发生扩散脱氧。在同样的温度下,碱性焊条的焊缝含氧量实际上比酸性焊条低($L_{basic} < L_{acid}$)。在熔渣含 FeO 量相同的情况下,碱性渣焊缝含氧量比酸性渣多;碱性焊条药皮中一般不加入

含 FeO 的物质;碱性焊条对铁锈和氧化皮敏感性大,因此焊前应严格清理。

(2)置换氧化。当熔渣中含有较多的易分解氧化物如 SiO_2、MnO 等,则与液态铁发生置换反应使铁氧化,氧化物中的合金元素被还原。其结果使焊缝增 Mn、Si,同时使铁氧化。具体反应式如下:

$$(SiO_2) + 2[Fe] = [Si] + 2[FeO]$$

$$(MnO) + [Fe] = [Mn] + [FeO]$$

3. 焊缝金属的脱氧

脱氧剂及选择脱氧剂的原则、脱氧方式见模块四任务二。

四、焊缝中硫的控制

硫和磷是钢中有害杂质。通常母材和焊丝(芯)的硫、磷含量都很低,对焊缝金属不会带来危害。但是焊条药皮或焊剂的某些原材料中常含有相当数量的硫和磷,在焊接过程中过渡到焊缝金属中就会造成危害。

控制焊缝的硫含量的措施有两个方面:一是限制焊接材料中的硫含量,二是进行冶金脱硫。由于母材中的硫几乎可以全部过渡到焊缝中去,所以首先要进行母材脱硫。但母材中的硫含量较少,因此其次要重点控制焊材的硫含量,选择含硫量低的焊材,同时所选择焊材可在焊接时进行冶金脱硫。

1. 硫的危害

硫是由生铁及燃料带入钢中的杂质。在固态下,硫在铁中的溶解度极小,仅为0.015% ~ 0.02%。硫是以 FeS 和 MnS 的形态存在于钢中的。由于 FeS 的塑性差,使含硫较多的钢脆性较大,冲击韧度差。更严重的是,FeS 与 Fe 可形成低熔点的共晶体 Fe + FeS(熔点为985℃)或 FeS + FeO(熔点为 940℃),呈片状或链状分布在奥氏体的晶界上。在约 1200℃时,晶界上的共晶体还处于熔化状态,在应力(结构应力或内应力)的作用下,就会产生晶粒间结合被破坏的现象。在进行焊接或热压力加工时,使钢材在加工过程中产生沿着晶粒边界的开裂,这种现象称为热脆性,所以硫能促使焊缝金属产生热裂纹。

此外,硫还会使钢的耐腐蚀性变差并能促使偏析产生。厚板焊接时,硫还会引起层状撕裂。在焊接高镍合金钢时,形成低熔共晶 NiS + Ni(熔点为 644℃),结晶裂纹产生的倾向更大。

2. 控制硫的主要措施

控制硫的方法主要有两个,一是在选材时选择含硫量低的钢材及焊条、焊丝等焊接材料,从而限制硫的来源;二是选择具有脱硫能力的焊条、焊丝、焊剂进行冶金脱硫。

(1)限制硫的来源。

①选择含硫量低的钢材。因为母材中的硫几乎可以全部过渡到焊缝中去,所以要严格限制母材中的硫含量。由于冶炼技术的提高,钢材中的硫含量已经得到很好的控制。

②选择含硫量低的焊接材料。焊丝或焊芯中的硫有 70% ~80% 可以过渡到焊缝中去。所以,所选择焊接材料的含硫量越低,则过渡到焊缝中的硫就越低。例如,要使低碳钢及低合金钢焊丝的硫含量 $W_S \leq 0.03\% \sim 0.04\%$,就要选择 H08MnA、H08Mn2SiA 等。再如要使合金钢焊丝的硫含量 $W_S \leq 0.025\% \sim 0.03\%$,就要选择 H10MnSiMoTiA、H18CrMoA、

ERNiCu-7等。要使不锈钢焊丝的硫含量 $W_S \leq 0.02\%$，就要选择 H00Crl9Ni12Mo2、H00Cr2lNi10 等。

药皮或焊剂中的硫约有50%可以过渡到焊缝中去。在药皮、药芯或焊剂中的原材料中，如锰矿、赤铁矿、钛铁矿、锰铁等均含有一定量的硫，因此应尽量选用硫含量低的原材料，以减少硫的过渡量。例如 HJ431 中含硫量（$W_S \leq 0.06\%$）较低。

(2)选择正确焊接材料保证冶金脱硫效果。

选择含有足够的能与 FeS 反应的脱硫物质的焊接材料。因为，硫在液态金属中以 FeS 的形式存在，必须选择含锰铁、碳酸盐等具有强脱硫能力成分的焊接材料。如焊接低碳钢时，选择 H08Mn2SiA 就要比 H08A 具有较好的脱硫效果；含有 MnO、CaO、MgO 及 CaF_2 等药皮成分的 E5015 就比含较单一药皮成分的焊条的脱硫效果好。因为，熔渣中含有 Mn、MnO、CaO、MgO 及 CaF_2 等，其脱硫反应式如下：

$$[Mn] + [FeS] = [MnS] + [Fe]$$

$$[MnO] + [FeS] = [MnS] + [FeO]$$

$$[CaO] + [FeS] = [CaS] + [FeO]$$

MnS 熔点高，可直接进入熔渣中或弥散分布，生成的 CaS 都进入熔渣中。

由于 MnO、CaO 均属碱性氧化物，在碱性熔渣中含量较多，所以碱性熔渣的脱硫能力比酸性熔渣强。加入 CaF_2 可以提高熔渣的碱度，并降低熔渣黏度，以利于硫的扩散和脱硫。此外，在焊接材料中添加稀土也有利于脱硫。

在脱硫过程中，注意要使冶金反应充分进行，焊缝的截面要尽量呈上宽下窄的形状，以利于熔渣的浮出。焊接电流、焊接速度、电弧电压与电弧长度等参数要保持稳定，电弧要有足够的刚度，以实现对熔池的持续搅拌作用，使熔池底部的熔渣得以有足够的上浮动力。稳定的焊接电流与焊接速度，可以提供稳定的电弧热量，使冶金反应稳定进行。

3. 操作控制

在收弧时，不要突然收弧，要有电流衰减或相应的收弧操作，以避免突然收弧产生硫化物夹杂，使焊缝增硫。

五、焊缝中磷的控制

钢材在低温下会变脆，在极低的温度下甚至像陶瓷那样经不起冲击和振动。描述其性能的是材料的冲击韧性指标。实验证明，除铜合金、铝合金和某些高强度合金钢外，金属材料都有冷脆现象。影响金属材料低温冲击韧性的主要成分是含磷量。含磷量越高，材料的韧性一脆性转变温度就越高，材料就越容易产生裂纹，使结构突然断裂。

1. 磷的危害

在大多数的钢中，磷是有害元素，也是焊缝中常存的有害元素之一，它以 Fe_2P、Fe_3P 形态溶于铁水。它们与铁、镍形成低熔点共晶，如 $Fe_3P + Fe$（熔点 1050℃）、$Ni_3P + Fe$（熔点 880℃）。磷化铁常分布于晶界，减弱了晶粒之间的结合力，同时它本身硬而脆。因此，当钢中含磷量过多时，将增加材料的冷脆性，即冲击韧性降低，脆性转变温度升高。

在含碳量较高的低合金钢和奥氏体钢中，磷也会促使结晶裂纹产生。但是，磷在一些耐海水腐蚀钢中，却起着关键的作用，其可以提高钢的耐海水腐蚀性能。在炮弹钢中，磷是必不可少的合金元素,并且含量较高。这是因为磷提高了炮弹钢的脆性,使其在爆炸力的作用下,可以分裂成更多的碎块,从而提高杀伤力。

2. 磷的控制

控制焊缝磷含量的措施有两个方面:一是限制焊接材料中的磷含量,二是进行冶金脱磷。由于母材中的磷含量都控制在有关标准规定范围之内,所以限制磷含量的主要措施是控制焊材(焊丝、焊条或焊剂)的磷含量,也就是选择含磷量低的焊材;同时所选择的焊材在焊接时可以进行冶金脱硫。

(1)冶金过程。焊接冶金过程中,脱磷反应分为两步:第一步是熔渣中的氧化亚铁将钢液中的磷氧化生成 P_2O_5;第二步使之与渣中的碱性氧化物生成稳定的磷酸盐。反应式为:

$$2[Fe_2P]+5(FeO)=P_2O_5+9[Fe]$$

$$P_2O_5+4(CaO)=(CaO)_4\cdot P_2O_5$$

两步合并的反应式为:

$$2[Fe_2P]+5(FeO)+4(CaO)\rightarrow((CaO)_4\cdot P_2O_5)+9[Fe]+544310\text{J/mol}$$

如果要想使反应向有利于脱磷的方向进行,必须增加反应物浓度,减少生成物浓度,即增加 CaO 含量(即增加碱度),增加渣中 FeO 含量,降低 $4CaO\cdot P_2O_5$ 的浓度,即加大渣量。再看反应是放热反应,降低温度对反应有利,但温度过低时熔渣不能形成且无流动性,因此脱磷的有利条件为高碱度、高 FeO、大渣量和适当的低温。

由于碱性熔渣中含有较多的 CaO,其碱性较高,所以脱磷效果比酸性熔渣(碱度低)要好;在药皮中加入铁粉的焊条可提高熔渣的氧化性,就可以增加渣中 FeO 含量,降低 $4CaO\cdot P_2O_5$ 的浓度。在适当的温度下,获得流动性良好(黏度低,药皮中加入 CaF_2 可以降低熔渣的黏度)的高碱度熔渣,同时吸收脱磷反应所放出的热量,使脱磷反应向反应式右方进行。

脱磷的条件又是互相制约的。例如,E4303(J422)是酸性焊条,熔渣中虽含有较多的 FeO,有利于磷的氧化,然而含自由的 CaO、MnO 较少,从而限制了脱磷能力。再如 E5015(J507)是碱性焊条,其熔渣中含 SiO_2、TiO_2 较少,而含自由 CaO 较多,这有利于脱磷。而如果硅和钛含量较多,则必须先将其脱净才能脱磷,这样就消耗了大量的 FeO,降低了脱磷能力。药皮中含有 CaF_2,对脱磷的产物有稀释作用,可生成复合物 $CaF_2\cdot P_2O_5\cdot(CaO)_4$,对脱磷有一定的促进作用。但是,碱性熔渣不允许含有较多的 FeO,否则会使焊缝增氧,甚至产生 O_2 气孔和 CO 气孔。但总的来说,选择碱性焊条如 E5015(J507)要比酸性焊条如 E4303(J422)要好。

(2)焊材选择。实际上,不论是碱性熔渣还是酸性熔渣,其最终的脱硫、脱磷效果是不理想的。所以,目前要特别理想地控制焊缝中的磷含量,只能采取限制原材料(母材、焊条、焊丝、焊剂)中磷含量的方法。

在焊条药皮、药芯或焊剂中所用原材料中,锰矿是焊缝增磷的主要来源。锰矿中,磷含量通常为 $W_P=0.22\%$,磷以 $(MnO)_3\cdot P_2O_5$ 形式存在。因此,在选择焊材时,要选择含锰量少的焊条、焊剂。一些焊接材料的熔敷金属的化学成分,见表 4-15。

从表 4-15 可看出,H08Mn2SiA 的杂质元素磷含量最低,虽然其中含有较多的硅,但焊接时,由于保护气体(CO_2)的强氧化作用,使其氧化对脱磷影响较小,所以应优先选择

H08Mn2SiA；其次是选择E5015，它比E4303、E4316中的磷含量更低；E4303与E4316的杂质元素相同，要从中选择，则要看它们的药皮成分的冶金脱磷效果哪种更好。

熔敷金属的化学成分质量分数(%)　　表4-15

焊材成分	C	Mn	Si	Cr	Ni	S	P	Cu	其他元素含量
H08Mn2SiA	≤0.11	1.80~2.10	0.65~0.95	≤0.20	≤0.30	≤0.030	≤0.030	≤0.50	≤0.50
E4303	≤0.12	0.3~0.6	≤0.25	—	—	≤0.035	≤0.040	—	—
E4316	≤0.12	≤1.25	≤0.90	—	—	≤0.035	≤0.040	—	—
E5015	≤0.12	≤1.25	0.60	—	2.0	≤0.035	≤0.035	—	—

与E5015一样，E4316也是碱性的低氢型焊条（表4-16），药皮中有较多的氟化物，使熔渣的黏度降低，有利于磷酸盐在熔渣中的扩散；同时其硅含量（硅酸盐）和钛含量（钛铁矿和二氧化钛）低（表4-16），提高了FeO的脱磷效果。因此，E4316脱磷效果比酸性的E4303（钛钙型，见表4-16）更好些。

典型结构钢焊条的物料组成　　表4-16

原材料	药皮组成(%)					
	钛型	钛钙型	钛铁矿型	氧化铁型	纤维素型	低氢型
硅酸盐	20~35	25~40	30~45	35~45	10~15	7~23
碳酸盐	4~12	15~22	0~18	0~3	3~5	25~55
二氧化钛	45~60	35~45	0~12	0~12	5~8	0~5
铁合金	10~12	10~15	13~20	24~30	14~20	≥15
有机物	0~9	0~3	0~5	0~5	25~35	—
钛铁矿	—	0~25	25~40	—	20~30	—
铁矿石	—	—	—	29~35	—	—
氟化物	—	—	—	—	—	15~30

任务四　焊缝金属的合金化

对于钢材的焊接，影响其焊接性的主要因素是该钢材的化学成分。其中，影响最大的化学元素有碳、硫、磷、氢、氧和氮等，它们容易引起焊接工艺缺陷和降低接头的使用性能。其他合金元素，如锰、硅、铬、镍、钼、钛、钒、铌、铜、硼等都在不同程度上增加了焊接接头淬硬倾向和裂纹敏感性。所以，钢材的焊接性总是随着含碳量和合金元素含量的增加而恶化的。由此可见，要严格控制合金元素的含量。

一、焊缝金属合金化

1. 合金化的概念与目的

把所需要的合金元素通过焊接材料过渡到焊缝金属（或堆焊金属）去的过程称为合金

化。合金化的目的主要有以下几个方面：

(1)补偿焊接过程中合金元素的损失。在焊接的高温条件下,由于氧化与蒸发导致某些有益的合金元素含量下降,但通过焊缝金属元素的合金化可以补偿合金元素的损失,以保证焊缝金属的成分和性能达到技术条件的要求。

(2)消除焊接缺陷、改善焊接性能。在焊接过程中,可以通过加入合金元素消除某些焊接工艺缺陷,改善焊缝金属的组织和性能。例如,在焊接低碳钢时,为了避免焊缝中因硫产生的热裂纹,必须保证锰的质量分数不低于0.6%,以消除硫的有害作用;再如,焊接某些低合金结构钢时,为了细化焊缝金属的晶粒,保证较高的韧性,常向焊缝中过渡Ti、Al、Mo等合金元素。

(3)获得具有特殊性的堆焊金属。焊缝金属合金化还可以获得具有特殊性能的堆焊层。在某些工作条件下,对零部件的表面有特殊要求,如切削刀具的刃部,锻模模膛的表面等均要求具有热硬性,轧辊和阀门表面要求有耐磨性和耐热性,一些石油化工容器的表面要求有耐蚀性等。为了节约贵重合金钢材料,同时获得更好的综合性能,在生产中常采用堆焊的方法,通过焊接材料向堆焊层中过渡一些母材中所没有的合金元素,从而获得具有预期特殊性能的表面层。运用堆焊方法制造双金属零件,不仅可以节约稀缺的高合金钢,而且可以充分发挥材料的潜力,延长产品的使用寿命、提高生产率。

2. 合金化的方式

(1)应用合金焊丝或带状电极。这种方式是把所需要的合金元素加入焊丝或带状电极中配合碱性焊条药皮或低氧、无氧焊剂进行焊接或堆焊,从而使合金元素过渡到焊缝中去。优点是可靠,焊缝成分稳定、均匀,合金损失少。例如,与H08A相比,H08Mn2SiA中添加了锰和硅合金元素。再如,堆焊焊条中含有一定量的铬、钼、钨、钒,可用于堆焊各种冲模及切削刃具,也可用于修复要求耐磨性高的机械零部件。但是,某些金属材料,如硬质合金不宜于轧制、拔丝,故不采用这种方式。

(2)应用药芯焊丝或药芯。焊条药芯焊丝的结构多种多样,比较简单的是具有圆形断面的,其外皮是用普通低碳钢带卷制成的圆管,里面充满铁合金和纯铁粉的混合物。这种药芯焊丝也叫管状焊丝。埋弧焊时,它可与普通熔炼焊剂配合使用。在焊条电弧焊时,可在药芯焊丝的外面涂上一层碱性药皮,制成药芯焊条。焊接时,焊丝芯部的合金元素过渡到熔池中而使焊缝金属合金化。

这种方式的优点是药芯中各种合金成分的比例可以任意调整,从而可以得到任意成分的堆焊金属,而合金的损失比较少。缺点是不易制造,合金成分难以混合均匀。

(3)应用合金药皮或黏结焊剂。这种方式是将所需要的合金元素以纯金属或铁合金的形式加入焊条药皮或黏结焊剂中,并配合普通焊丝使用。例如,CJ421FeZ铁粉钛型高效焊条,在药皮中加入大量的铁粉。D608是石墨型药皮的Cr、Mo铸铁堆焊焊条,可交直流两用,更适宜采用直流电源反接。由于堆焊金属为铸铁组织的Cr、Mo碳化物,因此堆焊层具有较高的硬度和耐磨性,对泥沙及矿石的磨耗具有良好的抵抗能力。

焊接过程中,合金元素由熔渣过渡到熔滴或熔池中,它的优点是简单方便、成本低、制造容易,但由于氧化损失较大并有一部分残留在渣中,故合金利用率比较低。用黏结焊剂埋弧焊时,焊缝成分受焊接规范尤其是电弧电压的影响比较大,规范的波动易造成焊缝成分不均匀。

(4)应用合金粉末。将所需要的合金按比例配制成具有一定颗粒的粉末,把它输送到焊接区,或直接撒在被焊件表面上或坡口内,它在热源作用下与金属熔合后就形成合金化的焊缝金属。其优点是不必经过轧制、拔丝等工序,合金的比例可任意配制,合金的损失不大。但是,焊缝成分的均匀性差些。如图4-19所示为将合金粉末用于等离子喷焊修复橡胶机械的压辊。

除了上述合金化的方式以外,还可以通过从金属氧化物中还原金属的方式进行合金化。如用高硅高锰焊剂埋弧焊时,发生硅和锰的还原反应,使焊缝中增硅增锰。但这种方式合金度是有限的,并且还会造成焊缝金属中氧含量的增加。

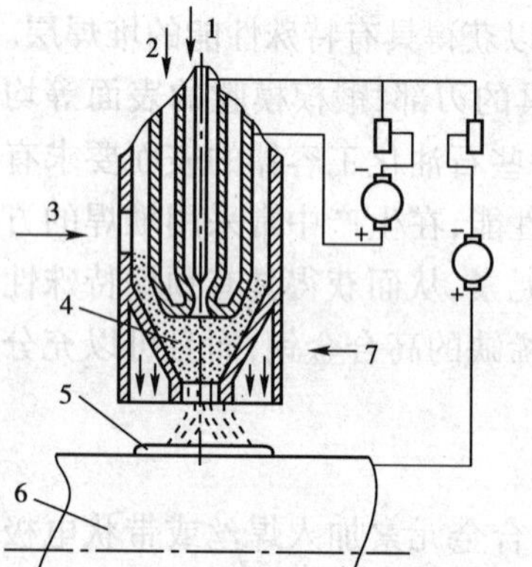

图4-19 等离子喷焊修压辊示意图

1-稳弧气;2-冷却水;3-送粉气入口;4-金属粉;5-喷焊层;6-压辊;7-保护气入口

在上述合金化方式中,药芯焊丝是目最有效的过渡合金元素的方式之一。在实际生产中,可根据具体条件和要求来选择,有时可以同时使用两种方式。

二、合金过渡系数及影响因素

在焊缝合属合金化过程中,加到焊接材料中的合金元素并不能全部进入焊缝金属中,而有一部分在冶金反应的过程中损失掉了。通常,用合金元素的过渡系数来表示合金元素的利用率的高低。

1. 合金过渡系数 η

合金过渡系数是指合金元素在熔敷金属中的实际含量与它在焊材中的原始含量之比,反映了合金元素利用率的高低。合金过渡系数越高,则由焊接材料过渡到焊缝中的合金元素比例就越高,也就是合金的利用率越高,反之则低。因此,合金过渡系数越高则焊缝合金化越充分。合金过渡系数 η 的计算公式如下式所示:

$$\eta = C_d / C_e = C_d / (C_{cw} + K_b C_{co})$$

$$C_w = \theta C_b + (1 + \theta) C_d$$

式中:C_d——合金元素在熔敷金属中的含量;

C_e——合金元素的原始含量(焊接材料中的);

C_{co}——合金元素在药皮中的含量;

C_{cw}——合金元素在焊芯中的含量;

K_b——药皮重量系数(单位长度上药皮与焊芯的重量之比);

C_b——合金元素在母材金属中的含量;

C_w——合金元素在焊缝金属中的含量;

θ——焊缝的熔合比。

在同一种焊材中,不同元素过渡系数不同,同一种元素在不同的焊材中过渡系数也不同。

2. 控制合金过渡系数的工艺方法

要想控制合金过渡系数，就要了解影响合金元素过渡系数的因素，并加以控制。合金元素在过渡的过程中，主要是损失于氧化、蒸发和残留在渣中。因此，凡是能减少合金元素损失的因素都可以提高过渡系数；反之，则降低过渡系数。

（1）根据合金元素物理化学性质选择合金元素。

①选择沸点高的合金元素。影响合金元素过渡系数的是合金元素的沸点和饱和蒸气压。合金元素的沸点越低，饱和蒸气压越大，焊接时的蒸发损失越大，其过渡系数越小。如锰很容易蒸发，故在其他条件相同的情况下其过渡系数较小。

②增加对氧亲和力小的合金元素。合金元素对氧的亲和力越大，过渡系数越小。当几种合金元素同时向焊缝中过渡时，其中对氧亲和力大的元素依靠自身的氧化可减少其他元素的氧化，提高它们的过渡系数。例如，在碱性药皮中加入 Ai 和 Ti 可提高 Si 和 Mn 的过渡系数。在 1600℃时，各种合金元素对氧亲和力由小到大的顺序为：

$$Cu < Ni < Co < Fe < W < Mo < Cr < Mn < V < Si < Zr < Ti < Al$$

随着药皮或焊剂中合金元素的增加，其过渡系数逐渐增加，最后趋于一个定值。

（2）适当提高合金元素的含量。

试验表明，随着焊条（药皮及焊芯金属）中合金元素浓度的增加，其过渡系数在开始时相应增大。当它的含量超过某一数值时，其过渡系数将趋于一个定值，如图 4-20 和图 4-21 所示。

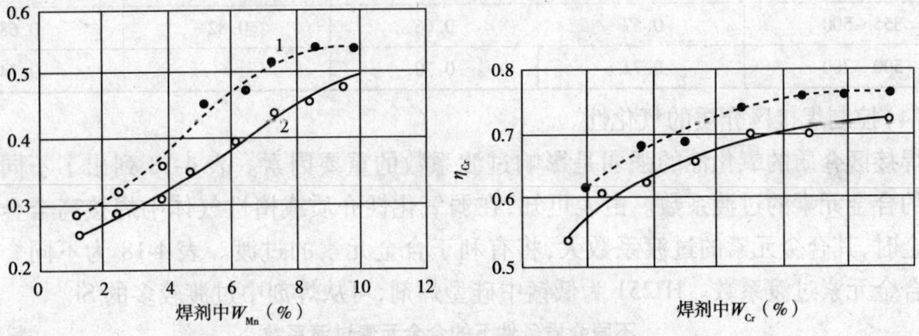

图 4-20　锰和铬的过渡系数与其在焊剂中含量的关系

1-正极性；2-反极性 η_{Mn}

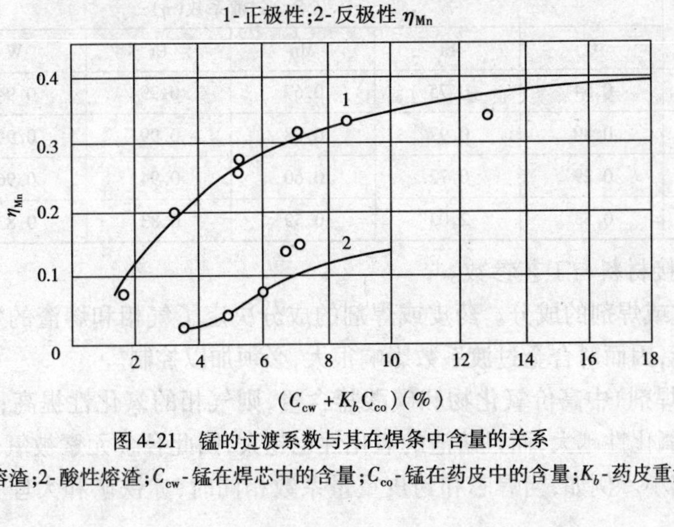

图 4-21　锰的过渡系数与其在焊条中含量的关系

1-碱性溶渣；2-酸性熔渣；C_{cw}-锰在焊芯中的含量；C_{co}-锰在药皮中的含量；K_b-药皮重量系数

增加合金剂的含量引起两个相反的结果:首先,使药皮(焊剂)中其他成分的含量(包括氧化剂的含量)减少,使药皮(焊剂)的氧化能力减弱,合金元素的过渡系数增大;其次,使残留在渣中的损失增加,药皮(焊剂)的保护性能变坏。因此,合金元素的过渡应当减少。开始时,第二种因素的作用很小,但随着合金元素的增加,第二种因素的作用增大,所以得到上述的结果。

(3)适当加大合金剂的粒度。

加大合金剂的粒度,其表面积减小,氧化损失减小,而渣中残留损失不变,所以过渡系数提高。但粒度过大,则不易熔化,使渣中残留损失增加,过渡系数将下降。合金元素的粒度与过渡系数的关系,见表4-17。

合金剂粒度与过渡系数的关系

表4-17

粒度(μm)	合金过渡系数(η)			
	Mn	Si	Cr	C
<56	0.37	0.44	0.59	0.49
56~125	0.40	0.51	0.62	0.57
125~200	0.47	0.51	0.64	0.57
200~250	0.53	0.58	0.67	0.61
250~355	0.54	0.64	0.71	0.62
355~500	0.57	0.66	0.82	0.68
500~700	0.71	0.70	—	0.74

(4)控制焊接区介质的氧化性。

焊接区介质的氧化性的强弱是影响过渡系数的重要因素。表4-18列出了不同介质条件下的合金元素的过渡系数。由表可知,在弱氧化性介质或惰性气体中焊接高合金钢或某些合金时,其合金元素的过渡系数大,将有利于合金元素的过渡。表4-18为不同介质条件下的合金元素过渡系数。HJ251为低锰中硅型焊剂,可从焊剂中过渡较多的Si。

不同介质条件下的合金元素过渡系数

表4-18

焊接条件	合金过渡系数(η)					
	C	Si	Mn	Cr	W	V
空气中无保护	0.54	0.75	0.67	0.99	0.94	0.85
工业纯氩中	0.80	0.97	0.88	0.99	0.99	0.98
CO_2 中	0.29	0.72	0.60	0.94	0.96	0.68
HJ251层下	0.53	2.03	0.59	0.83	0.83	0.78

(5)控制焊接材料与工艺参数。

①控制药皮或焊剂的成分。药皮或焊剂的成分决定了气相和熔渣的氧化性、熔渣的碱度和黏度等性能,因而对合金过渡系数影响很大,必须加以控制。

增加药皮(焊剂)中高价氧化物和碳酸盐含量,则气相的氧化性提高;药皮中含FeO越多,不仅气相的氧化性越大,而且熔渣的氧化性也越大,因此合金元素被氧化得越多,合金元素的过渡系数越小。例如,当焊芯和药皮重量系数相同时,赤铁矿和大理石的氧化性最强,

甚至超过了空气和 CO_2，故其合金过渡系数很小；而 CaF_2 和 $CaO—BaO—Al_2O_3$ 渣系的氧化性很小，因此其过渡系数较大。所以，焊接高合金钢和合金化时，一般都采用碱性药皮或低氧、无氧焊剂。当合金元素与其氧化物在药皮中共存时，根据质量作用定律，抑制元素的氧化反应也有利于提高过渡系数。

若其他条件相同，则合金元素氧化物的酸碱性与熔渣相同时，有利于过渡系数的提高。如锰的过渡系数随熔渣碱度的提高而增加，而硅的过渡系数将下降。

②控制药皮的重量系数 K_b 和焊接参数。药皮的重量系数是单位长度上药皮与焊芯的质量之比。当药皮成分一定时，K_b 增加，合金元素的过渡系数减小，如图 4-22、图 4-23 所示。这是因为药皮越多熔渣就越厚，合金进入熔池所通过的平均路程增长，使残留在渣中和氧化损失的合金都有所增加。

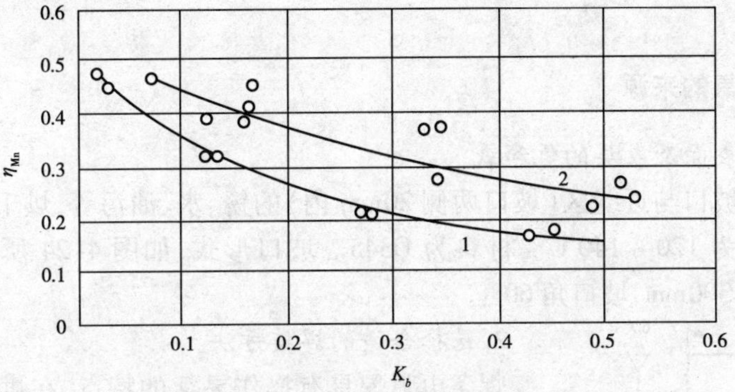

图 4-22　锰的过渡系数与药皮重量系数的关系
1-含锰铁（$W_{Mn}=20\%$）；2-含锰铁（$W_{Mn}=50\%$）
（药皮中大理石与氟石的比例为 1.27:1）

③控制焊接工艺参数。用黏结焊剂进行埋弧焊时，合金元素的过渡系数随焊剂熔化量的增加而减小，焊剂熔化量主要随焊接电弧电压变化。电弧电压增加，焊剂熔化量增大。极性改变也影响焊剂熔化率，反极性时，焊丝为阳极，温度比正极性时高，焊剂的熔化量也比正极性时大。

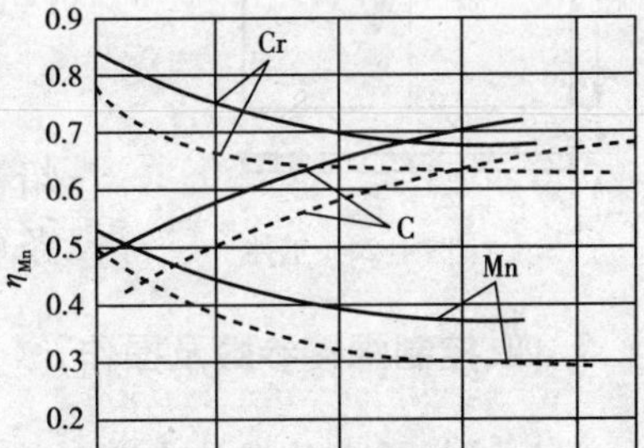

图 4-23　过渡系数与焊剂熔化率的关系
实线-焊丝直径 φ5mm；虚线-焊丝直径 φ3mm；K_f-焊剂熔化率

根据以上的分析得知，影响过渡系数的因素来自材料、工艺等各个方面。同一种焊丝用于不同的焊接方法，或是同一元素在不同的合金系统中，其过渡系数都将发生变化。因此，在实际生产中，必须事先在与生产时完全相同的条件下进行试验，以便获得试验结果并用于指导生产。

【任务实施】　Q345 球罐焊接时焊缝中硫和磷含量的控制

一、任务提出

Q345 是焊接用钢中用量最大的钢种之一。焊接 Q345 球罐时如果不能控制好氢和氧含量，则焊出的球罐就成了废品，从而造成大量材料和人力的浪费。根据以上分析，试制定焊接 Q345 球罐时控制焊缝氢、氧含量的工艺措施。

二、选择合适焊材

通过正确选用焊材来控制焊接冶金过程控制焊缝的氢、氧含量。

1. 控制焊丝金属的成分，增加焊丝脱氧剂含量

选择 E5015 焊条，其焊芯中还有较多的硅和锰，因此形成硅锰联合脱氧，所形成的硅酸锰熔渣密度低、直径较大，因此有利于熔渣上浮。

2. 控制药皮或焊剂的成分，调整脱氧、氢剂含量

由于 E5015 焊条的药皮中含有氟化钙，所以焊接时会形成稳定的 OH^-，可以较好地去氢。

三、控制氢、氧的来源

1. 去除焊件表面及表层的氢和氧

工件要清除坡口与近缝区（坡口两侧 20mm 内）的锈、水、油污等，烘干备用。烘干时间为 1h，烘干温度为 120 ~ 140℃。材料为 Q345。坡口形式，如图 4-24 所示。试件尺寸为 12mm × 125mm × 300mm，坡口角 60°。

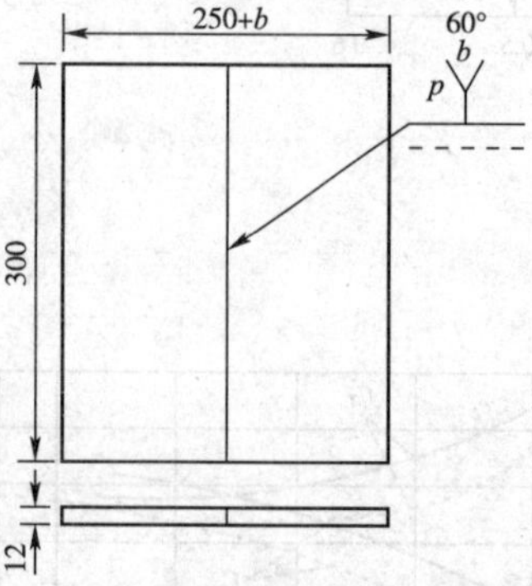

图 4-24　工件

2. 选择合适的焊接方法

焊条电弧焊具有操作灵活的特点，在烘干好焊条及控制好操作的条件下，是可以较好地控制氢、氧含量的。另外，球形压力容器有很多从下到上（经线方向）的焊缝，因此为控制焊接变形，要求同时、同进度施工，所以选择焊条电弧焊。

3. 去除焊条中的水分

准备 E5015 焊条若干。E5015 焊条须经过 350 ~ 400℃ 烘焙 1 ~ 2h，烘干的焊条应及时用完，否则必须重烘。烘干的焊条可放入保温桶中备用。

四、控制焊接参数及操作

1. 选择较大的焊接热输入量

选择较大的焊接热输入量，即增大焊接电流，这样熔池可在高温区停留较长的时间，冶金所产生的气体和熔渣就会充分地逸出熔池。如果不能选择较大的焊接电流，则要采用辅助加热措施，如预热和后热。

用 E5015 焊条焊接时，电弧电压不能过高，过高则会使电弧不稳、焊接过程不连续。这样空气中的氧和氮会大量进入熔池。

选择 ϕ5E5015 焊条是因为这是一种低氢型焊条，其热输入量在《碳钢焊条》（GB/T 5117—1995）中没有特殊规定，但焊条电弧焊的焊接热输入量一般为 17J/cm。与 ϕ5E5015 焊条相近的 ϕ3.2mm 以上 E5018（低氢型焊条）的热输入量推荐为 20 ~ 24kJ/cm。这是因为 E5018 的药皮是在 E5015 药皮基础上添加了 25% 的铁粉制成的，焊接时需要更多的热量来

熔化焊剂中的铁粉。

焊接电流的选择一般可以由下面的经验公式来确定。

$$I=(30\sim60)d$$

式中：I——焊接电流，A；

d——焊条直径，mm。

选择 $\phi3.2$mm 焊条，则焊接电流（倍数选择 45）约为 $3.2\times45=144$A；如果选择 $\phi5$mm 焊条，则焊接电流（倍数选择 45）约为 $5\times45=225$A。

2. 控制操作

(1) 增强焊条或焊丝在打底焊道的摆动。这样电弧就可以有效搅动熔池，有利于熔池冶金反应产生的气体逸出，从而降低产生气孔的可能性。

(2) 采用短弧焊。因为 E5015 焊条药皮中含有较多的氟化钙，在冶金反应时，生成 HF 气体，其化学成分非常稳定、不易电离。长弧焊时热量分散，电离度降低，易熄弧，使焊接过程不稳定，因此不建议采用。

五、任务评价（表 4-19）

评 分 标 准　　　　表 4-19

序号	操作内容	评分标准	配分	得分
1	预处理	能去除焊件表面及表层的氢和氧并能说明操作的理由	25	
2	焊条、焊剂选用	能够正确选择焊条、焊剂并能说明操作的理由	25	
3	焊条和焊剂处理	能去除焊条和焊剂中的水分并能说明操作的理由	25	
4	焊接参数选择	能够正确选择焊接参数	25	
		合计	100	

思考与练习 SIKAOYULIANXI

一、填空

1. 焊条电弧焊时有三个反应区：________、________和________。

2. 熔滴反应区的特点有________、________、________。

3. 焊接冶金过程既分区又是连续进行的，三个反应区也可视为三个反应阶段。药皮反应区是全过程的________，为熔滴反应区提供________；而________是熔滴反应区的继续，并起到________作用。三个反应区（阶段）中________的反应最为激烈，对焊缝成型影响最大；而________最终决定焊缝金属的成分均匀程度。

4. 氮对焊缝金属的影响主要有________、________、________。

5. 氢对焊缝金属的有害作用主要表现为________、________、________和________，其中________和________的影响是暂时的，可以进行消除。________

和__________是永久的,不能消除。

6. 随着焊缝中氧含量的增加,其__________、__________及__________都要下降,而__________下降尤为明显,氧还引起热脆性、__________及__________。此外,氧还会使焊缝的__________、__________、__________下降。

7. 控制氧的主要措施:一是__________,二是氧一旦进入焊缝金属__________。

8. 熔渣在焊接过程中的作用有__________、__________、__________、__________。

9. 根据焊接熔渣的成分可将其分为__________、__________、__________三大类。

10. 熔渣对金属的氧化有两种基本方式,即__________和__________。如果熔渣中含有较多的易分解的氧化物,则可能与液态铁发生置换反应,使铁氧化。这种铁被氧化、同时另一种元素被还原的过程称为__________。

11. 焊接低碳钢最常用的脱氧剂有__________和__________,__________在酸性熔渣中的脱氧效果较好,__________在碱性熔渣中的脱氧效果较好。

12. 扩散脱氧是根据__________定律,使 FeO 从__________过渡到__________中,从而使焊缝中的__________含量下降的过程。

13. 硫在焊缝中主要以__________和__________的形式存在,在熔池结晶时它容易发生偏析,以低熔点共晶__________的形式呈片状或链状分布于晶界。这样就增加了焊缝金属产生__________倾向,同时还会降低__________和__________。

14. 磷在低碳钢和绝大多数低合金钢中是有害元素,它降低__________,并使__________升高。

15. 磷在钢中除了有危害作用外,还有有益的作用,如它可以提高钢的__________、__________的能力,改善钢的__________性能,增加金属的流动性等。

16. 在熔焊时要获得预期的焊缝成分,需要通过__________向焊缝金属__________,这就是焊缝金属的合金化。

17. 常用的合金化方式有__________、__________、__________和__________。

18. 合金元素的过渡系数是指__________过渡到__________数量与__________的百分比。其表达式为__________。

19. 合金元素的沸点越低,饱和蒸气压越大,焊接时的蒸发损失越大,其过渡系数__________。

二、简答

1. 简述焊接参数对焊接冶金过程的影响。
2. 氮的危害有哪些?
3. 控制氮的措施有哪些?
4. 焊缝中的氮对焊接质量有哪些影响?
5. 哪些焊接方法对氮气孔不敏感?
6. 焊接材料中哪些成分可以降低氮的溶解度?哪些元素可以与氮形成稳定的氮化物?
7. 为什么要控制焊缝中的氢含量?
8. 如何控制焊缝中的氧含量?
9. 影响焊缝中氢含量的因素有哪些?

10. 影响焊缝中氧含量的因素有哪些？

11. 如何通过冶金工艺脱氢？具体有哪些做法？

12. 熔渣的作用是什么？

13. 什么是渣系？渣系的三种类型是什么？

14. 采用碱性焊条施焊时，为什么要求严格清理焊件坡口表面的铁锈和氧化皮，而用酸性焊条施焊时则对焊前清理要求相对较低？

15. 测得熔渣的化学成分（质量分数）为：CaO41.94%，$CaF_2$28.34%，$SiO_2$23.76%，FeO5.78%，$TiO_2$7.23%，$Al_2O_3$3.57%，MnO3.74%，（Na_2O+K_2O）4.25%，请计算熔渣的碱度 B_1，并判断该渣的酸碱性。

16. 硫的危害有哪些？

17. 如何进行冶金脱硫？

18. 如何控制好脱硫的冶金过程？

19. 如何控制 Q235B 的磷含量？

20. 焊缝中的磷含量超标对焊缝有哪些危害？

21. 如要控制磷含量，请选择三种碱性焊条，并说明原因。

22. 如要控制磷含量，请选择三种酸性焊条，并说明原因。

三、分析讨论

分别用 E5015 和 E4303 焊条进行平焊与立焊，观察两种不同的焊条进行焊接时焊缝的成形及焊接质量；记录实验结果；分析原因，了解酸性熔渣与碱性熔渣在焊接时对焊接质量的影响。

模块五　焊接接头的组织与性能

学习目标

1. 熟悉焊接接头组织转变特点；
2. 掌握改善焊缝组织性能的措施；
3. 掌握热影响区的组织分布。

能力目标

1. 了解熔池凝固与焊缝金属固态相变的形成过程；
2. 了解热影响区的组织与性能；
3. 通过奥氏体不锈钢总结焊缝的组织和偏析控制方法。

焊接接头由焊缝、熔合区和热影响区三部分组成。熔焊时，在高温热源的作用下，母材将发生局部熔化，并与熔化的填充金属混合而形成焊接熔池。同时，熔池金属经历了一系列短暂而复杂的化学冶金反应，并随着焊接热源的远离温度迅速下降，熔池金属便开始凝固成为牢固的焊缝，并在继续冷却中发生固态相变。

焊接熔池的凝固过程对焊缝金属的组织、性能具有重要的影响。在焊接过程中，由于熔池中的冶金条件和冷却条件的不同，可得到性能差异较大的组织，同时有许多缺陷是在熔池凝固过程中产生的，如气孔、夹杂、偏析和结晶裂纹等。因此，了解接头组织与性能的变化规律，对于控制焊接质量、防止焊接缺陷具有重要指导意义。

任务一　焊接熔池的凝固

焊接熔池是在高温热源的作用下，由熔化的局部母材和添加的填充金属所组成的具有一定几何形状的液态区域。随着温度下降，熔池金属开始从液态到固态转变的凝固过程（图5-1）。焊缝是指熔池凝固后所形成的固态区域，并在继续冷却过程中发生固态相变。熔池的凝固与焊缝的固态相变决定了焊缝金属的结晶结构、组织与性能。在焊接热源的特殊作用下，大的冷却速度还会使焊缝的化学成分与组织出现不均匀的现象，并有可能发生焊接缺陷。

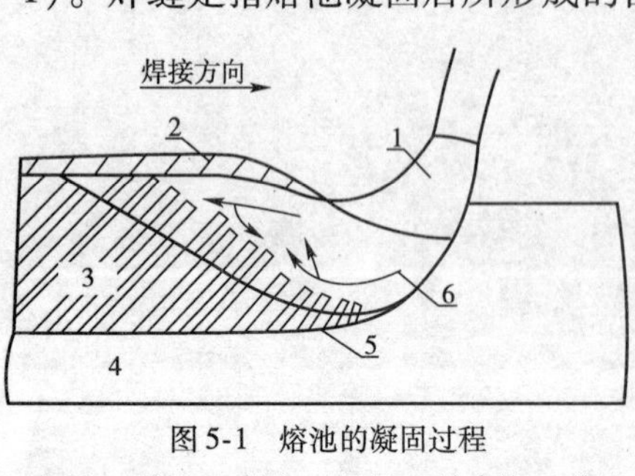

图5-1　熔池的凝固过程

1-电弧；2-熔渣；3-焊缝；4-母材；5-熔合线；6-熔池

一、熔池凝固的条件和特点

焊接熔池虽小，但它的结晶规律与铸钢锭一样，凝固过程服从金属的基本规律。宏观上，金属结晶的实际温度总是低于理论结晶温度,即液态金属具有一定的过冷度是凝固的必要条件。微观上,金属的凝固过程由晶核不断形成和晶核不断长大两个基本过程共同构成。此外,由于焊接熔池的凝固条件不同,这个凝固过程还受到焊接热循环特殊条件的制约。因此,研究焊接熔池的凝固过程,必须结合焊接热循环的特点和具体施焊条件。

焊接熔池的凝固过程与铸锭的结晶相比,具有如下特点。

1. 熔池体积小,冷却速度大

在电弧焊的条件下,熔池的体积最大也只有 $30cm^2$,质量不超过 100g(单丝埋弧自动焊),而钢锭可达到几吨甚至几十吨重。由于熔池的体积小,其周围被体积很大的母材金属所包围,熔池界面导热条件很好,故熔池冷却速度很快,其平均冷却速度约为 4~100℃/s,比一般铸锭的冷速高出约 10^4 倍。因此,对于含碳量高、合金元素多的钢种,焊接时容易产生淬硬组织,甚至焊道上产生裂纹。由于冷却速度很大,熔池中心和边缘有较大的温度梯度,导致焊缝中的柱状晶得到很大发展。

2. 熔池过热,温度梯度大

焊接熔池中的液态金属处于过热状态,温度极不均匀,热源中心呈过热状态,一般钢可达 2300℃。如对于低碳和低合金钢,电弧焊时的焊接熔池平均温度为(1770±100)℃,远高于铸造时的最高平均温度 1550℃,也超过了材料的熔点。因此,熔池中的液态金属处于过热状态。由于液态金属的过热程度较大,合金元素的烧损比较严重,使得熔池中非自发晶核的质点大大减少,这也是促使焊缝中柱状晶得到发展的原因之一。

同时,由于熔池中部处于热源中心呈过热状态,而熔池边缘紧邻未熔化的母材处,是过冷的液态金属(一般略低于母材的熔点),因此,从熔池中心到边缘存在很大的温度梯度。

3. 熔池在运动状态下凝固

熔池随着焊接热源而移动,对凝固过程带来两方面的影响。一方面是使熔池各部位在液态停留的时间非常短,而且焊接熔池中金属的熔化和凝固是同时进行的。如图 5-2 所示,熔池前半部 *abc* 进行加热与熔化,而后半部 *cda* 则是冷却与凝固。另一方面,随着热源的运动以及焊条的进给,熔池中不断有新的液态金属补充并进行搅拌。因此,熔池金属的凝固过程总是在新的基础上开始,固—液相界面以比铸锭高出 10~100 倍的速度向前推进,同时在运动中不断排出气体。焊条摆动与电弧吹力所产生的强烈搅拌作用,进一步促进气体和杂质的浮出,因而焊缝的凝固组织要比一般铸锭的致密性好。

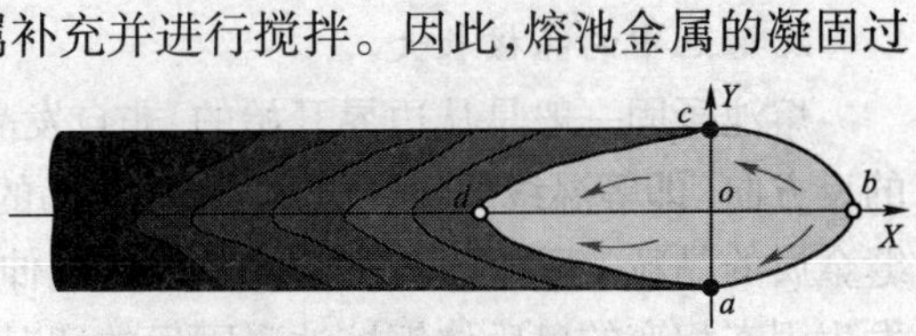

图 5-2　熔池在运动状态下凝固

4. 焊接熔池凝固以熔化母材为基础

在熔化母材基础上的凝固过程与熔池的形状、尺寸密切相关,并直接取决于焊接工艺。此外,母材形成的“壁模”与熔池之间不存在空气隙,因而具有较好的导热条件和形核条件。

二、熔池的凝固过程

焊接时,熔池金属的凝固与一般铸锭的结晶一样,也是在过冷的液态金属中,首先形成晶核和晶核不断长大的结晶过程。然而,结合上述熔池的凝固的特殊性,在凝固过程中其有一定的规律。

1. 熔池中的晶核的形成

从金属学我们知道，过冷度是生成晶核的必要条件。在一定范围内过冷度越大，固—液两相的自由能相差越多，越有利于形成晶核。焊接时，由于冷却速度很高，容易获得较大的过冷度，有利于凝固过程的进行。

与铸锭一样，熔池中的晶核也是以异质晶核（非自发晶核）为主。熔池中存在两种所谓现成表面：一种是合金元素或杂质的悬浮质点，由于温度高，可以成为异质晶核的难熔质点很少（在一般正常情况下所起作用不大）；另一种就是熔合区附近加热到半熔化状态边界母材的晶粒表面，这个半熔化晶粒的尺寸与构造最符合新相形成条件，而成为新相形核的表面。也就是说，熔池凝固时主要是以半熔化的母材晶粒为晶核并长大，如图 5-3 和图 5-4 所示。因此，熔池具备了有利的形核条件。

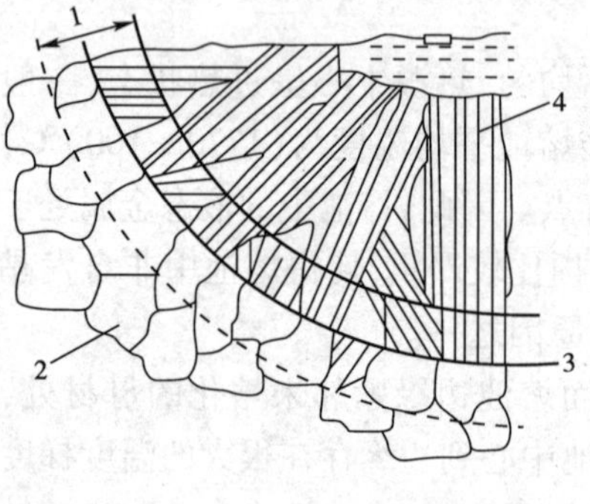

图 5-3　熔合区母材晶粒上成长的柱状晶

1-熔合区；2-母材；3-熔合线；4-焊缝

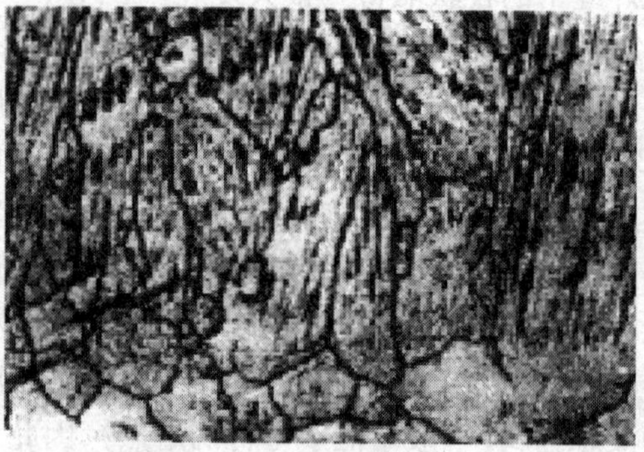
图 5-4　奥氏体钢焊缝的联生晶

焊接时，为了改善焊缝金属的性能，通过焊接材料加入一定量的合金元素（如钒、钛、钼等）可以作为熔池中非自发晶核的质点，有利于焊缝金属的晶粒细化。

2. 熔池中的晶核长大

熔池凝固一般是从边界开始的，非自发晶核就依附在母材半熔化晶粒的表面，沿着散热的反方向（即等温线的法线方向）以柱状晶的形式由半熔化的母材晶粒向焊缝中心成长。焊缝金属的晶粒实际是母材半熔化晶粒的延伸，二者之间不存在晶界面（图 5-3）。图 5-4 是不发生固态相变的奥氏体钢熔池凝固后的情况，可以看出焊缝与母材具有共同的晶粒，二者在微观上形成整体。这种依附于母材半熔化晶粒开始长大的结晶方式称为联生结晶或交互结晶。

由于焊缝的柱状晶是从半熔化的母材晶粒开始成长的，半熔化母材晶粒的尺寸就决定了焊缝柱状晶的尺寸。为了防止因母材过热而导致焊缝的晶粒粗化，在生产中焊接对热比较敏感的材料时，应通过调整焊接参数等措施来控制近缝区母材的晶粒尺寸。

熔池开始凝固后，晶粒在向熔池中心推进的过程中，由于母材半熔化晶粒的取向不同，每个晶粒向前推进的速度是不同的。对于呈体心或面心点阵的金属来说，只有当晶粒最易长大的位向（100）与散热方向一致时，才最容易长大。因此，这部分晶粒（图 5-5 中涂阴影线的晶粒）就会优先长大而最终延伸到熔池中心。而那些位向与散热方向不一致的晶粒，则长大较慢，最终受到排挤而中断。

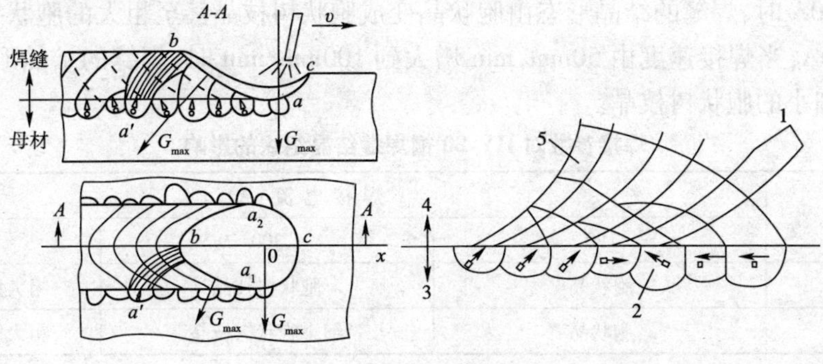

图5-5　柱状晶的选择长大

G_{max}-最大温度梯度；1-等温线；2-晶粒优先成长方向(100)；3-母材；4-焊缝；5-结晶面

总之，焊缝的凝固组织（或称为一次组织）属于铸造组织，凝固时从焊缝边界开始形核，以联生结晶的形式向中心成长。由于熔池体积小、冷却速度高，一般电弧焊条件下焊缝中看不到等轴晶粒。

三、焊接熔池的结晶形态

焊接熔池中，不同部位具有不同的成分过冷，因此将会出现不同的结晶形态，如图5-6所示。在焊缝的熔化边界，由于温度梯度较大，结晶速度又较小，故成分过冷接近于零，所以平面晶得到发展。随着远离熔化边界向焊缝中心过渡，温度梯度逐渐变小，而结晶速度逐渐增大，一直到焊缝中心时，结晶速度 R 很大，所以可能出现等轴晶。

如果对熔池结晶后所形成的焊缝进行宏观观察，就会发现焊缝中的晶体主要是柱状晶，个别情况下有少量的等轴晶。如果在显微镜下进行微观分析时，可以看到在每个柱状晶内还有各种组织形态，如平面晶、胞晶、树枝晶等，而等轴晶粒一般是通过树枝状结晶形成的。对于钢铁材料和具有固溶强化的合金来说，柱状晶内部主要呈现树枝状结晶组织。这些柱状晶或等轴晶内部的微观形状称为亚晶。

在实际焊缝中，由于被焊金属的成分、板厚和接头形式不同，不一定具有上述全部结晶形态。在高纯度的焊缝金属中，如99.99%以上的纯铝焊缝，在熔合线附近是平面晶，到焊缝中心时为胞状晶；而纯度为99.6%的铝焊缝就出现胞状树枝晶，焊缝中心可出现等轴晶。

此外，焊接工艺参数也有很大的影响。当焊接速度增大，熔池中心的温度梯度下降很多，使熔池中心的成分过冷加大，因此快速焊接时，在焊缝中心往往出现大量的等轴晶；而低速焊接时，在熔合线附近出现胞状树枝晶，在焊缝中心出现较细的胞状树枝晶。

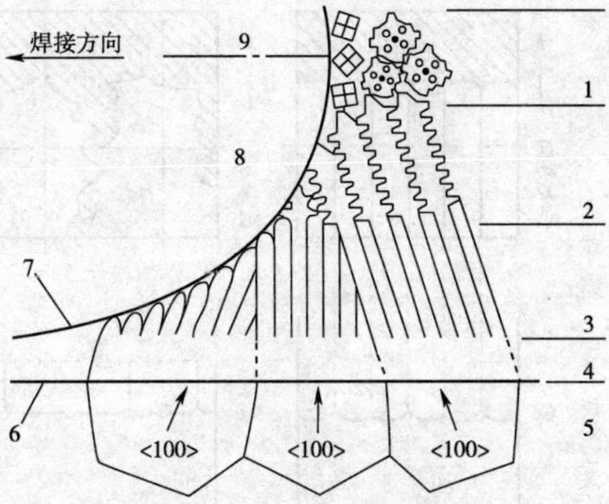

图5-6　焊缝中结晶组织的分布

1-等轴晶；2-树枝晶；3-胞状晶；4-平面晶；5-母材；6-熔合线；7-熔池边界；8-焊接熔池；9-熔池中心线

当焊接速度一定时，不同的焊接电流对焊缝

结晶的形态也有影响。如表5-1所示,若焊接速度为50mm/min,当焊接电流由150A增加到300A甚至450A时,焊缝的结晶形态由胞状晶变成胞状树枝晶甚至粗大的胞状树枝晶;若焊接电流为300A,当焊接速度由50mm/min增大到100mm/min时,焊缝的结晶形态将由胞状树枝晶变成细小的胞状树枝晶。

焊接参数对HY-80钢焊缝结晶组织的影响 表5-1

焊接速度(mm/min)	焊接电流(A)		
	150	300	450
50	胞状晶	胞状树枝晶	粗大胞状树枝晶
100	胞状晶	细小胞状树枝晶	粗大胞状树枝晶

四、焊接金属的化学不均匀性

在熔池的凝固过程中,由于冷却速度很快,合金元素来不及扩散,而在每个温度下析出的固溶体成分都要偏离平衡图固相线所对应的成分,同时先后凝固的固相成分又来不及扩散均匀。这种偏离平衡条件凝固(结晶)称为不平衡结晶。在不平衡结晶下得到的焊缝,其化学成分是不均匀的,即存在了偏析。焊缝中的偏析主要有三种形式。

1.显微偏析

根据金属学平衡结晶过程的理论可以知道,合金在结晶过程中,液、固两相的合金成分是在不断变化的。在熔池结晶的过程中,当温度降到液相线后,首先结晶形成的晶体含有的高熔点成分较多,也就是先结晶的固相比较纯,随着温度的不断下降和结晶过程的继续进行,剩余液相中的低熔点成分越来越多,并富集了较多的杂质。焊缝结晶后,由于冷却速度很快,焊缝金属中的合金元素来不及扩散,合金元素的分布式不均匀的,很大程度上保持着由于结晶有先后之分而造成的偏析。这种在晶粒尺度上发生的化学成分不均匀的现象称为显微偏析。

当焊缝的结晶固相呈胞状晶长大时,如图5-7a)所示。在胞状晶体的中心,含低熔点溶质的浓度最低,而在胞状晶相邻的边界上,低熔点溶质的浓度最高。

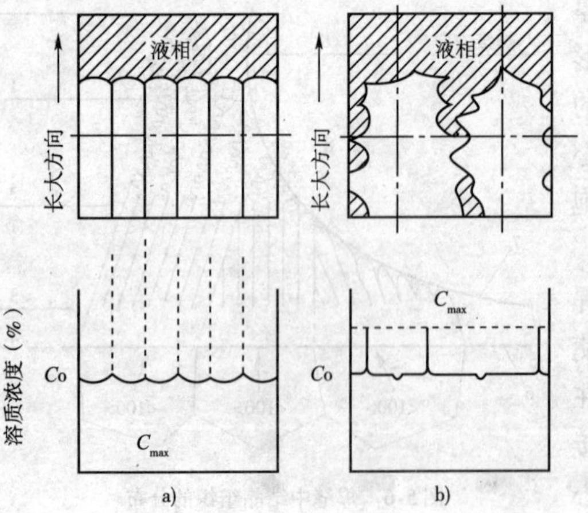

图5-7 胞状晶和树枝状晶的晶界偏析

a)胞状晶;b)树枝状晶

当固相呈树枝状晶长大时,先结晶的树干含低熔点溶质的浓度最低,后结晶的树枝含低熔点溶质的浓度略高,最后结晶的部分,即填充树枝间的残液,也就是树枝晶和相邻树枝晶之间的晶界上,低熔点溶质的浓度是最高的,如图5-7b)所示。

一般来说,较细的晶粒(细的胞状组织、或细的胞状树枝晶组织)由于晶粒间界面积增多,偏析分散,偏析程度就会减小。因此就焊缝金属中的偏析而言,当焊缝凝固后形成胞状组织要比树枝晶组织好,形成较细的晶粒要比粗大的好。硫、磷和碳是最容易偏析的元素,因此在低碳钢中,碳及合金元素的含量都比较低，显微偏析不明显；但对碳及合金元素含量较高的钢，显微偏析就比较严重，对焊缝质量有一定影响。

2. 区域偏析

焊接时由于熔池中存在激烈的搅拌作用，同时焊接熔池又不断向前推移，不断加入新的液体金属，因此在焊缝凝固中，柱状晶前沿向前推进的同时，又把低熔点物质（一般为杂质）排挤到焊缝中心，致使最后结晶的部位低熔点杂质的浓度最高，这种焊缝边缘到焊缝中心存在的化学成分不均匀的现象，称为区域偏析（图 5-8）。由于偏析是在宏观尺寸的范围内形成的，故又称为宏观偏析。杂质的集中使焊缝横截面中出现了低性能的区域，特别是当焊缝成型系数比较小时（图 5-8a），杂质集中在焊缝中心，在横向力作用下就会沿着焊缝纵向开裂；而焊缝成型系数较大时（图 5-8b），区域偏析对焊缝的抗裂能力影响较小。因此，在焊接对裂纹比较敏感的材料时，选择焊接参数应考虑对成型系数的要求。

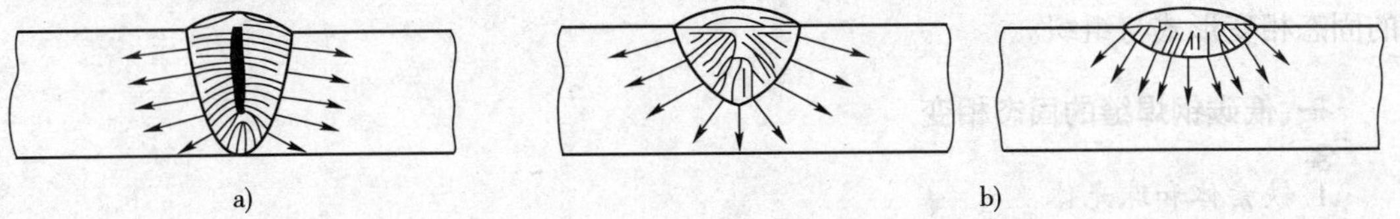

图 5-8　焊缝的区域偏析及成型系数的影响
a）成型系数小；b）成型系数大

当焊接速度较大时，成长的柱状晶最后都会在焊缝中心附近相遇，使溶质和杂质都聚集在那里，凝固后再焊缝中心附近出现区域偏析，在应力作用下，容易产生焊缝纵向裂纹。

3. 层状偏析

如果将焊缝的横截面进行抛光侵蚀，就会看到颜色不同的分层结构，层状线与熔合线轮廓相似，各层基本平行，但距离不等。焊缝表面经过抛光侵蚀也可见到同样的层状线，层状线的示意图如图 5-9 所示。实验证明，这些分层是成分作周期变化的表现。因溶质浓度不同的区域，对侵蚀剂的反应不同，侵蚀后的颜色就不一样。溶质浓度最高的区域颜色最深，溶质为平均浓度的区域颜色较淡，较宽的浅淡色区为溶质贫化区。这种偏析为层状偏析。

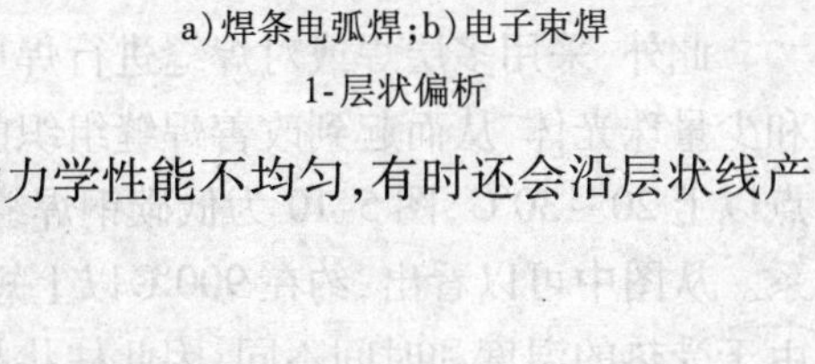

图 5-9　焊缝上的层状偏析
a）焊条电弧焊；b）电子束焊
1-层状偏析

层状偏析的存在，说明焊缝的凝固速度在做周期性变化，但造成这种变化的原因，目前尚未完全认识清楚。

层状偏析对焊缝质量的影响目前研究的也不够充分。但已发现，层状偏析不仅可能使焊缝金属的力学性能不均匀，有时还会沿层状线产生裂纹或气孔等缺陷。

任务二　焊缝金属的固态相变

熔池凝固后得到的组织通常叫做一次组织，对大多数钢来说是高温奥氏体。在凝固后的继续冷却过程中，高温奥氏体还要发生固态相变，又称为二次结晶，得到的组织称为二次组织。焊缝经过固态相变得到的二次组织即为室温组织。二次组织是在一次组织的基础上转变而成的，二者承前启后，对焊缝金属的性能都有着决定性的作用。为了全面地了解焊缝金属的性能和某些缺陷产生的原因，应对焊缝固态相变的规律和二次组织的特点有所了解。

焊缝金属经历了从液态冷却到室温的全过程，其二次组织是在快冷条件下所形成的铸造组织的基础上在连续冷却的条件下形成的。因此，焊缝的最终组织不仅与 $\gamma \rightarrow \alpha$ 转变有关，而且与凝固过程有关。焊缝在不平衡条件下所得到的一次组织，直接影响继续冷却时过冷奥氏体的分解过程及分解产物。因此，在考虑焊接热循环对焊缝固态相变的影响时，要以1300～500℃范围内的冷却条件为依据。

焊缝金属的固态相变遵循一般钢铁固态相变的基本规律。一般情况下，相变形式取决于焊缝金属的化学成分与连续冷却过程的冷却速度。下面重点介绍低碳钢与低合金钢焊缝的固态相变形式与组织。

一、低碳钢焊缝的固态相变

1. 铁素体和珠光体

低碳钢焊缝金属的固态相变组织主要是铁素体加少量的珠光体，这是因为其含碳量很低所导致的。铁素体一般是首先在原奥氏体柱状晶的晶界析出，其颗粒十分粗大。然而，相同化学成分的焊缝金属采用不同的冷却速度会得到晶粒尺寸不同的相变组织。冷却速度越快，焊缝金属中的珠光体越多，而且组织细化，显微硬度增高，如表 5-2 所示。

低碳钢焊缝冷却速度对组织和硬度的影响

表 5-2

冷却速度(℃/s)	焊缝组织的体积分数(%)		焊缝硬度(HV)
	铁素体	珠光体	
1	82	18	165
5	79	21	167
10	65	35	185
35	61	39	195
50	40	60	205
110	38	62	228

此外，采用多层焊或对焊缝进行焊后热处理也可破坏焊缝的柱状晶，得到细小的铁素体和少量珠光体，从而起到改善焊缝组织的作用。一般使钢中柱状晶消失的临近温度约为 A_3 点以上 20～30℃，图 5-10 为低碳钢焊缝消失柱状晶的临近温度与加热温度和加热时间的关系。从图中可以看出，约在 900℃以上短时间加热，即可使柱状晶组织消失。但在多层焊时由于受热的温度和时间不同，因此柱状晶消失的程度不均匀，由图 5-11 可见，低碳钢单层焊缝受不同温度的再加热时，使柱状晶的细化程度不同，故具有不同的冲击韧性。由图可见，在 900℃附近的加热效果最好，超过 1100℃时则发生晶粒粗化，而在 500～600℃加热时，由于焊缝金属中的碳、氮元素会发生时效而使冲击韧性下降。

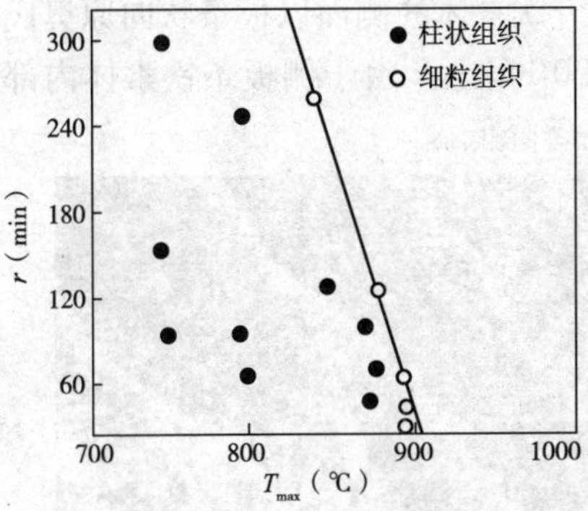

图 5-10　低碳钢单层焊缝消失柱状晶的临近温度

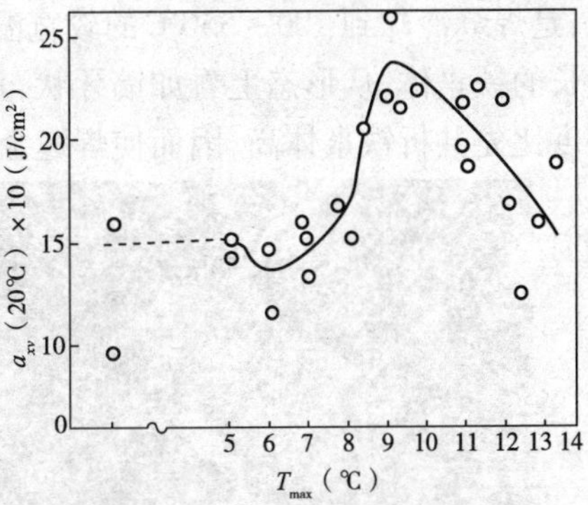

图 5-11　低碳钢单层焊缝再加热时的冲击韧性变化

2. 魏氏组织

当焊缝在高温停留时间较长而冷却速度又较高时，还可能出现塑性和韧性很差的魏氏组织，如图 5-12 所示。它是焊缝含碳量和冷却速度处在一定范围内时产生的，易在过热的粗晶奥氏体内形成。

魏氏组织的特征是铁素体从原奥氏体晶界呈网状析出，或从原奥氏体晶粒内部沿一定方向以长短不一的针状或片状析出，直接插入珠光体晶粒中而形成的组织。因此，一般认为魏氏组织是由先共析铁素体、侧板条铁素体和珠光体混合而成的多相组织。而在冷却速度特别大时，低碳钢焊缝中也可能出现马氏体组织。

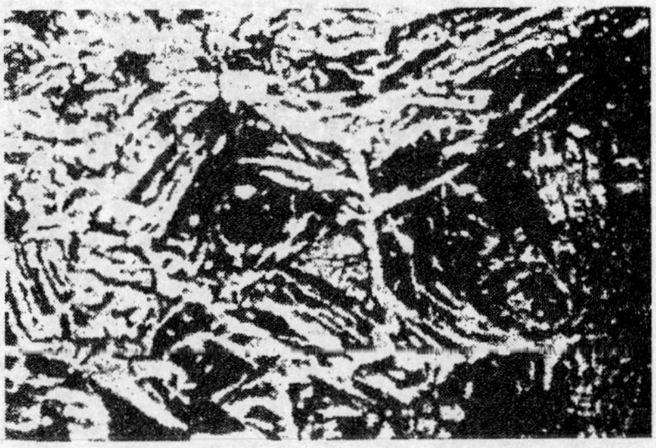

图 5-12　低碳钢焊缝中的魏氏组织

二、低合金钢焊缝的固态相变

低合金钢焊缝固态相变的情况比低碳钢复杂得多，随母材、焊接材料化学成分及冷却条件的不同而变化。固态相变除铁素体 F 与珠光体 P 转变外，还可能出现贝氏体 B 与马氏体 M 转变，它们对焊缝金属的性能具有十分重要的影响。应该指出，低合金钢焊缝中的铁素体、珠光体，与低碳钢焊缝中的铁素体、珠光体虽然在组织结构上相同，但在形态上却有很大的差别，从而具有不同的性能。

1. 铁素体 F 转变

铁素体是碳与合金元素溶解在 α－Fe 中的固溶体。低合金钢焊缝中的铁素体，具有比较复杂的形态。按其形态特征和出现部位的不同可以分为先共析铁素体 $F_{先}$、侧板条铁素体 $F_{条}$、针状铁素体 $F_{针}$ 和细晶铁素体 $F_{细}$，典型形态如图 5-13 所示。

(1)先共析铁素体($F_{先}$)。先共析铁素体也称晶界铁素体，是焊缝冷却到 700～680℃ 的较高温度区内，沿着奥氏体晶界首先析出的铁素体。其形态可以是沿晶扩展的长条形，也可以是沿晶分布的块状多边形。一般来说，合金含量越低，高温停留的时间越长，冷却速度越慢，先共析铁素体的数量就越多。由于先共析铁素体为低屈服点的脆性相，因而使焊缝金属的韧性减低。

(2)侧板条铁素体($F_{条}$)。侧板条铁素体也称无碳贝氏体，其形成温度比先共析铁素体稍低，是焊缝冷却到700~550℃的较宽温区，从先共析铁素体的侧面以板条状向原奥氏体晶内生长的铁素体，从形态上看如镐牙状，其长宽比在20:1以上。由于侧板条铁素体内部的位错密度比先共析铁素体高，因而使焊缝金属的韧性显著降低。

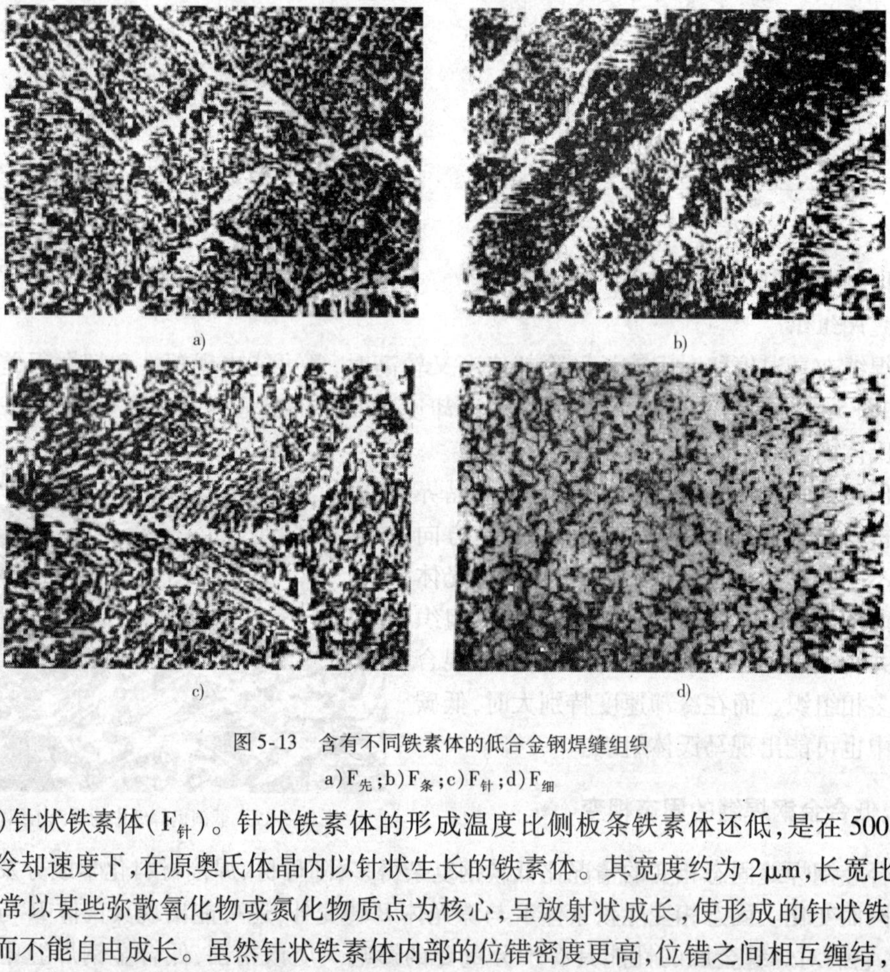

图5-13　含有不同铁素体的低合金钢焊缝组织

a) $F_{先}$；b) $F_{条}$；c) $F_{针}$；d) $F_{细}$

(3)针状铁素体($F_{针}$)。针状铁素体的形成温度比侧板条铁素体还低，是在500℃附近的中等冷却速度下，在原奥氏体晶内以针状生长的铁素体。其宽度约为2μm，长宽比在3~5之间，常以某些弥散氧化物或氮化物质点为核心，呈放射状成长，使形成的针状铁素体互相制约而不能自由成长。虽然针状铁素体内部的位错密度更高，位错之间相互缠结，分布也不均匀，但对于屈服强度低于550MPa，硬度在175~225HV之间的焊缝来说，针状铁素体的增加可显著改善焊缝金属的韧性。冷却速度越高，$F_{针}$越细，韧性越高。

(4)细晶铁素体($F_{细}$)。细晶铁素体也称贝氏铁素体，是介于铁素体与贝氏体之间的转变产物。它是在有细化晶粒的元素(如钛、硼等)中存在且在稍低于500℃的温度下，在原奥氏体晶内形成的晶粒尺寸较小的铁素体，而且在细晶之间有珠光体和渗碳体析出。如果细晶铁素体在更低的温度转变时(约为450℃)，可转变为上贝氏体。

2. 珠光体P转变

珠光体是铁素体和渗碳体的层状混合物，是在接近平衡状态下(如热处理时的连续冷却过程)低合金钢常见的组织，珠光体转变大约发生在Ac_1~550℃温区范围。在A_1~650℃形成的珠光体，片层间距较大(0.4μm)，在500倍以上的光学显微镜下，能分辨其片层状形态，即为粗珠光体；在650~600℃形成片层间距较小的珠光体(0.2~0.4μm)，在光学显微镜800~1500倍能分辨出其为铁素体薄层和碳化物(渗碳体)薄层交替重叠的复相组织称为细珠光体或索氏体；在 600 ~ 550℃形成片层间距极小的珠光体（0.2μm），在光学显微镜下高倍放大已无法分辨出其内部构造，在电子显微镜下可观测到很薄的铁素体层和碳化物（渗碳体）层交替重叠的复相组织，称为极细珠光体或托氏体。各种组织如图 5-14 所示。

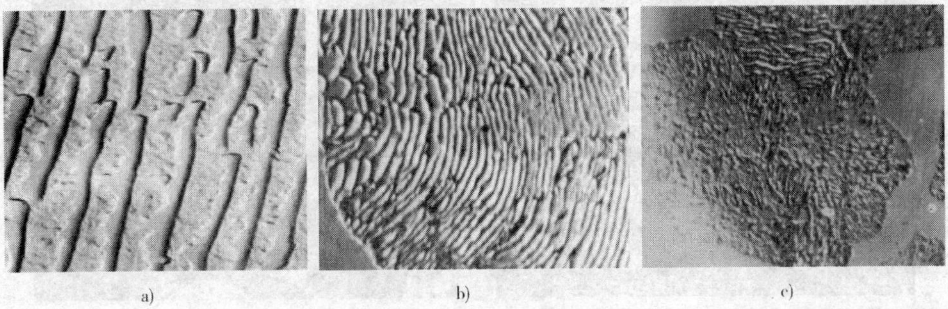

图 5-14　不同珠光体组织

a）粗大珠光体；b）索氏体；c）托氏体

在焊接的非平衡状态下，原子不能充分扩散，抑制了珠光体的转变，扩大了铁素体和贝氏体的转变区域。特别是焊缝中含有硼、钛等细化晶粒的元素时，可完全抑制珠光体的转变，致使低合金焊缝中很少产生珠光体组织。只有在预热、缓冷及后热等使冷却速度变得极其缓慢的情况下，才能在焊缝中形成少量的珠光体。焊缝中的珠光体能增强焊缝的强度，但使其韧性减低。

3. 贝氏体 B 转变

贝氏体转变属于中温转变，它的转变温度约在 550℃ ~ M_s 之间。按贝氏体形成的温度区间及特性来分，可分为上贝氏体和下贝氏体。典型形态如图 5-15 所示。上贝氏体的转变温度为 550 ~ 450℃之间，其特征在光学显微镜下呈羽毛状，在电镜下可以看出，相邻条状晶的位向接近于平行，且在平行的条状铁素体间分布有渗碳体。在各类贝氏体中以上贝氏体的韧性最差。下贝氏体的转变温度为 450℃ ~ M_s 之间，其特征在光学显微镜下观察时，有些与回火片状马氏体相似，在电镜下可以看到许多针状铁素体和针状渗碳体机械混合，针与针之间呈一定的角度。下贝氏体具有强度和韧性均良好的综合性能。

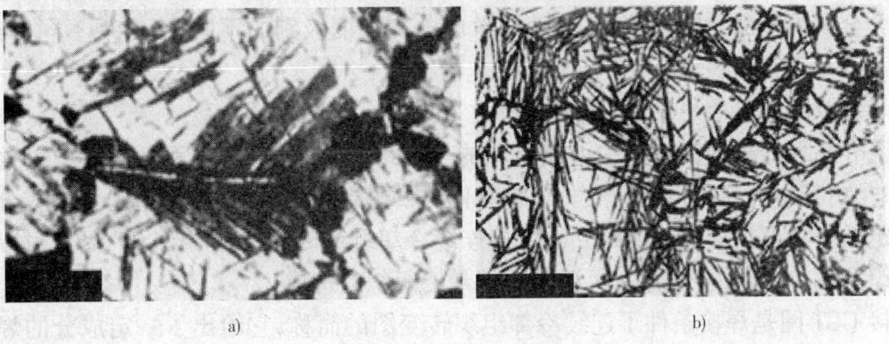

图 5-15　不同贝氏体的形态

a）上贝氏体；b）下贝氏体

4. 马氏体 M 转变

马氏体是碳在 α-Fe 中的过饱和固溶体。当焊缝金属的含碳量偏高或合金元素较多时，在快速冷却条件下，奥氏体过冷到 M_s 温度以下将发生马氏体转变，根据其含碳量不同，可形成不同形态的板条马氏体和针状马氏体，如图 5-16 所示。

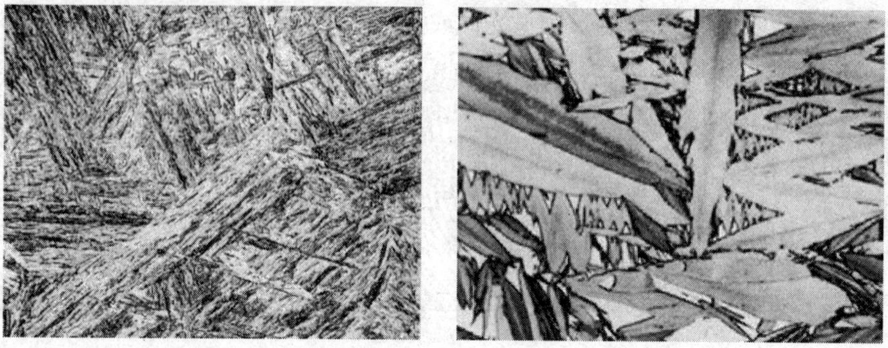

a)　　　　b)

图 5-16　光学显微镜下的马氏体形态

a）板条马氏体；b）针状马氏体

（1）板条马氏体。板条马氏体是低碳合金钢焊缝金属中最常出现的马氏体形态，它的特征是在奥氏体晶粒内部平行生长的成群的细条状马氏体板条，由于这种马氏体的含碳量低的，故也称低碳马氏体。板条马氏体在光学显微镜下观察具有典型特征（图 5-16a），板条马氏体是呈束状定向排列的（宽约 0.5μm）条状晶体。在每束晶体中，相同取向的相邻板条以小角度晶界相间，而不同取向的板条之间存在大角度晶界。这种马氏体不仅具有较高的强度，同时也具有良好的韧性，抗裂能力强，在各种马氏体中它的综合性能最好。

（2）片状马氏体（也称为针状马氏体）。当焊缝中含碳量较高（碳的质量分数超过 0.4%）且在连续快冷的条件下，将会出现片状马氏体，它与低碳板条马氏体在形态上的主要区别是：马氏体片互不平行，初始形成的马氏体较粗大，往往贯穿整个奥氏体晶粒，使以后形成的马氏体片受到阻碍，片状马氏体的立体形态呈双凸透镜状，如图 5-16b）所示。由于片状马氏体的含碳量较高，其内部亚结构存在很多细小平行的孪晶带，因而片状马氏体又称高碳马氏体或孪晶马氏体。片状马氏体硬度高，脆性大，容易产生焊缝冷裂纹，是焊缝中应予避免的组织。在实际生产中，马氏体需经过回火后使用。

低合金钢焊缝的组织比较复杂，随化学成分和强度级别的不同，可出现不同的组织，一般情况下都是几种组织混合存在。

5. 焊缝最终组织的构成

以上介绍了低合金钢焊缝中可能出现的全部组织，但每个焊缝不可能完全包含这些组织，而只是由其中的几种组织构成。焊缝具体由哪些组织构成，是由焊缝的化学成分和冷却条件决定的。根据化学成分所建立的焊接连续冷却组织转变图（焊接 CCT 图），可以预测焊缝的组织及调节焊缝的性能，并可确定焊缝最终组织的构成。

焊接 CCT 图是焊接条件下连续冷却组织转变图的简称，它给出了一定成分的焊缝或热影响区组织（有时还有硬度）与冷却时间（或冷却速度）的关系。不同钢种，由于其化学成分不同，其焊接 CCT 曲线的形状是不同的。除钴之外，所有固溶于奥氏体的合金元素都使 CCT 曲线右移并使 M_s 点减低，即增加淬硬倾向。因此，化学成分不同的钢种，即使在同一冷却速度下，也会形成不同的组织，因而硬度也不同。

如图 5-17 所示，对于成分为 Fe = 0.11%、C = 1.44%、Mn = 0.31%、Si = 0.071% 的焊缝金属来说，随着冷却条件的变化，焊缝组织主要有先共析铁素体、侧板条铁素体、针状铁素体、细晶铁素体、贝氏体、少量马氏体以及珠光体组织。当缓慢冷却时，焊缝组织由先共析铁素体和珠光体构成；而当快速冷却时，焊缝组织变成针状铁素体、细晶铁素体和马氏体。

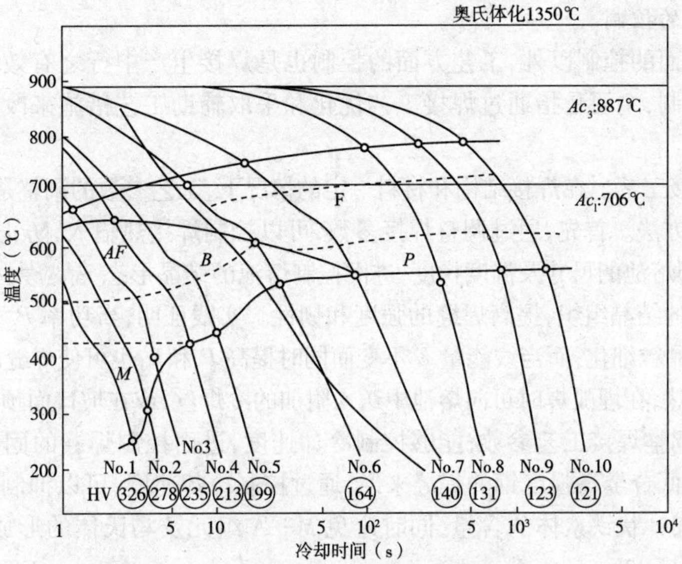

图 5-17　典型低合金钢焊缝的 CCT 图

三、改善焊缝固态相变组织的措施（焊缝性能的控制）

焊缝质量是焊接质量的重要指标。控制焊缝性能是控制焊接质量的主要目标，优质的焊缝首先要保证性能满足使用要求，而焊缝性能则取决于化学成分与组织形态，具有相同化学成分的焊缝金属，由于结晶形态和组织的不同，性能上会有很大差异。为此，改善焊缝的性能就应落在焊缝组织的控制上。在焊接生产中，通过控制焊缝组织，不但要保证焊缝具有足够高的强度，而且还要保证焊缝具有足够高的韧性，即焊缝具有良好的综合力学性能。总的来说，焊缝组织的控制主要通过冶金和工艺这两方面入手。

1. 冶金方面的控制

改善焊缝金属凝固组织的有效方法之一就是向焊缝中添加某些合金元素，起固溶强化和变质处理的作用。根据目的和要求的不同，添加的合金元素也不同，通过改变凝固组织的形态，从而提高焊缝金属的性能，特别是近年来采用了多种微量合金元素，大幅度地提高了焊缝金属的强度和韧性。

近年来的研究表明，焊接时通过焊接材料（焊条、焊丝和焊剂等）在金属熔池中加入少量合金元素，这些元素一部分固溶于基体组织（如铁素体）中起固溶强化的作用；另一部分合金元素，如 Mo、V、Ti、Nb、B、Zr、Al 及稀土等则以难熔质点（大多为碳化物或氮化物）的形式成为结晶核心，增加形核率使晶粒细化，从而较大幅度地提高焊缝金属的强度和韧性，达到细晶强化的作用，有效改善焊缝金属的综合力学性能。

但由于微量元素在焊缝中作用的规律比较复杂，其中不仅有元素本身的作用，而且还有不同元素之间的相互影响。各种元素在不同合金系统的焊缝中都存在一个提高韧性的最佳含量,同时多种元素共存时并不是简单的叠加关系。这些问题迄今未有统一的结论和理论上圆满的解释。因此,目前变质剂的最佳含量都是通过反复实验得出的经验数据。此外,变质剂加入的方式与减少其在电弧高温下的烧损问题,也有待进一步解决。

2. 工艺方面的控制

除了冶金方面的控制以外,工艺方面的控制也是焊接生产中行之有效的控制方法。所谓工艺方面的控制,主要是指通过焊接工艺优化和采取辅助工艺措施来改善焊缝金属的组织和性能。

(1)调整焊接工艺。在焊接结构和材料一定的情况下,工艺参数的调整是控制焊缝组织和性能唯一可行的方法。首先,通过调整焊接参数,可以控制焊接热输入,防止半熔化母材晶粒的过分粗化,控制熔池的尺寸及温度梯度,进而控制熔池的结晶形态、晶粒大小及成长方向,以期获得晶粒细小的结晶组织,提高焊缝的强度和韧性。实践证明,当功率 P 不变时,增大焊接速度 v 可使焊缝晶粒细化;而当线能量 E 不变而同时提高 P 和 v,也可使焊缝晶粒细化。此外,为了减少熔池过热,在埋弧焊时可向熔池中送入附加的冷焊丝,或在坡口面预置碎焊丝。

其次,通过调整焊接工艺参数,能够控制冷却速度,进而控制焊缝的固态相变过程及其相变组织。对于低合金高强度钢的焊缝来说,通过控制冷却速度,可以抑制先共析铁素体的形核和长大,增加针状铁素体的含量,同时避免 M—A 组元及马氏体的形成,达到提高焊缝强韧性的目的。

(2)采用多层焊。在板材厚度和坡口形式一定的条件下,采取小截面焊道的多层焊能显著提高焊缝金属的性能。这是因为采用多层焊工艺后,由于每层焊缝截面变小而降低了所需的焊接热输入,减小了熔池的过热,改善了结晶条件,细化了晶粒;同时,多层焊逐层焊道间的后热作用还具有附加的热处理作用,可以改善焊缝的二次组织。

多层焊的后热效果在焊条电弧焊时比较明显,因为每一焊层的热作用可达到前一焊层的整个厚度;而埋弧焊时,由于焊层厚可达到6~10mm,后一焊层的热作用只能达到3~4mm深,不能对整个焊层截面起后热作用。

(3)振动结晶。振动结晶是通过不同途径使熔池产生一定频率的振动,破坏正在成长的晶粒,增加非自发形核的质点,从而获得细小的结晶组织。常用的振动方法有机械振动、超声振动和电磁振动。

机械振动的频率一般在10kHz以下,振幅小于2mm,可使熔池中正在成长的晶粒破碎,并对熔池产生强烈的搅拌作用,促进夹杂物的上浮、气体排出及成分的均匀化,改善熔池的结晶组织,提高焊缝的性能。

超声振动的频率在20kHz以上,振幅只有0.1μm左右,但可有足够能量使正在成长的晶粒受到拉压交替的应力而破碎,增加结晶的核心,细化焊缝的晶粒。同时也有消除气孔、减少夹杂以及减低结晶裂纹倾向的作用,而且效果好于机械振动,但由于成本较高而限制了它的工程应用。

电磁振动是利用外加的强磁场使熔池中的液态金属发生强烈的搅拌,使正在成长的晶粒不断受到剪应力作用而破碎,从而打乱了柱状晶的方向,改善了结晶形态,细化了晶粒。其效果见图5-18。

图 5-18　电磁振动对铁素体不锈钢焊缝组织的影响

a)无电磁振动;b)有电磁振动

(4)锤击处理。锤击处理是通过锤击焊缝表面来改善焊缝的组织和性能。在多层焊中，锤击每一层焊缝(或坡口)表面，都可以使表面晶粒破碎。这在细化本层晶粒的同时，还使其后层焊缝在结晶时发生细化。因此，逐层锤击每层焊缝就能改善整个焊缝的组织和性能。此外，锤击产生的塑性变形还可降低残余应力，从而提高焊缝的韧性及疲劳性能。锤击焊缝的方向及顺序，如图 5-19 所示。

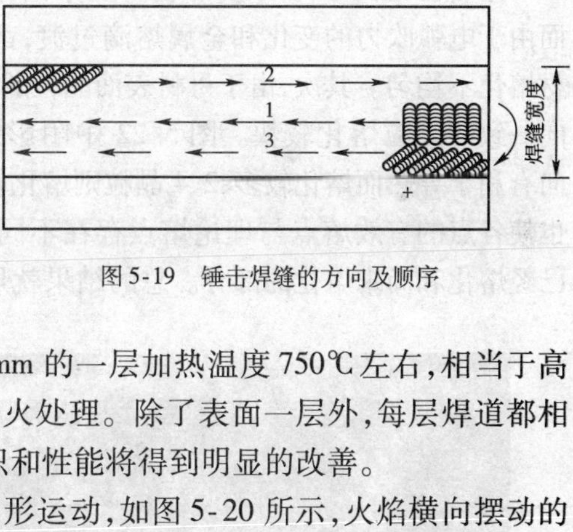

图 5-19　锤击焊缝的方向及顺序

(5)跟踪回火。跟踪回火就是在焊完每道焊缝后用气焊火焰在焊缝表面跟踪加热。加热温度为 900 ~ 1000℃，可对焊缝表层下 3 ~ 10mm 深度范围内不同深度的金属起到不同的热处理作用。以焊条电弧焊为例，每一层焊缝的平均厚度为 3mm，跟踪回火对表层下不同深度金属的热作用分别为：最上层加热温度为 900 ~ 1000℃，相当于正火处理；中间深度为 3 ~ 6mm 的一层加热温度 750℃左右，相当于高温退火；最下层 6 ~ 9mm 则相当于 600℃左右的回火处理。除了表面一层外，每层焊道都相当于进行了一次焊后正火及不同次数的回火，组织和性能将得到明显的改善。

跟踪回火使用中性焰，将焰心对准焊道做“Z”形运动，如图 5-20 所示，火焰横向摆动的宽度大于焊缝宽度 2 ~ 3mm。

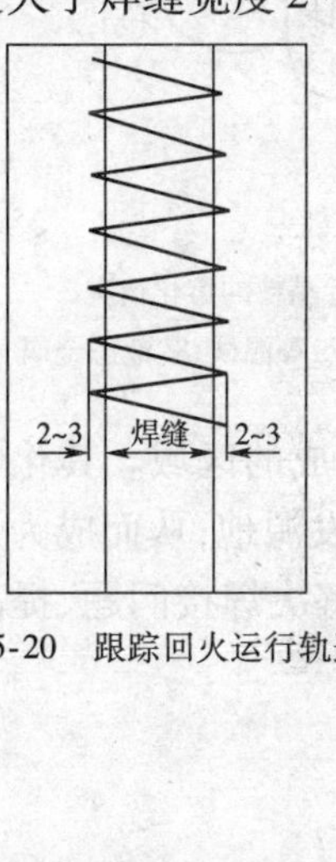

图 5-20　跟踪回火运行轨迹

大型结构或补焊件，采用跟踪回火还可以显著提高熔合区的韧性。

(6)焊后热处理。要求严格的焊接结构，焊后采用整体或局部热处理。按热处理规范不同，焊后热处理可分别起到改善组织、性能、消除残余应力或排除扩散氢的作用。例如珠光体耐热钢的电站设备、电渣焊的厚板结构以及中碳调质钢的飞机起落架等，焊后都要进行不同的热处理(回火、正火或调质处理)，以改善焊缝的组织与性能。具体的选用应根据母材的成分、焊接材料、产品的技术条件及焊接方法而定。有些产品(如大型或在工地上装焊的结构)进行整体热处理有困难,也可采用局部热处理。例如电站锅炉的过热器,使用 12Cr3MoVSiTiB 钢管,规格为 ϕ38mm×6mm,手工电弧焊,焊后可以采用局部热处理来改善焊缝的性能,硬度从 351HV 降到 221HV,弯曲角从 23°提高到 180°。当然,焊后热处理不单纯针对焊缝,对提高整个焊接接头的性能都是有利的,但这种方法比较麻烦,而且耗能耗资都比较大,不是在所有情况下都是可取的。

任务三　焊接熔合区的特征

熔合区是焊接接头中焊缝与母材交界的过渡区。在焊接接头的横截面低倍组织图(图 5-21)中可以看到焊缝的轮廓线,这就是通常所说的熔合线。而在显微镜下可发现,这个所谓的熔合线实际上是具有一定宽度的半熔化区,就是熔合区。过去习惯上把熔合区作为焊缝或热影响区的一部分,近年来随着对熔合区的深入研究,发现熔合区的组织与性能有其本身的特点,而将熔合区单独列为焊接接头的一个组成部分。在一般条件下,熔合区通常会成为整个接头的薄弱环节,对接头质量起到决定性的作用,很多焊接结构失效的起源往往就在熔合区。

一、熔合区形成的原因

熔合区是由于母材坡口表面复杂的熔化情况形成的。首先,即使焊接参数保持稳定,而由于电弧吹力的变化和金属熔滴过渡,都使传播到母材表面的热量随时发生变化,造成母材熔化不均匀。其次,由于母材表面晶粒的取向各不相同而熔化程度不同,其中取向与导热方向一致的晶粒熔化较快。图 5-22 中阴影线部分表示已熔化的部分,其中 1、3、5 晶粒的取向有利于导热而熔化较多,2、4 晶粒则熔化较少。此外,母材各点的溶质分布实际上的不均匀,也使各点的有效熔点与理论熔点存在不同的差值,因而在理论熔点的等温面上必然存在了已经熔化和尚未熔化的部分。总的结果就形成固—液两相交错并存的半熔化区,即熔合区。

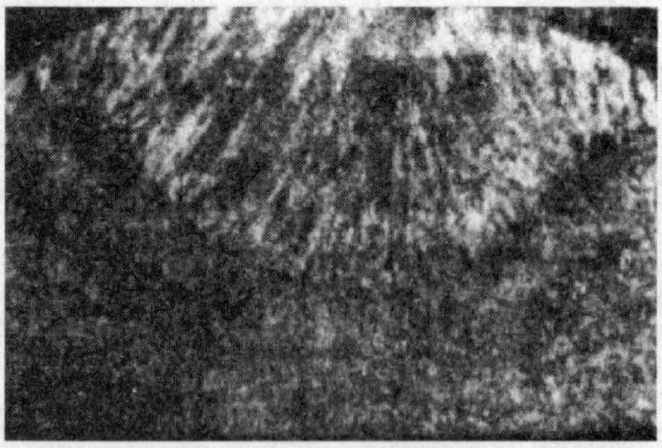

图 5-21　焊接接头的低倍组织

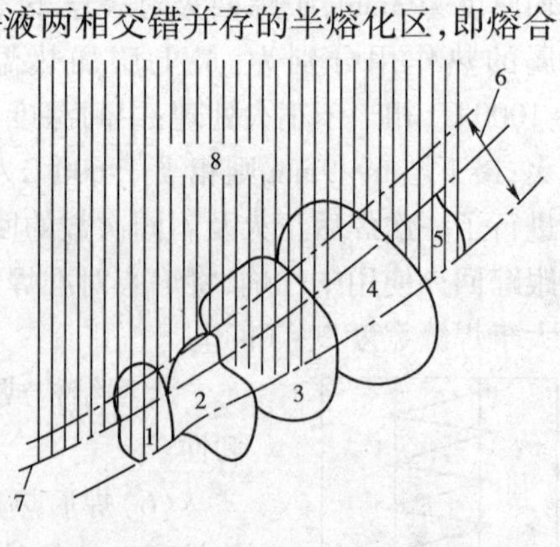

图 5-22　熔合区附近晶粒的熔化情况

1~5-晶粒;6-半熔化区;7-等温线;8-液态金属

由上所述,熔合区是由部分熔化的母材和部分未熔化的母材所组成的区域。其化学成分、微观组织和力学性能极不均匀,常常是热裂纹、冷裂纹及脆性相的发源地,从而成为焊接接头的最薄弱环节。因此,研究这个区域的形成机理及其特性,对于解决焊接问题、提高焊接质量具有重要的实际意义。

二、熔合区的特征

焊接接头的熔合区,既不同于焊缝,也不同于热影响区。其主要特征表现在几何尺寸小、成分不均匀、空位密度高、残余应力大以及晶界液化严重等方面,从而造成接头性能的降低,并使熔合区成为接头的薄弱环节。

1. 成分不均匀

化学成分不均匀性是熔合区的重要特征之一,也是造成它成为整个接头薄弱环节的主要原因。

一般来说,钢中的合金元素及杂质在液相中的溶解度都大于在固相中的溶解度。因此,在熔池凝固过程中,随着固相的增加,溶质原子必然要大量地堆积在固相前沿的液相中。特别是开始凝固时,高温析出的固相比较纯,这种堆积更加明显。这样,在固—液交界的地方溶质的浓度将发生突变,如图 5-23 所示。图中实线表示固—液并存时溶质浓度的变化,虚线表示熔池完全凝固后的情况,说明了在凝固过程中堆积在固相前沿的液相中的溶质来不及扩散到液相中心,而将不均匀的分布状态保留到凝固以后。

由不平衡凝固过程所造成的这种化学不均匀性程度,与溶质原子的性质有关,如硫、磷、碳等易偏析的元素,表现很明显。在凝固后的冷却过程中,扩散能力较强的元素还有可能在浓度梯度的推动下由焊缝向母材扩散,使化学不均匀性有所缓和。如同种钢在焊接时,碳的扩散能力强,在凝固后仍可扩散而趋于均匀,完全冷却后没有明显的偏析;而硫、磷等扩散能力弱的元素,凝固后浓度变化很小,保留了较严重的偏析,熔合区硫的分布如图 5-24 所示。

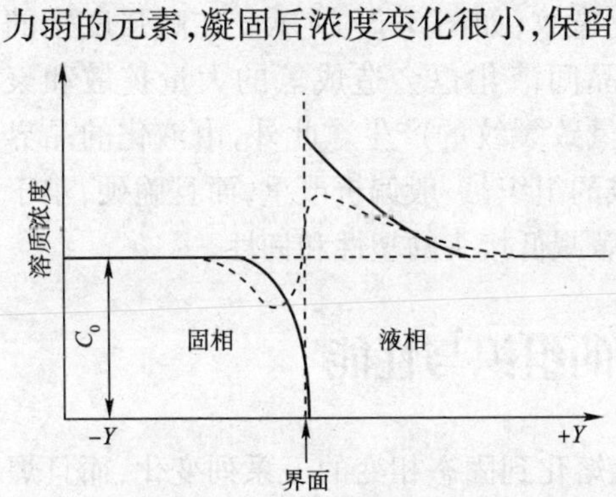

图 5-23　固—液界面的溶质分布

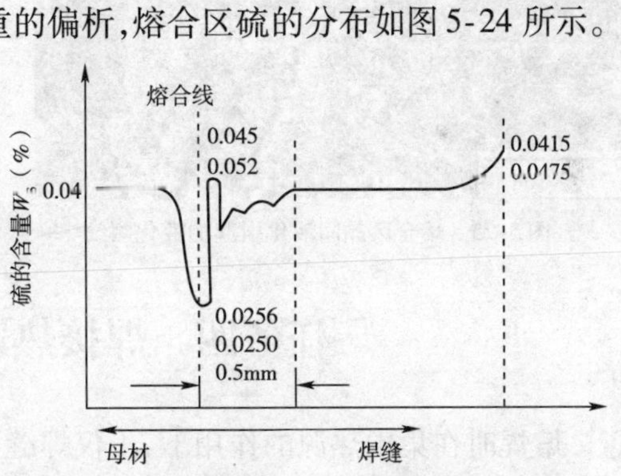

图 5-24　熔合区中硫的分布

上行数字表示在 $E = 11760$J/cm 条件下;

下行数字表示在 $E = 23940$J/cm 条件下

在异种材料焊接或同种材料焊接但采用不同填充材料时,这种成分不均匀现象可能会更加明显。因此,化学成分严重不均匀是熔合区最大的特征,从而引起熔合区组织和性能的不均匀,甚至导致焊接缺陷的产生。

2. 空位密度高

在不平衡的加热和冷却条件下,熔合区及其附近的热影响区会发生空位及位错等结晶缺陷的聚集或重新分布。焊接加热时,原子振动加强,键合力减弱,易离开静态的平衡位置而使空位密度增大,而且加热的温度越高,空位的密度越大。焊接冷却时,空位密度应该降低,但由于冷却速度很快,空位来不及迁移而处于过饱和状态。特别是在熔合区,加热时所受的温度高，空位密度大，因而冷却时位错的过饱和程度大，即残余的空位密度高，从而对接头的性能产生重大的影响。例如，使金属的抗裂能力减低，可能成为焊接接头延时开裂的裂源。

3. 残余应力大

熔合区残余应力大是由熔合区在焊接接头中所处的位置决定的。如前所述，在焊接接头中，熔合区两侧分别是焊缝和热影响区，它们之间的分界就是熔合区的边界。一方面，这三个区域的线膨胀系数不同，因而由加热和冷却所引起的胀缩程度不同；另一方面，这三个区域的屈服强度和弹性模量不同，因而由胀缩引起的应力也不同。因此，在焊接热循环的作用下，由于热变形而产生热应力时，在熔合区的两个边界上将产生应力集中，再加上熔合区本身较窄，而且成分和组织的分布也不均匀，更加重了应力集中的程度，最终在熔合区内形成了较大的残余应力，从而造成接头性能的降低。

4. 晶界液化严重

对于共晶型合金或含有能与基体形成共晶的元素的合金而言，在熔合区的加热过程中，往往伴随共晶液相的产生，这些共晶液相除了少量之外，大多数都分布在晶界附近，即晶界发生了严重的液化。此外，在一些合金材料的晶界附近也可能富集较多的低熔点杂质，造成晶界熔化温度的降低。当对这一材料进行焊接时，熔合区中会出现晶界液化的现象。

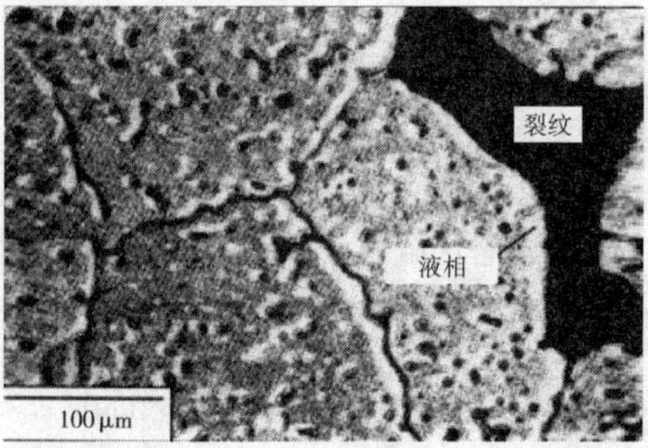

图 5-25 熔合区晶间液化引起的液化裂纹

当液化的晶界冷却结晶时，由于受到周围晶粒因收缩产生的拉应力作用，容易形成沿晶界扩展的液化裂纹，如图 5-25 所示。在高强度钢的焊接中，晶间液化也会造成氢的大量扩散和聚集，导致氢致裂纹的产生。此外，由液化的晶界冷却形成的组织，一般偏析严重，而且脆硬，难于变形，显著减低接头的塑性和韧性。

任务四 焊接热影响区的组织与性能

熔焊时在集中热源的作用下，不仅焊缝要发生从熔化到固态相变的一系列变化，而且焊缝两侧未熔化的母材也要经历一定的热循环而发生组织的转变。焊接过程中，焊缝两侧未熔化的母材受热的影响，而发生组织和性能变化的区域称为“热影响区”（英文缩写为 HAZ）或称“近缝区”。焊接热影响区是焊接接头的重要组成部分，一般认为，焊接接头是由焊缝、熔合区和焊接热影响区三个部分所组成的，如图 5-26 所示。

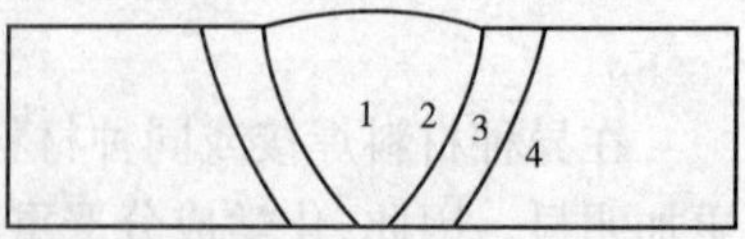

图 5-26 焊接接头示意图

1-焊缝；2-熔合区；3-热影响区；4-母材

在焊接发展的初期，焊接结构主要采用低碳钢制造，焊接的质量问题大都出现在焊缝区域，只要焊缝不出问题，焊接热影响区也不会出问题。所以，当时人们把注意力集中在焊缝上。随着焊接技术和生产规模的不断发展，大容量、高负荷、高参数的成套设备不断增多，各种高温、耐压、耐蚀、低温等特殊性能的容器，深水潜艇、宇航装备、管道以及核动力装置等也不断建造，所采用的金属材料自然就被各种高强钢、不锈钢、耐热钢以及某些特种材料（如铝合金、钛合金、镍基合金、复合材料和陶瓷等）所替代。在这种情况下，焊接质量不仅仅取决于焊缝，同时也取决于焊接热影响区，有些金属焊接热影响区存在的问题比起焊缝更复杂。

仅以低合金高强度钢焊接为例，随着钢种强度级别的提高，热影响区的脆化和裂纹倾向也越严重。例如，抗拉强度为800MPa的钢种，焊接热影响区在不同温度下的断裂韧性（COD）及可能出现的裂纹如图5-27所示。由此可见，在某些情况下，焊接热影响区可能成为焊接接头的薄弱地带。因此，许多国家对焊接热影响区都给予很大的重视。

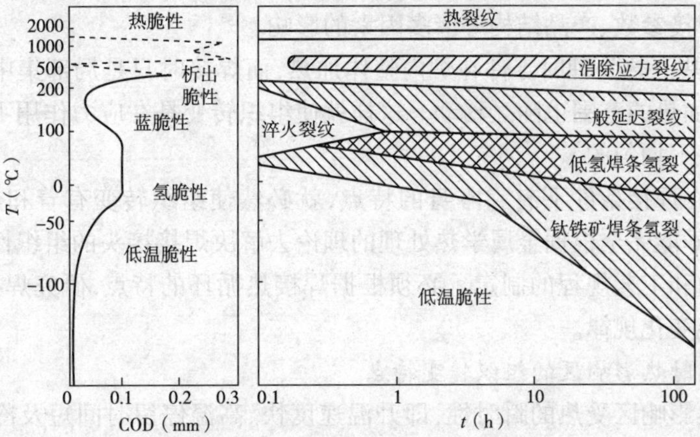

图5-27　热影响区的断裂韧性及可能出现的各种裂纹

一、焊接热循环条件下的金属组织转变特点

根据研究，焊接条件下的组织转变与热处理条件下的组织转变，其基本原理是一致的。新相的形成也是通过形核和晶核长大这两个过程，符合经典的结晶理论，组织转变过程进行的动力也取决于系统中的热力学条件，即新相与母相的自由能差。但是，由于焊接过程具有自身的特点，这就给焊接时的组织转变带来了特殊性。

1. 焊接热影响区热循环的特点

根据金属学热处理理论，金属在加热和冷却过程中发生的变化，取决于其化学成分与经历的热过程这两个因素。因此，对热影响区的组织变化带来特殊影响的是焊接热循环的以下特点：

（1）加热温度高。一般热处理情况下，加热温度都不超过 Ac_3 以上100～200℃，而焊接时，近缝区熔合线附近可接近金属的熔点，对于低碳钢和低合金钢来说，一般都在1350℃左右。显然，二者相差很大。

（2）加热速度快。热处理时为了保证加热均匀、减小热应力，对加热速度做了较严格的限制。而熔焊时，为了迅速达到局部熔化，必须采用比热处理时大几十倍或上百倍的加热速度，表5-3为用不同焊接方法焊接低碳钢时的加热速度。

不同焊接方法时的加热速度 v_h　　表5-3

焊接方法	板厚 δ（mm）	v_h（℃/s）
焊条电弧焊（包括TIG焊）	5～1	200～100
单层埋弧焊	25～10	60～200
电渣焊	200～50	3～20

(3)高温停留时间短。焊接时,热影响区的温度因热源移动而随时间变化,不像热处理时根据产品与工艺要求可对保温时间加以控制。因此,焊接热影响区在高温停留的时间很短,如焊条电弧焊时只有十几秒;埋弧焊时要长些,也仅为20~100s。

(4)自然条件下连续冷却。在热处理时,可以根据需要来控制冷却速度或在冷却过程中不同阶段进行保温。然而在焊接时,在不采取缓冷或保温措施的条件下,焊接热影响区的冷却都属于自然条件下的连续冷却。同时由于温度分布极不均匀,冷速必然很高。此外,冷却过程还要受到焊接参数、产品结构等诸多因素的影响。

(5)局部加热。热处理时工件在炉内整体加热,而焊接时只是局部集中加热,并且随着热源的移动,被加热的范围也随之移动。这样就使组织转变是在应力作用下进行的,并且这种转变的过程是不均匀的。

综上所述,在焊接条件下有它本身的特点,就必然使组织转变有着和热处理不同的规律。由此可见,不能完全根据金属学热处理的理论去解决焊接接头的组织性能问题,以及进行焊接工艺参数和工艺规程的制定。必须根据焊接热循环的特点,研究焊接条件下的相变机理和组织性能变化规律。

2.焊接加热时热影响区的组织转变特点

由于焊接热影响区受热的瞬时性,即升温速度快、高温停留时间短及冷却速度快,使得与扩散有关的过程都难于进行,从而影响到组织转变的过程及其进行的程度,由此出现了与等温过程和热处理过程的组织转变明显不同的特点。

(1)使相变温度升高。由于焊接时加热的速度很快,导致钢铁材料的相变温度 Ac_1 和 Ac_3 升高。这就是说,焊接加热过程中的组织转变不同于平衡状态的组织转变,转变过程已向高温推移。由表5-4可以看出,加热速度越快,Ac_1 和 Ac_3 越高,而且二者之间的差值也越大。对于含有碳化物形成元素的钢来说(如表中18Cr2WV钢),加热速度对相变温度的影响更大。

焊接加热过程中组织转变向高温推移是由奥氏体化过程的性质决定的。由铁素体或珠光体向奥氏体转变的过程是扩散重结晶过程,需要有孕育期。在快速加热的条件下,来不及完成扩散过程所需要的孕育期,必然造成相变温度提高。当钢中含有碳化物形成元素(Cr、W、Mo、V、Ti、Nb等)时,由于它们的扩散速度慢(比碳元素小1000~10000倍),而且本身还阻止碳的扩散,因而大大地减慢了奥氏体的转变过程,促使相变温度升得更高。

加热速度 v_h 对相变温度 Ac_1 和 Ac_3 的影响 表5-4

钢 种	相变点	平衡温度(℃)	加热速度 v_h(℃/s)			
			6~8	40~50	250~300	1400~1700
45钢	Ac_1	730	770	775	790	840
	Ac_3	770	820	835	860	950
40Cr	Ac_1	735	735	750	770	840
	Ac_3	780	775	800	850	940
23Mn	Ac_1	735	750	770	785	830
	Ac_3	830	810	850	890	940

续上表

钢 种	相变点	平衡温度（℃）	加热速度 v_h（℃/s）			
			6～8	40～50	250～300	1400～1700
30CrMnSi	Ac_1	740	740	775	825	920
	Ac_3	790	820	835	890	980
18Cr2WV	Ac_1	800	800	860	930	1000
	Ac_3	860	860	930	1020	1120

（2）影响奥氏体均质化程度。由于焊接加热速度很快，高温停留时间短，不利于扩散过程的进行，因而使奥氏体均质化程度降低。这种不均匀的高温组织，将影响冷却过程的组织转变。

此外，熔合线附近的热影响区峰值温度很高（T_m = 1300～1350℃），接近焊缝金属的熔点，这会造成晶粒过热而严重长大。

3. 焊接冷却时热影响区的组织转变特点

对焊接热影响区组织性能的分析，主要是根据金属学理论中组织转变的规律进行评价。但是，由于焊接热影响区所经历的热过程与热处理条件下有显著不同，因此冷却过程的组织转变也必然会带来很大的差异，这一点已越来越多地被大量实验证实。由于焊接热影响区熔合线附近是整个焊接接头的薄弱地带，所以这里都是以此区的冷却过程组织转变作为主要研究对象。这里将焊接条件下和热处理条件下奥氏体转变进行比较，来说明在这两种不同热过程条件下组织转变的差异。

（1）使相变温度降低。在奥氏体均质化程度相同的情况下，随着焊接冷却速度的加快，钢铁材料的相变温度 Ar_1、Ar_3 和 Ar_{cm} 均降低。这就是说，焊接冷却过程中的组织转变也不同于平衡状态的组织转变，转变过程已向低温推移。同时，在快速冷却的条件下，共析成分也发生变化，甚至得到非平衡状态的伪共析组织。

这种组织转变特点也是因为奥氏体向铁素体或珠光体的转变是由扩散过程控制的结果。但应指出，由于奥氏体均质化程度受到焊接加热过程的影响，因而加热过程也会对冷却过程的组织转变产生影响，对此必须给予充分注意。否则，在分析具体问题时，可能得出不正确的结论。

（2）马氏体转变临界冷速发生变化。在焊接热循环的作用下，一方面，熔合线附近的晶粒因过热而粗化，增加了奥氏体稳定性，使淬硬倾向增大；另一方面，钢中的碳化物合金元素（如 Cr、Mo、V、Ti、Nb 等）只有充分溶解在奥氏体的内部，才能增加奥氏体的稳定性（即增加淬硬倾向）。很显然在热处理条件下，可以有充分的时间使碳化物合金元素向奥氏体内部进行溶解；而在焊接条件下，由于加热速度快、高温停留时间短，所以这些合金元素不能充分地溶解在奥氏体中，因此降低了奥氏体的稳定性，使淬硬倾向降低。

正是由于这两方面的共同作用，使冷却过程中马氏体转变的临界冷速发生变化，也促使焊接连续冷却组织转变图（焊接 CCT 图）上 M_s 点附近的曲线右移或左移。表 5-5 是 45 钢和 40Cr 钢在焊接和热处理时同样冷却速度条件下的组织百分比。

焊接和热处理条件下的组织分布　　表 5-5

钢 种	冷却速度 (℃/s)	组 织 百 分 比		
		铁素体	珠光体及中间组织	马氏体
45 钢	4	5(10)	95(90)	0(0)
	18	1(3)	9(70)	90(27)
	30	1(1)	7(30)	92(69)
	60	0(0)	2(2)	98(98)
40Cr	4	1(0)	24(5)	75(95)
	14	0(0)	10(2)	90(98)
	22	0(0)	5(0)	95(100)
	36	0(0)	0(0)	100(100)

注:1. 括号内数据为热处理时的百分比。

2. 中间组织包括索氏体、托氏体及贝氏体。

由图 5-28、图 5-29 和表 5-5 证明了上述的分析,45 钢在焊接条件下比在热处理条件下的 CCT 曲线稍向右移(主要考虑 M_s 附近)。说明在相同冷却速度的条件下,焊接时比热处理时的淬硬倾向大。如冷却速度为 30℃/s,焊接时可得到 92% 的马氏体,而热处理时只有 69% 的马氏体组织。

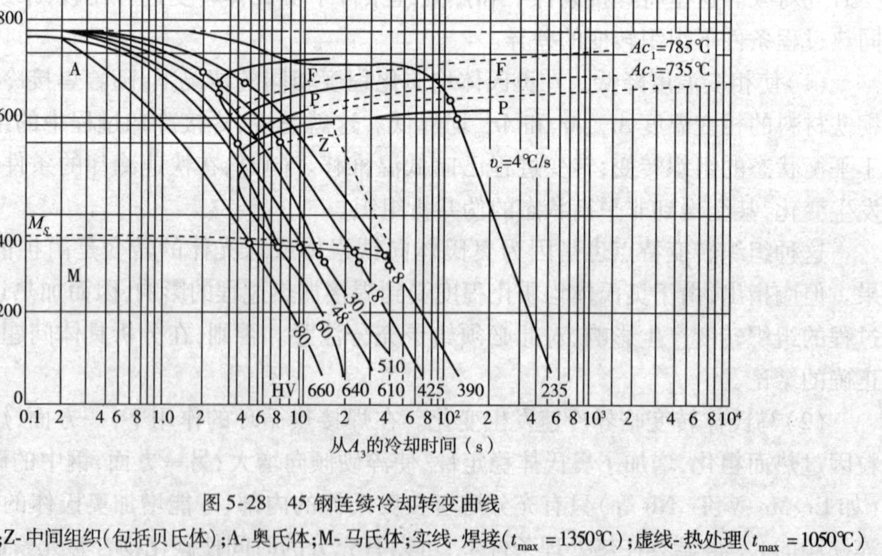

图 5-28　45 钢连续冷却转变曲线

F-铁素体;P-珠光体;Z-中间组织(包括贝氏体);A-奥氏体;M-马氏体;实线-焊接(t_{max} =1350℃);虚线-热处理(t_{max} =1050℃)

相反,40Cr 钢在焊接条件下的 CCT 曲线比热处理条件下的 CCT 曲线向左移动,也就是在同样冷却速度下焊接时比热处理时的淬硬倾向小。例如,焊接条件下当冷却速度为 36℃/s时,可得到 100% 的马氏体,而热处理条件下只要 22℃/s 即可得到 100% 的马氏体。

根据上述讨论,焊接条件下的组织转变特点不仅与等温转变不同,也与热处理条件下连续冷却组织转变不同。因此,不能机械地利用热处理条件下的相变理论来解决焊接条件下的组织转变问题。

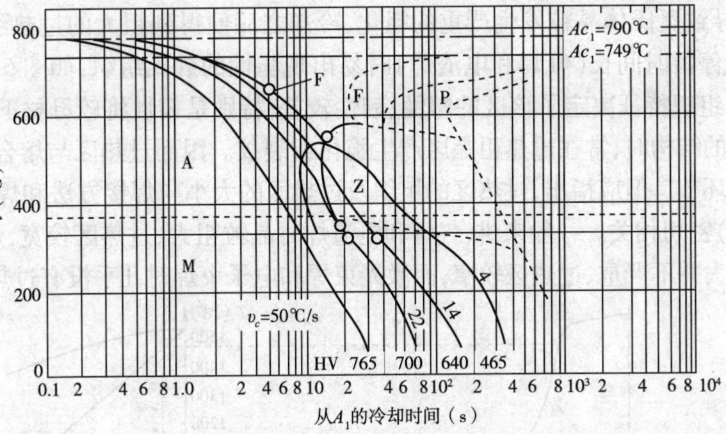

图 5-29　40Cr 钢连续冷却转变曲线

实线-焊接（t_{max} = 1350℃）；虚线-热处理（t_{max} = 840℃）

4. 热影响区组织的确定方法

由上述分析可知，由于焊接加热的高温性、瞬时性以及冷却的快速性，使焊接条件下的组织转变不仅与等温转变不同，而且与热处理条件下的连续冷却转变也不同。因此，必须采用焊接 CCT 图（连续冷却组织转变图）来分析和确定焊接热影响区的组织和性能。

焊接工作者十分重视这项工作，常在新钢种投产之前就测定出该钢种的 CCT 图，从而比较方便地查出在一定焊接工艺条件下焊接热影响区的组织和性能，并能作为选择焊接线能量、预热温度和制定焊接工艺的依据。但建立 CCT 图的工作比较复杂，需要作大量的实验工作。

二、焊接热影响区的组织特征

焊接热影响区上距焊缝远近不同的部位所经历的焊接热循环不同，因而不同部位就会产生不同的组织并具有不同的性能，于是整个焊接热影响区呈现出分布不均的组织和性能。同时，不同的钢材即使所经历的焊接热循环相同，其热影响区组织和性能的分布也会不同。因此，为了便于分析焊接热影响区的组织变化规律，可将钢材按淬硬倾向分为不易淬火钢和易淬火钢两大类型。

1. 不易淬火钢热影响区的组织分布

不易淬火钢包括常用的低碳钢和某些低合金钢，如 16Mn、15MnV、15MnTi 等。焊接接头各部位加热的峰值温度 t_{max} 随距焊缝距离的增加而降低，加热时各部位组织转变的情况取决于 t_{max}，如 t_{max} 达到 Ac_1 的部位开始发生 α→γ 相变，达到 Ac_3 的部位转变终了；峰值温度达到 Ac_3 +300℃，则晶粒急剧长大等。因此按照 t_{max} 之不同，可将冷轧态母材的焊接热影响区划分为过热区、完全重结晶区、不完全重结晶区及再结晶区组成，如图 5-30 所示。当母材为热轧态时，热影响区中没有再结晶区。

（1）过热区（粗晶区）。过热区紧邻熔合区，加热时的峰值温度在固相线以下到晶粒开始急剧长大温度范围内的区域（对于普通低碳钢来说，该温区约为 1100 ~ 1490℃）叫过热区。由于金属处于过热的状态,特别是在固相线附近,一些难溶的碳化物和氮化物质点也都溶入奥氏体,导致奥氏体晶粒发生严重的粗化,冷却之后便得到粗大的过热组织。甚至在热输入大或高温停留时间长(气焊和电渣焊)时易出现脆性的魏氏组织,如图 5-31a)所示。

过热区的组织特征决定了该区的塑性、韧性较差,特别是韧性将较母材下降 20% ~30%。焊接刚度较大的结构时,常在过热粗晶区产生脆化或裂纹。因而过热区与熔合区一样,都是焊接接头的薄弱环节。但应指出,过热区的组织及过热区的大小与焊接方法和焊接热输入(线能量和母材板厚)密切相关。一般来讲,气焊和电渣焊时晶粒粗大、过热区较宽,焊条电弧焊和埋弧焊时晶粒粗大并不严重、过热区较窄,而激光束焊和电子束焊时几乎没有过热区。

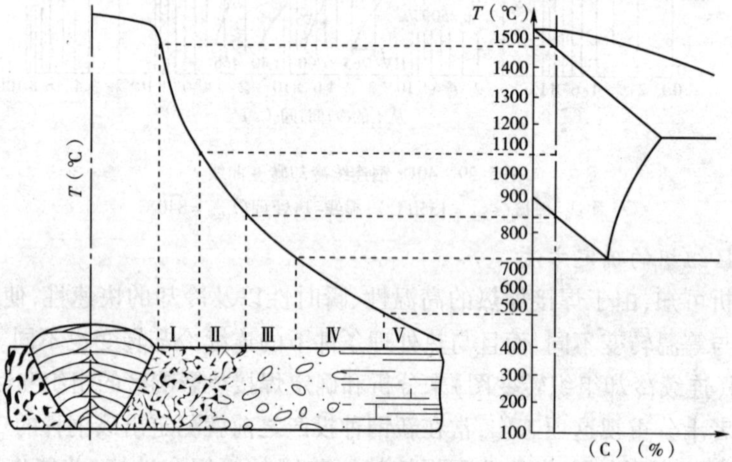

图 5-30　冷轧态不易淬火钢焊接热影响区的组织分布及其温度区间

Ⅰ-过热区;Ⅱ-完全重结晶区;Ⅲ-不完全重结晶区;Ⅳ-再结晶区;Ⅴ-母材

(2)完全重结晶区(正火区或细晶区)。该区的母材金属被加热到 Ac_3 至晶粒急剧长大的温度。对普通低碳钢来说,该温区约为 900 ~1100℃。该区金属在加热过程中,其中铁素体和珠光体将发生重结晶,全部转变为奥氏体。形成的奥氏体晶粒尺寸小于原铁素体和珠光体,然后在空气中冷却就会得到均匀而细小的珠光体和铁素体,如图 5-31b)所示,相当于热处理时的正火组织,故亦称正火区。由于组织得到显著细化,而且大小均匀,塑性和韧性均较好,具有较高的力学性能,甚至优于母材本身,因此完全重结晶区是热影响区中组织性能最佳的区段。

(3)不完全重结晶区(部分相变区或不完全正火区)。焊接时处于 Ac_1 ~ Ac_3 之间范围内的热影响区属于不完全重结晶区。因为处于 Ac_1 ~ Ac_3 范围内只有一部分组织发生了相变重结晶过程,成为晶粒细小的铁素体和珠光体,而另一部分是始终未能溶入奥氏体的剩余铁素体,由于未经重结晶仍保留粗大晶粒。所以此区特点是晶粒大小不一,组织不均匀,因此力学性能也不均匀,如图 5-31c)所示。

(4)再结晶区。焊前经过冷作硬化的钢板,在峰值温度介于 500 ~ Ac_1 之间的热影响区中会出现一个明显的再结晶区,其组织特征为等轴晶粒。再结晶不同于重结晶,其发生温度低于重结晶的相变温度。重结晶时,晶粒的晶体结构会发生变化,即从一种晶体结构转变为另一种晶体结构;而再结晶时,没有晶粒内部晶体结构的变化,只有晶粒外形发生变化,由冷作变形后拉长的晶粒变为再结晶后的等轴晶粒。

低碳钢再结晶区的组织为等轴的铁素体晶粒，它明显不同于母材冷作变形后的拉长的晶粒，因而再结晶区的强度和硬度都低于母材，但塑性和韧性都得到改善。

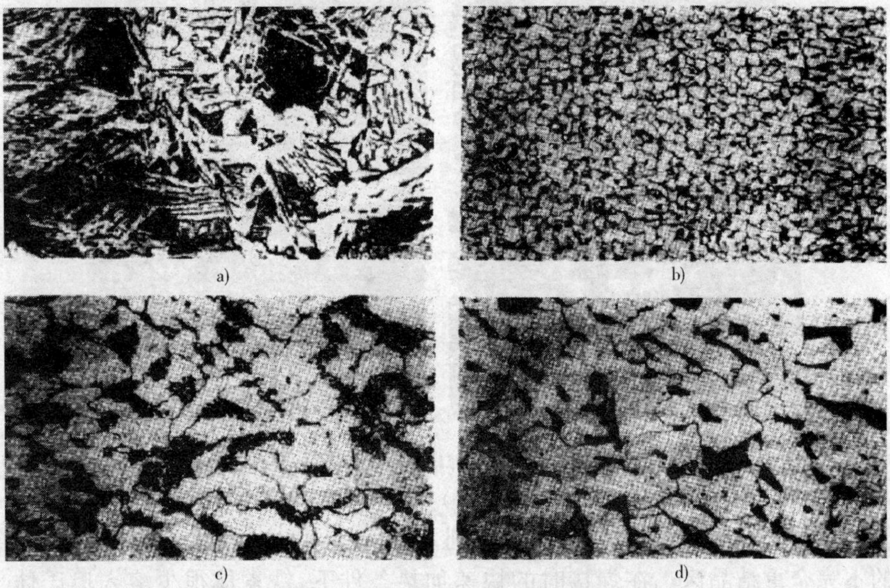

图 5-31　Q235A 钢焊接热影响区及母材的组织特征

a) 过热区；b) 完全重结晶区；c) 不完全重结晶区；d) 母材

2. 易淬火钢热影响区的组织分布

焊接淬硬倾向较大的钢种，如低碳调质钢（如 18MnMoNb）、中碳钢（45 钢）和中碳调质钢（如 30CrMnSi）等，其焊接热影响区的组织分布与母材焊前热处理状态有关，如图 5-32 所示。当母材焊前为调质状态时，热影响区由完全淬火区、不完全淬火区和回火区组成；当母材焊前是正火状态或退火状态，则焊后热影响区只由完全淬火区和不完全淬火区组成。

(1) 完全淬火区。焊接时热影响区处于 Ac_3 以上的区域，相当于不易淬火钢的过热区和正火区两部分。加热时，该区的铁素体和珠光体全部转变为奥氏体。由于这类钢的淬硬倾向较大，焊后冷却时很易得到淬火组织（马氏体），故称完全淬火区。在紧靠焊缝相当于低碳钢过热区的部位，由于晶粒严重粗化，故得到粗大的马氏体，如图 5-33a) 所示。而相当于正火区的部位则得到细小的马氏体，如图 5-33b) 所示。但在实际焊接接头中，由于焊接用钢一般淬硬性不会太高，并在实际施焊时注意选择恰当的热规范，加之该处的奥氏体均匀性差，故出现贝氏体、索氏体等正火组织的可能性更大，从而形成了与马氏体共存的混合组织。

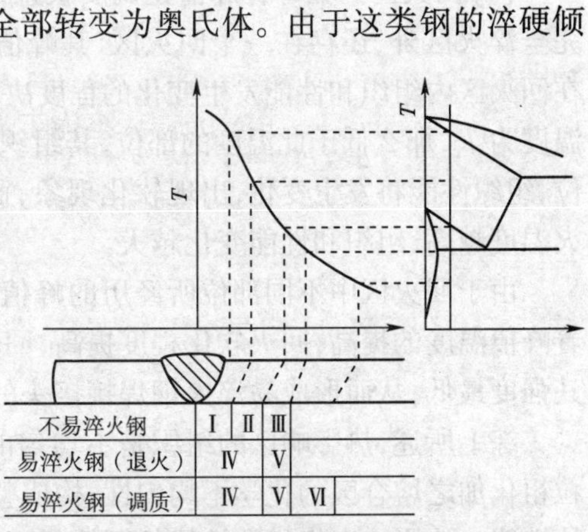

图 5-32　不同类型钢材焊接热影响区的组织分布

Ⅰ-过热区；Ⅱ-完全重结晶区；Ⅲ-不完全重结晶区；Ⅳ-完全淬火区；Ⅴ-不完全淬火区；Ⅵ-回火区

在完全淬火区内，过热区部分的粗大马氏体组织决定了该区具有较高的硬度、较低的塑性和韧性，并使该区成为易淬火钢焊接接头中性能较差、易于出现焊接缺陷的一个薄弱环节。因此，在分析焊接热影响区淬硬倾向和淬火倾向时，通常都以过热区部分为具体的研究对象。

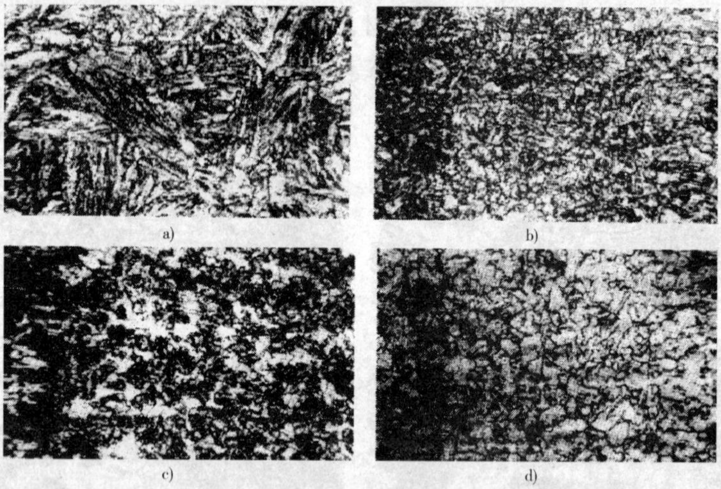

图 5-33　12Cr2MoWVTiB 钢焊接热影响区及母材的组织特征

a）过热区；b）正火区；c）不完全淬火区；d）母材

（2）不完全淬火区。该区是母材被加热到 $Ac_1 \sim Ac_3$ 温度之间的热影响区，它相当于不易淬火钢的不完全重结晶区。在焊接时的快速加热条件下，铁素体很少溶入奥氏体，而珠光体、贝氏体、索氏体等转变为奥氏体。在随后快速冷却过程中，奥氏体转变为马氏体，原铁素体保持不变，但有不同程度的长大，最后形成马氏体加铁素体的混合组织；当冷却速度较慢时，也可能形成铁素体与碳化物构成的中间体。因此，该区的组织特征是马氏体、铁素体以及中间体构成混合组织，如图 5-33c）所示，故称不完全淬火区。

在这种混合组织中，由于马氏体是由含碳量较高的奥氏体转变而来的，因而它属于高碳马氏体，具有又硬又脆的性质。因此，不完全淬火区的脆性也较大，韧性也较低，仅次于完全淬火区中的过热区。

（3）回火区。如母材焊前是调质状态，焊接热影响区的组织分布除存在完全淬火区和不完全淬火区外，还存在一个回火区，其峰值温度低于 Ac_1，但高于原来调质处理的回火温度。在回火区内组织和性能发生变化的程度决定于焊前调质的回火温度。如焊前调质时的回火温度为 T_t，那么低于此温度的部位，其组织性能不发生变化，如果热影响区高于此温度的部位，组织性能将发生变化，出现软化现象，而且该区焊前回火温度 T_t 越低，热影响区中的回火温度越高，组织和性能变化越大。

由于回火区中不同部位所经历的峰值温度不同，因而它们的回火软化程度也不同。随着峰值温度的提高，回火软化程度提高，回火区内峰值温度接近于 Ac_1 的部位软化程度最大，其强度最低，从而形成易淬火钢焊接接头的又一薄弱环节。

综上所述，热影响区的组织是不均匀的，因此，其性能必然也不均匀。其中过热区的晶粒粗化加之熔合区的化学不均匀性，构成整个焊接接头的薄弱区，而此区往往就决定了接头的性能。热影响区组织和性能的不均匀程度与母材的成分有关。低碳钢和淬硬倾向不大的低合金钢，其热影响区组织和性能的变化相对较小些。淬硬倾向较大的中碳钢和调质型的低合金钢，由于出现淬硬组织而脆化，并容易产生裂纹。

三、焊接热影响区的性能

根据前面的讨论可以知道，焊接热影响区的组织分布是不均匀的，因而在性能上也不均匀。焊接热影响区与焊缝不同，焊缝可以通过化学成分的调整再配合适当的焊接工艺来保证性能的要求。而热影响区性能不可能进行成分上的调整，它是在焊接热循环作用下才产生的不均匀性问题。对于一般焊接结构来讲，主要考虑热影响区的硬化、脆化、韧化、软化，以及综合的力学性能、抗腐蚀性能和疲劳性能等，这要根据焊接结构的具体使用要求来决定。

1. 焊接热影响区的硬度分布

焊接热影响区的硬度主要决定于被焊钢种的化学成分和冷却条件，其实质是反映不同金相组织的性能。一般情况下，随着硬度上升，钢的塑性、韧性下降，抗裂能力减弱。因此，热影响区中硬度最高的部位往往是焊接接头中的薄弱环节，而且最高硬度值越高，接头的综合力学性能就越低，产生裂纹等缺陷的可能性就越大。对大多数钢来说，最高硬度值大都出现在熔合线附近的热影响区处。图 5-34 为成分相当于 20Mn 的低合金钢单道焊缝接头热影响区硬度分布曲线，实测结果表明最高硬度值在熔合线附近，远离熔合线的部位，硬度值迅速降落，最后与母材趋于一致。掌握一个钢种焊接热影响区最高硬度的大小，对于预测其接头的力学性能及开裂的倾向有重要的意义。

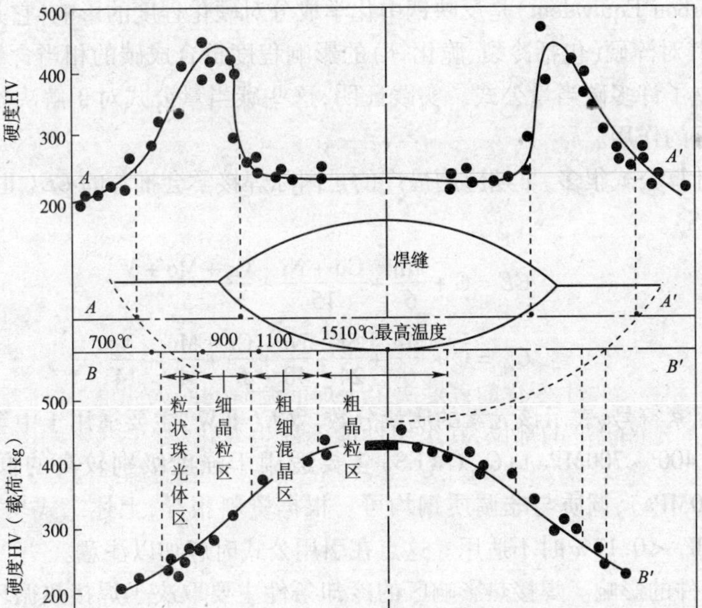

图 5-34　相当于 20Mn 成分的钢焊接热影响区硬度分布（$W_C = 0.2\%$，$W_{Mn} = 1.38\%$，$W_{Si} = 0.23\%$）

$\delta = 20mm$；$I = 170A$；$U = 25V$；$v = 150mm/min$

由于硬度试验比较方便，因此，常用热影响区的最高硬度 H_{max} 判断热影响区的性能，它可以间接预测热影响区的韧性、脆性和抗裂性等。近年来已把热影响区的 H_{max} 作为评定焊接性的重要指标。应当指出,即使是热影响区上的同一部位,也会因被焊母材的种类以及采用的焊接工艺的不同而得到不同的微观组织,从而引起硬度的变化,如表5-6所示。这与钢的含碳量,合金成分有关。例如高碳马氏体的硬度可达600HV,而低碳马氏体只有350~390HV。同时二者在性能上也有很大不同,前者属脆硬相(孪晶马氏体),后者硬度虽高,但仍有较好的韧性。

低合金钢焊接热影响区中过热区微观组织对硬度的影响　　表5-6

微观组织的体积分数(%)				硬度(HV)
铁素体	珠光体	贝氏体	马氏体	
10	7	83	0	212
1	0	70	29	298
0	0	19	81	384
0	0	0	100	393

(1)化学成分的影响。热影响区的硬化倾向,从根本上说取决于母材的化学成分,焊接工艺条件只是能否出现硬化的外界因素。首先是含碳量,它显著影响奥氏体的稳定性,对硬化倾向影响最大。含碳量越高,越容易得到马氏体组织。但马氏体数量增多,并不意味着硬度一定大。马氏体的硬度随含碳量的增高而增大。

碳当量(Carbon Equivalent)是反映钢中化学成分对硬化程度的影响,它是把钢中合金元素(包括碳)按其对淬硬(包括冷裂、脆化等)的影响程度折合成碳的相当含量。世界各国根据具体情况建立了许多碳当量公式。实践证明,这些碳当量公式对于解决本国的工程实际问题起到了良好的作用。

碳当量的计算公式很多,早期应用最广的是国际焊接学会推荐的CE(ⅡW)和日本焊接协会的C_{eq}(WES)。

$$CE = \mathrm{C} + \frac{\mathrm{Mn}}{6} + \frac{\mathrm{Cu}+\mathrm{Ni}}{15} + \frac{\mathrm{Cr}+\mathrm{Mo}+\mathrm{V}}{5}$$

$$C_{eq} = \mathrm{C} + \frac{\mathrm{Mn}}{6} + \frac{\mathrm{Si}}{24} + \frac{\mathrm{Ni}}{40} + \frac{\mathrm{Cr}}{5} + \frac{\mathrm{Mo}}{4} + \frac{\mathrm{V}}{14}$$

上式中的元素符号,表示该元素的质量分数。CE(ⅡW)主要适用于中等强度的非调质低合金钢($\sigma_b = 400 \sim 700\mathrm{MPa}$);$C_{eq}$(WES)主要适用于强度级别较高的低合金高强度钢($\sigma_b = 500 \sim 1000\mathrm{MPa}$),调质与非调质钢均可。根据资料报导,上述二式均仅适用于$W_C > 0.18\%$的钢种,$W_C < 0.17\%$时不适用。这点在引用公式时应加以注意。

(2)冷却条件的影响。焊接热影响区的冷却条件主要取决于焊接热循环特性。当延长$t_{8/5}$时间可以在一定程度上降低HAZ的硬化性;不过,却增大了高温持续时间t_H,不仅使晶粒粗化,而且易使第二相固溶,且使奥氏体中碳的均匀化程度增高,所有这些又都促使硬化性增大。

在同样冷速条件下,晶粒越粗大,越易于获得马氏体组织。因此应尽可能控制高温持续时间,使t_H越小越好。为此,必须减小焊接线能量,并适当降低预热温度。

(3)焊接热影响区的最高硬度H_{max}。采用热影响区最大硬度H_{max}作为一个因子来评价金属的焊接性(包括冷裂纹的敏感性),不仅反映了化学成分的作用,同时也反映了不同组织形态的作用。因此,不少国家结合本国的钢种,在大量实验的基础上建立了硬度计算公式。对于国产低合金钢,作为粗略估算,建立了如下公式:

$$H_{max} = 140 + 1089P_{cm} - 8.2t_{8/5}$$

2. 焊接热影响区的脆化

脆化是指材料韧性急剧下降,而由韧性转变为脆性的现象。焊接热影响区的脆化常常是引起焊接接头开裂和脆性破坏的主要原因。脆性材料往往在只有少量变形时即发生断裂,而且断裂过程所消耗的能量也比韧性材料少得多。因为破坏多为低应力突发性的,后果更为严重。

金属材料抗脆性断裂的能力的判据说冲击吸收功 A_k 或冲击韧度 a_k。冲击韧度 a_k 表示材料在冲击载荷作用下抵抗变形和断裂的能力。A_k 值的大小表示材料的韧性好坏。一般把 A_k 值低的材料称为脆性材料,A_k 值高的材料称为韧性材料。A_k 值取决于材料及其状态,同时与试样的形状、尺寸有很大关系。A_k 值对材料的内部结构缺陷、显微组织的变化很敏感,如夹杂物、偏析、气泡、内部裂纹、钢的回火脆性、晶粒粗化等都会使 A_k 值明显降低。材料的 A_k 值随温度的降低而减小,且在某一温度范围内,A_k 值发生急剧降低,这种现象称为冷脆,此温度范围称为“韧脆转变温度(VT_{rs})”。金属在 VT_{rs} 以上表现为韧性的;而低于该温度则表现为脆性的。一般来说,VT_{rs} 不仅可以表示材料在低温下的韧性,用来确定其最低工作温度,而且可以代表这种金属材料的脆化倾向。即金属材料的 VT_{rs} 越高,从韧性转变为脆性越容易,脆化倾向越大。

目前其脆化的形式有粗晶脆化、析出脆化、组织转变脆化、热应变时效脆化、氢脆以及石墨脆化等。下面主要讨论前四种脆化形成。

(1)粗晶脆化。在热循环的作用下,焊接接头的熔合线附近和过热区将发生晶粒粗化。其晶粒长大受到多种因素的影响,如钢种的化学成分、组织状态、加热温度和时间等。晶粒粗大严重影响组织的脆性。一般来讲,晶粒越粗,则脆性转变温度越高,脆化越严重。如图5-35所示为脆性转变温度 VT_{rs} 与晶粒直径 d 的关系。

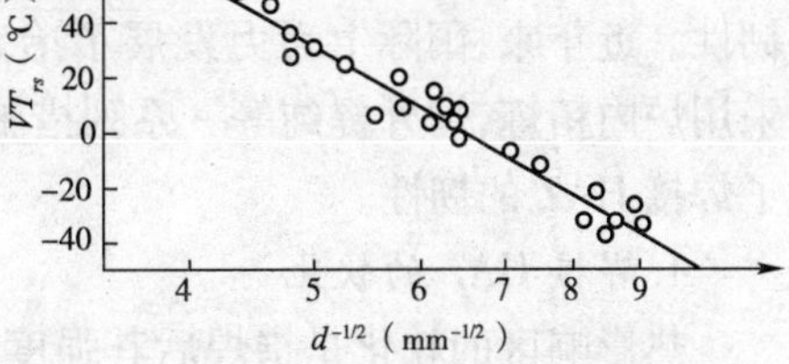

图5-35　晶粒直径d对脆性转变温度 VT_{rs} 的影响

HAZ的粗晶脆化与一般单纯晶粒长大所造成的脆化不同,它是在化学成分、组织状态不均匀的非平衡态条件下形成的,故而脆化的程度更为严重。它常常与组织脆化交混在一起,是两种脆化的叠加。但对不同的钢种,粗晶脆化的机制有所不同。对于淬硬倾向较小的钢,粗晶脆化主要是晶粒长大所致,而对于易淬火钢,则主要是由于产生脆性组织所造成(如孪晶马氏体、非平衡态的粒状贝氏体,以及组织遗传等)。

(2)析出脆化。某些金属或合金在焊接过程中,由于经历了快速加热与冷却的作用,其热影响区组织处于非平衡态。在时效或回火过程中,其过饱和固溶体中将析出碳化物、氮化物、金属间化合物及其他亚稳定的中间相等。由于这些新相的析出,而使金属或合金的强度、硬度和脆性提高,这种现象称为析出脆化。一般强度和硬度提高并不一定发生脆化(如时效马氏体钢)，但发生脆化必然伴随强度和硬度的提高。

(3)组织脆化。焊接HAZ中由于出现脆硬组织而产生的脆化称之组织脆化。对于常用的低碳低合金高强钢，焊接HAZ的组织脆化主要是M—A组元、上贝氏体、粗大的魏氏组织等所造成。但对含碳量较高的钢(一般 $W_C \geq 0.2\%$)，则组织脆化主要是高碳马氏体。

M—A组元是焊接高强钢时在一定冷却速度下形成的。它不仅出现在热影响区，也出现在焊缝中。M—A组元是在粗大铁素体的基底上，由于先形成铁素体，而使残余奥氏体的碳浓度增高，连续冷却到400~350℃时，残余奥氏体的碳浓度可达0.5%~0.8%，随后这种高碳奥氏体可转变为高碳马氏体与残余奥氏体的混合物，即M—A组元。一旦出现M—A组元，脆性倾向显著增加，即脆性转变温度 VT_{rs} 显著升高。

(4)HAZ的热应变时效脆化。在制造过程中要对焊接结构进行加工，如下料、剪切、冷弯成型、气割、焊接和其他热加工等。由这些加工引起的局部应变、塑性变形对焊接HAZ脆化有很大的影响，由此而引起的脆化称为热应变时效脆化(Hot Straining Embrittlement，HSE)。

3. 焊接HAZ的韧化

焊接HAZ在组织和性能上是一个非均匀体，特别是熔合区和粗晶区易产生脆化，是整个焊接接头的薄弱地带。因此，应采取措施提高焊接HAZ的韧性。但HAZ的韧性不可能像焊缝那样，利用添加微量合金元素的方法加以调整和改善，而是材质本身所固有的，故只能通过提高材质本身的韧性和某些工艺措施在一定范围内加以改善。根据研究，HAZ的韧化可采用以下两方面的措施。

(1)控制组织。对于低合金钢，应控制含碳量，使合金元素的体系为低碳微量多种合金元素的强化体系。这样，在焊接的冷却条件下，使HAZ分布有弥散强化质点，在组织上能获得低碳马氏体、下贝氏体和针状铁素体等韧性较好的组织。另外，应尽量控制晶界偏析。

(2)韧化处理。提高焊接HAZ韧性的工艺途径很多。对于一些重要的结构，常采用焊后热处理来改善接头的性能。但是对一些大型而复杂的结构，即使要采用局部热处理也是困难的。合理制定焊接工艺，正确地选择焊接线能量和预热、后热温度是提高焊接韧性的有效措施。

此外，还有许多能提高HAZ韧性的途径。如细晶粒钢(利用微量元素弥散强化、固熔强化、控制析出相的尺寸及形态等)采用控轧工艺，进一步细化铁素体的晶粒，也会提高材质的韧性。近年来，国际上大力发展了冶金精炼技术，使钢中的杂质(S、P、O、N等)含量极低。采用炉内精炼，炉外提纯等一系列措施，从而得到高纯净钢，使钢材的韧性大为提高，也提高了焊接HAZ的韧性。

4. 焊接HAZ的软化

热影响区的软化是指焊后其强度、硬度低于焊前母材的现象。这种现象主要出现在焊前经过淬火+回火的钢中。软化部位在回火区(加热温度为 $t_{回} \sim Ac_1$ 的部位)。

冷作强化或热处理强化的金属或合金，在焊接热影响区一般均会产生不同程度的失强现象，最典型的是经过调质处理的高强钢和具有沉淀强化及弥散强化的合金，焊后在热影响区产生的软化或失强。冷作强化金属或合金的软化，则是由再结晶引起的。热影响区软化或失强对焊接接头力学性能的影响相对较小，但却不易控制。

(1)调质钢焊接时HAZ的软化。焊接调质钢时，HAZ的软化程度与母材焊前的热处理状态有关。钢经过淬火处理后，在回火过程中随着回火温度的提高强度与硬度逐渐下降，在回火区焊接加热温度超过了焊前回火温度，相当于提高了回火温度，强度必然比焊前低。焊前回火温度越低，强度下降的幅度越大。母材焊前是退火状态时，不存在软化现象，如图5-36所示。

(2)热处理强化合金焊接的软化。强化合金(如镍合金、铝合金和钛合金等)在焊接HAZ会出现强度下降的现象，即所谓"过时效软化"。焊接LD2(Al－Mg－Si－Cu合金)时，热影响区温度300～430℃范围内有明显的软化现象，如图5-37所示。

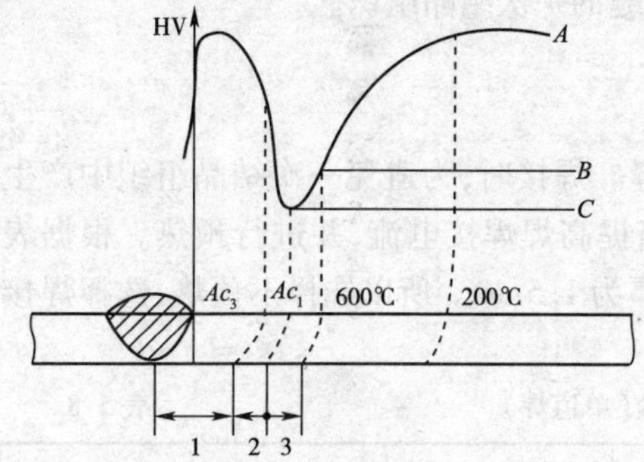

图5-36 调质钢焊接热影响区的硬度分布
A-焊前淬火+低温回火；B-焊前淬火+高温回火；C-焊前退火；1-淬火区；2-部分淬火；3-回火区

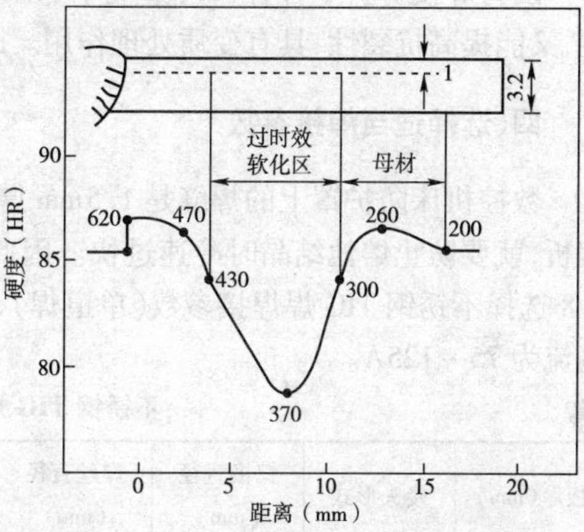

图5-37 LD2铝合金HAZ的软化现象(HR为表面洛氏硬度，自动TIG焊)

采用小的焊接线能量，进行多层焊，并保持较低的层间温度(如70℃)，则有利于减小强化相的析出聚集，故可降低强化合金焊接HAZ的软化倾向。

【任务实施】 奥氏体不锈钢焊缝的组织和偏析控制

一、任务提出

如图5-38所示，数控机床防护罩由(1.5mm厚)奥氏体不锈钢制成，为防止其焊接变形过程中一次结晶过程产生偏分析，制定了以下相关工艺措施。

二、正确选择焊接方法

焊接方法选择TIG焊，这是因为TIG焊的电弧能量密度较高，并且氩气保护效果好，不会发生氧化还原等复杂的冶金反应，只是发生金属的重熔。

图5-38 数控机床防护罩

三、正确选择焊接材料

通过控制碳、硫、磷含量可控制显微偏析，因此选择低碳、低硫、低磷的焊接材料TGS－308L焊丝。其碳的质量分数为0.013%，在0.08%以下，因此含量极低；硫、磷的质量分数≤0.030%。这样使其偏析程度很小。其熔敷金属化学成分,见表5-7。

TGS-308L 焊比的熔敷金属化学成分 表5-7

牌 号	化学成分(质量分数)(%)									
	C	Si	Mn	P	S	Ni	Cr	Mo	Cu	Nb
TGS-308L	0.013	0.43	1.86	0.023	0.002	9.95	19.85	0.05	0.07	

因为焊接材料中含有Mo、Nb等,可以细化晶粒,得到细晶组织,从而既可保证强度和塑性,又能提高抗裂性,具有变质处理作用。改善了焊缝的一次结晶组织。

四、选择适当焊接参数

数控机床防护罩上的焊缝是1.5mm厚板角焊缝。焊接时,为避免一次结晶组织中产生偏析,就要防止熔池结晶时冷速过快。因此,可适当提高焊焊接电流,并进行预热。根据表5-8选择不锈钢TIG焊焊接参数(单道焊),因为板厚为1.5mm。所以选择不预热、选择焊接电流为75~125A。

不锈钢 TIG 焊焊接参数(单道焊) 表5-8

板厚(mm)	接头形式	钨极直径(mm)	焊丝直径(mm)	气体流量(L/min)	焊接电流(A)直流正接	焊接速度(cm/min)
0.8	对接	1.0	1.6	5	20~50	66
1.0	对接	1.6	1.6	5	50~80	56
1.5	对接	1.6	1.6	7	65~108	30
1.5	角接	1.6	1.6	7	75~125	25

五、正确控制操作

为避免在焊缝末端及焊道中间熄弧时产生弧坑裂纹,收弧时要减小焊枪与工件的夹角,加大焊丝熔化量,填满弧坑。接头方法是在弧坑右侧15~20mm处引弧并慢慢向左移动,等弧坑开始熔化并形成熔池和熔孔后,继续送丝焊接。如果有缺陷,要处理完后方能进行焊接。

思考与练习 SIKAOYULIANXI

1. 根据焊缝凝固的条件,分析焊缝与铸锭凝固组织的相同点和不同点。
2. 什么叫联生共晶?它给焊接带来哪些优点?
3. 焊缝的偏析有哪些?它们形成的原因是什么?
4. 根据生产实习中的实践,指出常用哪些方法改善焊缝组织?效果如何?

5. 熔合区是怎样形成的？它为什么有时会成为整个接头的薄弱环节？
6. 焊接热影响区分为几个区？这几个区是根据什么来划分的？为什么？
7. 什么是热影响区的脆化？主要存在哪几种脆化？
8. 什么是热影响区的软化？软化现象主要发生在哪种材料中？
9. 母材焊前热处理状态对热影响区的力学性能的主要影响是什么？
10. 改善热影响区性能的途径有哪些？

模块六　焊接冶金缺陷的产生与防止

学习目标

1. 熟悉焊接冶金缺陷的种类；
2. 掌握焊接气孔产生的机理；
3. 掌握焊接裂纹产生的机理。

能力目标

1. 了解结晶裂纹的产生与防止；
2. 进行焊接冷裂纹产生原因的分析与防止；
3. 通过焊接实践，尝试分析焊接气孔产生的原因及防止措施。

优质的焊接接头应具备两个条件：一是性能不低于母材；二是没有技术条件中规定不允许存在的缺陷。而焊接过程中，在焊接接头中产生的金属不连续、不致密或连接不良的现象，叫作焊接缺陷。通过本模块的学习，了解焊接冶金缺陷的类型、特征及对焊缝金属的影响，熟悉焊接冶金缺陷生成规律，掌握焊接冶金缺陷的影响因素和防止措施。

任务一　焊接冶金缺陷的种类

焊接缺陷的种类很多，有些是因施焊中操作不当或焊接参数不正确所造成，如咬边、烧穿、焊缝尺寸不足、未焊透等；有些是由于化学冶金、凝固或固态相变过程的产物而造成的，如气孔、夹杂和裂纹等。这些缺陷与母材、焊接材料的化学成分有密切关系，因此称之为焊接冶金缺陷。

一、焊缝中的气孔

焊缝中常出现各式各样的气孔。气孔的分布也不同，有时出现在焊缝表面，有时在焊缝的根部，有时以弥散状分布在整个焊缝的断面上。焊缝中产生气孔的根本原因是由于高温时金属溶解了较多的气体，如CO、H_2O等，这些气体在焊缝凝固过程中来不及逸出时就会产生气孔。根据气孔产生的原因，气孔可分为两类：析出型气孔和反应型气孔。

1. 析出型气孔

析出型气孔是在冷却及凝固过程中因气体在液、固金属中的溶解度差造成过饱和状态的气体来不及从液面析出所形成的气孔。氢气孔和氮气孔都属于析出型气孔。

2. 反应型气孔

反应型气孔是焊接熔池中由于冶金反应产生不溶于液态金属的CO、H_2O而生成的气孔,包括 CO 气孔和 H_2O 气孔。

二、焊缝中的夹杂

常见的金属夹杂物有氧化物、硫化物和氮化物三类。

1. 氧化物夹杂

焊接金属材料时,氧化物夹杂是普遍存在的。在手工电弧焊和埋弧自动焊低碳钢时,氧化物夹杂主要是 SiO_2、MnO、TiO_2、Al_2O_3 等,一般多以硅酸盐的形式存在。

2. 硫化物夹杂

硫化物夹杂主要来源于焊条药皮或焊剂,经冶金反应转入熔池的。但也有时是由于母材或焊丝中含硫量偏高而形成的硫化物夹杂。

3. 氮化物夹杂

氮的主要来源是空气,只有在焊接时保护不良的情况下才会出现较多的氮化物夹杂。焊接低碳钢和低合金钢时,氮化物夹杂主要是 Fe_4N。Fe_4N 是焊缝在时效过程中由过饱和固溶体中析出的,并以针状分布在晶粒或贯穿晶界。由于 Fe_4N 是一种很硬很脆的化合物,当其在焊缝金属中的含量较高时,会使焊缝的硬度提高,塑性和韧性下降。

三、焊缝中的裂纹

裂纹在焊接生产中比较常见,也是危害性最大的缺陷,对产品的制造质量与使用性能都有很大的影响,有时还会酿成严重的事故。据统计,世界上焊接结构所出现各种事故中,除少数是由于设计不当、选材不合理和运行操作上的问题之外,绝大多数是由裂纹而引起的脆性破坏。因此,裂纹是引起焊接结构发生破坏事故的主要原因。

1. 裂纹的危害

裂纹的种类繁多,产生的条件和原因各不相同。有些裂纹在焊后立即产生,有些在焊后延续一段时间才产生,甚至在使用过程中,在一定的外界条件诱发下产生。裂纹即出现在焊缝和热影响区的表面,也产生在焊接接头内部,对焊接接头的危害有以下几个方面:

(1)减少了焊接接头的有效工作截面,降低焊接结构的承载能力。

(2)造成严重的应力集中,既降低结构的疲劳强度,又容易引发结构的脆性破坏。

(3)造成泄漏。用于承受高温高压的焊接锅炉或压力容器,用于盛装或输送有毒的、可燃的气体或液体的各种储罐和管道等,若有穿透性裂纹,必然发生泄漏,这在工程上是绝不允许的。

(4)表面裂纹能藏污纳垢,造成或加速结构的腐蚀。

(5)留下隐患,使结构变得不可靠。延迟裂纹产生的不定期性,以及微裂纹和内部裂纹易于漏检。漏检的裂纹即使很小,在一定条件下会发生扩展,增加了焊接结构在使用中的潜在危险,若无法监控便成为极不安全的因素。

2. 裂纹的分类及其特征

在焊接生产中,由于钢种和结构的类型不同,可能出现各种裂纹,如图 6-1 所示。裂纹的形态和分别特征都是很复杂的,有焊缝的表面裂纹、内部裂纹,有热影响区的横向、纵向裂纹,有焊缝和焊道下的深埋裂纹,也有在弧坑处出现的弧坑(火口)裂纹。

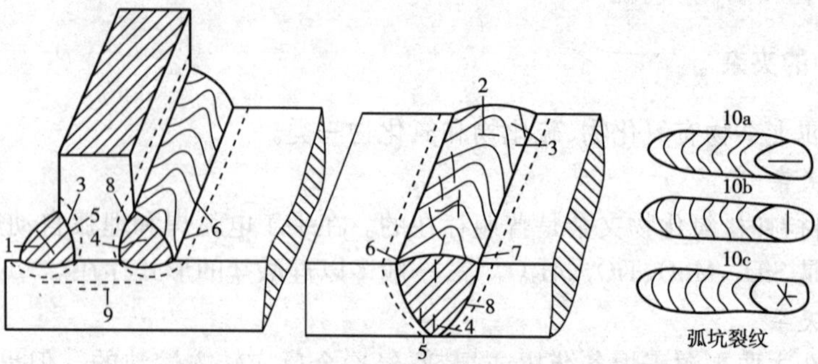

图6-1　焊缝裂纹分布示意图

1-焊缝中的纵向裂纹(结晶裂纹);2-焊缝中的横向裂纹(延迟裂纹);3-熔合区附近的横向裂纹(延迟裂纹);4-焊缝根部裂纹(延迟裂纹、热应力裂纹);5-焊缝区根部裂纹(延迟裂纹);6-焊趾处纵向裂纹(延迟裂纹);7-焊趾处纵向裂纹(多为液化裂纹);8-焊道下裂纹(延迟裂纹、液化裂纹、高温地塑性裂纹);9-层状撕裂;10a-弧坑纵向裂纹;10b-弧坑横向裂纹;10c-弧坑星形裂纹

裂纹有时出现在焊接过程中,有时出现在放置或运行过程中,即所谓延迟裂纹。延迟裂纹在生产中无法检测,危害性就更加严重。

裂纹可以分为几大类:

(1)热裂纹。热裂纹是在焊接过程中,焊缝和热影响区金属冷却到固相线附近的高温区产生的,故称热裂纹(Hot Cracking),它的特征是沿奥氏体晶界开裂。

根据所焊金属的材料不同,产生热裂纹的形态、温度区间和主要原因也各不相同。热裂纹可分为结晶裂纹、液化裂纹和多边化裂纹。

(2)冷裂纹。冷裂纹(Cold Cracking)是焊接生产中较为普遍的一种裂纹,是焊后冷却至较低温度(甚至是室温)下产生的。冷裂纹主要发生在低合金钢、中合金钢、中碳和高碳钢的焊接热影响区,少量情况在焊接高强钢或某些钛合金时,发生在焊缝上。

根据被焊钢种和结构的不同,冷裂纹大致可分为延迟裂纹、淬硬脆化裂纹、低塑性脆化裂纹三大类。

(3)层状撕裂。层状撕裂(Lamellar Tear),是在建造大型采油平台和厚壁压力容器的过程中,出现平行于轧制方向的阶梯形裂纹。

层状撕裂是由于轧制钢材的内部存在不同程度的分层夹杂物(特别是硫化物、氧化物夹杂),在焊接时产生的垂直于轧制方向的应力,致使焊接热影响区附近或稍近的地方,产生呈“台阶”形的层状开裂,并可沿晶或穿晶扩展,造成整个焊接接头的失效。

(4)应力腐蚀裂纹。应力腐蚀裂纹(Stress Corrosion Cracking),又称SCC裂纹,是焊接构件,如容器、管道等,在腐蚀介质和拉伸应力的共同作用下(包括工作应力和残余应力)产生的一种延迟破坏的现象。其特征是形态如同枯干的树枝,从焊件表面向深处发展。SCC裂纹多发生在焊接低碳钢、低合金钢、不锈钢、铝合金和镍基合金等的焊缝上或焊接热影响区,且沿晶或穿晶开裂。

综上所述,焊缝中裂纹的产生机理及特征各不相同,焊件材质、接头形式、焊件厚度、环境温度、焊后热处理等都会影响裂纹的产生。表6-1总结了裂纹的基本分类,每种裂纹的基本特征、敏感的温度区间、焊件材料、产生位置和裂纹走向。

各种裂纹分类表及基本特征　　　　表6-1

裂纹分类		基本特征	敏感的温度区间	焊件材料	位置	裂纹走向
热裂纹	结晶裂纹	在结晶后期，由于低熔点共晶物形成的液态薄膜减弱了晶粒间的结合，在拉应力作用下发生开裂	在固相线温度以上稍高的温度（固液状态）	碳钢、低合金钢、奥氏体钢、镍基合金及铝	焊缝上	沿奥氏体晶界
	多边化裂纹	在高温和应力作用下，已凝固的结晶前沿，晶格缺陷发生移动和聚集，形成二次边界，它在高温处于低塑性状态，在应力作用下产生的裂纹	固相线以下再结晶温度	纯金属及单相奥氏体合金	焊缝上，少量在HAZ	沿奥氏体晶界
	液化裂纹	在焊接热循环峰值温度的作用下，在HAZ和多层焊的层间发生重熔，在应力作用下发生裂纹	固相线以下稍低温度	含S、P、C较多的镍铬高强钢、奥氏体钢、镍基合金	HAZ及多层焊的层间	沿晶界开裂
再热裂纹		厚板焊接结构消除应力处理过程中，在HAZ的粗晶区存在不同程度的应力集中时，由于应力松弛所产生附加变形大于该部位的蠕变塑性，则发生再热裂纹	600 ~ 700℃回火处理	含沉淀强化元素的高强钢、珠光体钢、奥氏体钢、镍基合金	HAZ的粗晶区	沿晶界开裂
冷裂纹	延迟裂纹	在淬硬组织、氢和拘束应力的共同作用下而产生的具有延迟特征的裂纹	在M_s点以下	中、高碳钢，低、中合金钢，钛合金等	HAZ，少量在焊缝	沿晶或穿晶
	淬硬脆化裂纹	由淬硬组织、焊接应力作用下产生的裂纹	M_s点附近	含碳的NiCr—Mo钢、马氏体不锈钢、工具钢	HAZ，少量在焊缝	沿晶或穿晶
	低塑性脆化裂纹	在较低温度下，由于被焊材料的收缩应变，超过材料本身的塑性极限而产生的裂纹	在400℃以下	铸铁、堆焊硬质合金	HAZ及焊缝	沿晶及穿晶
层状撕裂		由于钢板内部沿轧制方向存在有分层的夹杂物，在焊接时产生的垂直于轧制方向的应力，致使在HAZ或稍远的地方，产生"台阶"式层状开裂	约400℃以下	含有杂质的低合金高强钢厚板结构	HAZ附近	穿晶或沿晶
应力腐蚀裂纹		容器和管道等焊接结构在腐蚀介质和应力的共同作用下产生的延迟开裂	任何工作温度	碳钢、低合金钢、不锈钢、铝合金等	焊缝和HAZ	沿晶或穿晶开裂

任务二　气　　孔

气孔是焊接生产中经常遇到的一种缺陷，它是由于焊接过程中熔池内的气泡在焊缝凝固时未能及时逸出而残留下来所形成的空穴。在焊接生产中遇到气孔问题是十分普遍的，几乎从碳钢到高合金钢、有色金属都有产生气孔的问题。例如：焊条、焊剂烘干不足，被焊金属盒焊丝表面有锈、油污或其他杂质，焊接工艺不够稳定（电弧电压偏高、焊速太大和电流大小等），以及焊接区保护不良等都会不同程度地出现气孔。焊缝中的气孔不仅会削弱焊缝的有效工作截面，同时带来应力集中，从而降低焊缝金属的强度和韧性，对动载强度和疲劳强度更为不利。在个别情况下,气孔还会引起裂纹。因此,防止气孔是焊接生产中的重要内容。

一、气孔的形成原因

1. 氢气孔

在低碳钢和低合金钢焊缝中,氢气孔大都出现在焊缝的表面上,如果焊条药皮中含有较多的结晶水,使焊缝中的氢含量过高,或在焊接铝、镁合金时,氢气孔也会出现在焊缝内部。气孔的断面现在呈螺钉状,在焊缝的表面上看呈喇叭口形,气孔的四周有光滑的内壁。

氢主要来自焊条或焊剂中的有机物、结晶水或吸附水,母材和焊丝表面的油污和空气中的水汽等。根据保护方法不同,氢溶入金属中的方式也有两种:在熔渣保护的条件下,熔渣本身具有一定的溶解氢的能力,溶解在熔渣中的氢大都以 OH^- 的形式存在,OH^- 与 Fe^{2+} 通过交换电子产生氢原子进入液体金属;在气体保护焊时,气体中的氢与金属接触后直接以原子或质子形式溶入,可以如下方程式表示:

$$Fe + H_2O = FeO + H_2$$

$$3FeO + H_2O = Fe_3O_4 + H_2$$

氢溶入的多少与温度和金属的状态有关。氢在固态铁中溶解度小于 0.6mL/100g,1350℃为 10.1 mL/100g,由固态转变为液态时,氢的溶解度骤然上升,2400℃时最大为 43 mL/100g。氢在不同晶格类型的金属中溶解度也不相同,在面心立方晶格的金属中的溶解度大于体心立方晶格。液态铁转变为 δ - Fe 时,溶解度突然下降,从 32mL/100g 降至 10mL/100g。如果熔池中已吸收了较多的氢,同时冷却速度又比较快,在凝固过程中必然伴随着氢由固相向液相扩散,而使液相中氢达到过饱和状态,从而为氢气孔的产生创造了必要条件。

熔池结晶过程中,当固液两相并存时,由于固液两项溶解度的差异,氢在结晶前沿会发射聚集,特别是相邻树枝晶之间凹谷部位,随液相的减少熔池底部的浓度不断增加,当浓度达到不能维持过饱和状态时,气泡就会产生。

2. 氮气孔

氮气孔多出现在焊缝表面,多数情况下是成堆出现,与蜂窝相似。焊缝中氮的来源主要是由于保护不好而有较多的空气侵入焊接区所致。

3. CO 气孔

焊接碳钢时,由于冶金反应产生了大量的 CO,在结晶过程中来不及逸出而残留在焊缝内部形成气孔。CO 气孔一般沿结晶方向分布,像条虫状卧在焊缝内部。

焊接碳钢时,当液态金属中的碳含量较高而脱氧不足时,会发生如下冶金反应,生成 CO:

$$[C] + [O] = CO$$

$$[FeO] + [C] = CO + Fe$$

$$[MnO/SiO_2] + [C] \rightarrow CO + [Mn/Si]$$

这些反应若发生在熔滴过渡过程中,固熔池温度高,产生的 CO 气体就会以气泡的形式从熔池中高速逸出,引起飞溅,但不会形成气孔。

若发生在熔池里熔渣与金属相互作用过程中,焊接热源离开以后,熔池开始凝固,由于铁碳合金溶质浓度偏析(先结晶的较纯,后结晶的溶质浓度偏高,杂质多)的结果,使熔池中各种氧化物和碳的浓度在某些局部的地方偏高，生成更多的 CO 气体。而与此同时，结晶过程中熔池金属的浓度不断增大，产生的 CO 就不易逸出，很容易“围困”在晶粒之间，特别是在树枝晶凹陷最低处产生的 CO 不易逸出，便产生了条虫状气孔。

4. H_2O 气孔

焊接铜时形成的 Cu_2O，在 1200℃以上能溶于液态铜，但当温度降低到 1200℃以下时，它将逐渐析出，并与溶解于铜中的氢发生反应：

$$[Cu_2O]+2[H]=2[Cu]+H_2O(\text{气体})$$

形成的 H_2O 不溶于液态铜，是焊接铜时产生气孔的主要原因。

焊接镍时，与铜类似，也会有产生水汽的反应，如下式：

$$[Ni_2O]+2[H]=2[Ni]+H_2O(\text{气体})$$

H_2O 不溶于液态镍，是焊接镍时产生气孔的主要原因。

二、焊缝中气孔形成的机理

焊接时气孔的形成，是由于在熔池内部产生的气体的析出，在一定条件下发生聚集而形成气泡，气泡长大到一定程度便会上浮，如果气泡受到熔池内部结晶的阻碍，就可能被留在焊缝内部而形成气孔。所以，产生气孔的过程可分为三个阶段：气泡的生核、气泡的长大和气泡的逸出。

1. 气泡的生核

气泡生核至少需要具备以下两个条件：

(1)液态金属中有过饱和的气体。焊接过程中熔池金属可以获得大量的气体，如氢、氮、CO 等，为气泡生核提供必要条件。

(2)生核要有能量消耗。如有现成表面时，可大大降低能量消耗。研究证明，在纯的液态金属中气泡生核的可能性极小，然而在焊接熔池中存在大量现成表面(如分布不均匀的溶质质点，熔渣与液态金属的接触表面，特别是熔池底部成长的树枝状晶粒)，产生气泡比较容易。因此焊接过程中，在熔池中树枝状晶相邻的凹陷处和母材金属尚未熔化晶粒的界面上最容易形成气泡，且气泡核与现成表面的浸润角越大，形成气泡所需的能量最小。

2. 气泡的长大

当焊接熔池中有气泡核形成后，就会继续长大，气泡长大应满足两个条件：

(1)气泡的内压足以克服其所受的外压，即：

$$P_g>P_a+P_c$$

式中：P_g——气泡内部压力；

P_a——大气压；

P_c——表面压力所构成的附加压力。

(2)长大要有足够的速度，以保证熔池凝固前达到一定的尺寸，即：

$$P_g>P_a+P_c=1+\frac{2\sigma}{r_c}$$

式中：σ——金属与气体间的表面张力；

r_c——气泡半径。

气泡开始形成时体积很小,但附加压力 P_c 很大,在这种情况下,气泡很难长大。但当气泡依附于某些现成表面形核时,呈椭圆形,半径比较大,P_c 值大大减小,具备气泡核长大的条件。同时形核表面对气体有吸附作用,使局部的气体浓度大大提高,缩短了气泡长大所需的时间,为气泡长大提供了条件。

3. 气泡的逸出

气泡形核以后,在熔池金属中经过一个短暂的长大过程,便从液态金属中向外逸出。焊接时形成的气泡大多数是形成于形核表面上的,因此,气泡的逸出实际上包括脱离形核表面和向上浮出两个过程。

(1)气泡脱离现成表面。气泡脱离形核表面的能力与气泡和表面的接触情况有关,如图 6-2 所示。若气泡与现成表面呈锐角接触时,即 $\theta < 90°$ 时,气泡尚未成长到很大尺寸,便完全脱离形成表面(图 6-2a)。因此焊接过程中形成的气泡容易脱离,有利于气泡的逸出,不容易形成气孔。若气泡与现成表面呈钝角接触时,即 $\theta > 90°$ 时,气泡长大过程中有细颈出现,当气泡长大到脱离现成表面时,仍会残留一个不大的透镜状的气泡核,它可以作为新的气泡核心(图 6-2b)。这时,若焊接时焊缝冷却速度太快,气泡便来不及溢出而形成气孔。

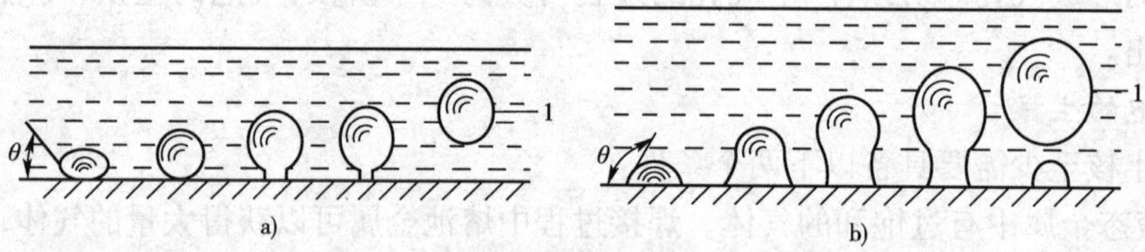

图 6-2 气泡脱离形核表面示意图

a) $\theta < 90°$;b) $\theta > 90°$

1-气泡

(2)气泡向上浮出。由于气体密度远远小于熔池金属,气泡脱离形核表面后便会向上浮出。熔池的冷却速度、气泡半径、熔池中熔融金属的密度及黏度都会影响气泡的浮出。

熔池的冷却速度对气泡浮出有重要影响,如图 6-3 所示。当熔池冷却速度较慢时,气泡生核后可以有充分的时间脱离形核表面并逸出,从而得到无气孔的焊缝(图 6-3a)。反之,当熔池冷却速度较快时,气泡生核后脱离形核表面的难度很大,也有可能来不及溢出而在焊缝中形成气孔(图 6-3b)。

此外,气泡浮出还与气泡半径、熔池中熔融金属的密度与黏度有关。实验证明,气泡的半径越大,熔池中液体金属的密度越大,黏度越小时,则气泡的上浮速度也就越快,焊缝中就不会产生气孔。

三、影响气孔生成的因素

影响焊缝中产生气孔的因素很多,可以归结为冶金因素与工艺因素两个方面。

1. 冶金因素的影响

焊接过程是一个复杂的冶金过程,影响气孔产生的冶金因素主要是熔渣的氧化性、药皮和焊剂的化学成分、水分和铁锈等。

图 6-3　熔池冷却速度对气孔形成的影响

a）熔池冷却速度小；b）熔池冷却速度大

（1）熔渣氧化性的影响。熔渣氧化性的大小对焊缝的气孔敏感性具有很大的影响。熔渣中含有 MnO、SiO_2 等多种氧化物，焊接碳钢时，当液态金属中的碳含量较高而脱氧不足时，会发现如下冶金反应生成 CO：

$$[MnO/SiO_2] + [C] \rightarrow CO\uparrow + [Mn/Si]$$

产生的 CO 气体不溶于焊缝金属中，便从熔池中浮出，增加产生气孔的可能性。当熔渣的氧化性增大时，由 CO 引起气孔的倾向增加；而当熔渣的还原性增大时，氢气孔的倾向增加。熔渣氧化性对气孔倾向的影响，见表 6-2。

不同类型焊条药皮的氧化性对气孔产生倾向的影响　　表 6-2

焊条	焊缝金属中 O、C 和 H 的含量			氧化性	气孔倾向
	[O]（%）	[C]×[O] ×10^{-4}（%）	[H]/（mL/100g）		
J424-1	0.0046	4.37	8.80	依次增强	较多气孔（氢）
J424-2	—	—	6.82		个别气孔（氢）
J424-3	0.0271	23.03	5.24		无气孔
J424-4	0.0448	31.36	4.53		无气孔
J424-5	0.0743	46.07	3.47		较多气孔（CO）
J424-6	0.1113	57.88	2.70		更多气孔（CO）
J507-1	0.0035	3.32	3.90	依次增强	个别气孔（氢）
J507-2	0.0024	2.16	3.17		无气孔
J507-3	0.0047	4.04	2.80		无气孔
J507-4	0.0160	12.16	2.61		无气孔
J507-5	0.0390	27.30	1.99		更多气孔（CO）
J507-6	0.1680	94.08	0.80		密集大量气孔（CO）

从表中可以看出，不管酸性焊条还是碱性焊条焊缝中，产生气孔的倾向都随着熔渣氧化性的增加而出现 CO 气孔；并随氧化性的减小，CO 气孔亦减少，当达到一定程度时，又出现

由氢引起的氢气孔。此外,焊缝中 CO 气孔的倾向通常用焊缝金属中[C]×[O]的乘积来表示。由表6-1 可知,在酸性焊条形成的焊缝中,[C]×[O]的乘积为 $31.36\times10^{-4}\%$ 时还没有出现气孔;而碱性焊条形成的焊缝中,由于熔渣中 FeO 的活度比酸性焊条要大,因此在[C]×[O]的乘积为 27.30×10^{-4} 时就已经出现大量气孔。

(2)焊条药皮和焊剂成分的影响。焊条药皮和焊剂成分复杂,因此对焊缝中气孔产生的影响也比较复杂。在低碳钢和低合金钢焊接所用的焊条和焊剂中,一般碱性焊条的药皮中加入了一定量的萤石(CaF_2)。焊接时,萤石与焊缝金属中的氢发生如下反应:

$$CaF_2 + H_2O = CaO + 2HF$$

$$CaF_2 + H = CaF + HF$$

$$CaF_2 + 2H = Ca + 2HF$$

埋弧焊用的 HJ431 焊剂中,也含有一定量的萤石和较多的 SiO_2,焊接时它们将发生如下反应:

$$2CaF_2 + 3SiO_2 = SiF_4\uparrow + 2CaSiO_3$$

$$SiF_4 + 2H_2O = 4HF\uparrow + SiO_2$$

$$SiF_4 + 3H = 3HF\uparrow + SiF$$

$$SiF_4 + 4H + O = 4HF\uparrow + SiO$$

上述反应中,焊缝中的 H 与 F 反应生成稳定的 HF,吸收了大量的 H,而生成的 HF 高温不分解,也不溶于焊缝金属,从而有效地降低了氢气孔的产生倾向。

实践证明:当熔渣中 SiO_2 和 CaF_2 同时存在时,对于消除氢气孔最为有效。SiO_2 和 CaF_2 对消除气孔具有相互补充的作用。当 SiO_2 少,而 CaF_2 较多时,可以消除气孔。而 SiO_2 多,而 CaF_2 少时,也可以消除气孔。

此外,药皮和焊剂中适当增加氧化性组成物,如 SiO_2、MnO、FeO 等,对于消除氢气孔也是有效的,这些氧化物在高温时能与氢化合生成稳定仅次于 HF 的 OH,反应如下:

$$FeO + H = Fe + OH$$

$$MnO + H = Mn + OH$$

$$SiO_2 + 2H = Si + 2OH$$

(3)铁锈及水分对产生气孔的影响。在焊接生产中,由于焊件表面不干净、焊接材料吸潮或污染而使焊缝出现气孔的现象也非常严重。影响较大的是焊件表面的氧化铁皮、铁锈、水分、油渍以及焊接材料中的水分。

铁锈是钢材受到腐蚀而产生的,其主要成分为 Fe_2O_3 和结晶水,分子式为 $mFe_2O_3\cdot nH_2O$ ($Fe_2O_3\approx83.28\%$,$FeO\approx5.7\%$,$H_2O\approx10.70\%$)。加热时,氧化皮和铁锈中的 Fe_2O_3 与结晶水(H_2O)都要发生如下分解反应:

$$3Fe_2O_3 = 2Fe_3O_4 + O$$

$$2Fe_3O_4 + H_2O = 3Fe_2O_3 + H_2$$

$$Fe + H_2O = FeO + H_2$$

反应过程中会产生氧,从而焊缝中由于增氧作用产生 CO 气孔。铁锈中的结晶水,在高温时分解出氢气,从而增加了生产氢气孔的可能性。

此外,钢板上氧化铁皮的成分主要是 Fe_3O_4 和 Fe_2O_3,会使焊缝中容易产生 CO 气孔。

因此在焊接之前必须要将钢板表面的氧化铁皮、铁锈等杂志清理干净。

母材、焊条、焊剂或保护气体受潮或烘干不够而残留一定的水分，焊接时会使焊缝金属中增氧、增氢，从而增加焊缝的气孔产生倾向。因此，焊前必须对焊接材料的进行充分干燥，一般碱性焊条的烘干温度为350～400℃，酸性焊条的烘干温度为150～200℃，烘干后在规定时间内使用，否则必须进行回烘，且回烘次数不能超过两次。

2. 工艺因素的影响

(1)焊接工艺参数。焊接工艺参数主要包括焊接电流、电压和焊接速度等参数，直接影响到焊缝成型及焊接质量。因此，我们应该尽量控制在焊接过程中采用合理的焊接工艺参数。焊接电流增大，虽然熔池存在的时间随之增长，有利于气孔的逸出。但是熔滴变细，其比表面积增大，熔滴吸收的气体增多，从而增加气孔的倾向。

焊条电弧焊时，如果电弧长度较大，电弧电压太高，会使得焊接保护变差，从而空气侵入焊接区，产生氮气孔。

如前所述，焊接速度太大，会使熔池金属的结晶速度增大，生成的气泡来不及逸出而残留在焊缝中形成气孔。

(2)电流种类和极性。氢是影响气孔产生的重要因素。一般认为，焊接时氢是以质子的形式向液态金属中溶解，在焊接电弧的高温作用下，氢原子获得足够能量后便释放出一个电子而形成氢的质子，反应式如下：

$$H \rightarrow [H^+] + e$$

电流种类和极性会直接影响到氢在熔池中的溶解。当电流极性为直流反接时，熔池表面电子过多，不利于产生氢质子，会阻碍氢向熔池中溶解，气孔倾向小。当电流极性为直流正接时，熔池表面容易发生氢形成质子的反应，一部分氢质子溶入熔池，另一部分在电场作用下飞向负极，气孔倾向比直流反接时要大。当电流极性为交流时，在电流通过零点瞬间，氢质子可以顺利溶入熔池，因此交流电焊接时气孔倾向最大。

(3)工艺操作的影响。

①焊前没有仔细清理焊件、焊丝上的污锈或油渍，使其产生气孔的倾向增大。

②焊条或焊剂在使用前没有按要求进行严格的烘干或烘干后放置时间过长。

③焊接规范不合理，采用低氢型焊条进行焊接时，应采用短弧焊接。

④直接焊接时，应防止磁偏吹现象的产生。磁偏吹现象会破坏电弧的稳定性，也会使保护效果变差，使产生气孔的倾向增大。

⑤定位焊时，应使用与正式焊接完全相同的焊条，并认真操作，避免定位焊的部位产生气孔。

四、防止气孔产生的措施

气孔对焊缝质量影响很大，必须采取有效措施防止焊接过程中气孔的产生。主要途径有：控制气体来源、正确选用焊接材料和有效控制焊接工艺条件。

1. 控制气体的来源

(1)工件及焊丝表面的焊前清理。工件及焊丝表面的清理是焊接工艺中的重要环节。工件及焊丝表面的氧化膜或铁锈以及油污等，在电弧高温作用下，会分解产生氢和氧，从而使焊缝金属增氢、增氧，影响焊缝性能和焊接质量。因此，必须在焊前彻底清除焊件坡口及附近表面的铁锈，且焊丝表面不得有锈或油污。

铁锈一般采用机械清理方法，如砂轮打磨或钢丝刷清理。对于非铁金属焊件及焊丝表面易受潮形成氧化膜而吸收水分，一般采用化学清洗与机械清洗并用。例如，板厚 1.8mm 的防锈铝 LF3 采用 TIG 焊时，经过化学清洗未能防止产生气孔；而化学清理后，在焊前再用细钢丝刷全面刷一遍近缝区，再用刮刀刮削坡口时，才有效地消除了气孔。

此外，化学清洗后应及时施焊，存放时间不要超过 24h，最好在清洗后 2 ~ 3h 内就进行焊接。焊丝清洗后最好放在 150 ~ 200℃烘箱中，随用随取。若对于大型构件，清洗后不能立即焊接时，临焊前可再用刮刀刮削坡口端面为宜。

（2）焊接材料的防潮与烘干。焊条药皮在存储、放置时容易吸潮。根据行业标准《焊接材料质量管理规程》（JB/T 3223—96），焊条应存放在干燥而且通风良好的仓库内，室内温度不应低于 5℃，相对湿度小于 60%。且各类焊条存储时，必须垫高 300mm 以上，同时必须堆放在离开墙壁 300mm 以外处，可防止焊条受潮变质。焊条在使用前必须进行烘干，烘干后应放在专用烘箱或保温筒中保管，随用随取。焊条烘干后必须在规定时间 8h 内用完，否则就要进行回烘。焊条标准烘干规范见表 6-3，焊剂烘干规范见表 6-4。

焊条的临界吸潮量和标准烘干规范 表 6-3

钢 种	焊条药皮类型	临界吸潮量（%）	烘干温度（℃）	烘干时间（min）
低碳钢和 $\sigma_b = 500$MPa 级高强度钢	钛铁矿型	3	70 ~ 100	30 ~ 60
	钛钙型	2	70 ~ 100	30 ~ 60
	高氧化钛型	3	70 ~ 100	30 ~ 60
	铁粉氧化钛型	2	70 ~ 100	30 ~ 60
	低氢型	0.5	300 ~ 350	30 ~ 60
	超低氢型	0.5	350 ~ 400	60
$\sigma_b = 600$MPa 级高强度钢	超低氢型	0.4	350 ~ 400	60
$\sigma_b = 800$MPa 级高强度钢	超低氢型	0.3	350 ~ 400	60
铁素体不锈钢	低氢型	0.5	300 ~ 350	30 ~ 60
奥氏体不锈钢	—	1	150 ~ 200	30 ~ 60
奥氏体不锈钢镍基合金	各种类型	1	150 ~ 200	30 ~ 60

常用焊剂的烘干温度和时间 表 6-4

焊 剂 类 型	焊 剂 牌 号	烘干温度（℃）	烘焙时间（min）	保温温度（℃）
熔炼焊剂	HJ431	250 ~ 350	120	100 ~ 150
	HJ350	250 ~ 350	120	100 ~ 150
烧结焊剂	SJ101	250 ~ 350	120	100 ~ 150
	SJ301	250 ~ 350	120	100 ~ 150

低氢型焊条对吸潮尤其敏感，吸潮水量超过 1.4% 就会明显产生气孔，而其他类型焊条吸潮水量高达 15% 也未见气孔。在使用过程中必须严格控制其在空气中暴露的时间，见表 6-5。

低氢型焊条在大气中允许暴露的时间　　表6-5

焊条型号(AWS)	E50××	E60××	E70××	E80××	E90××	E100××	E110××
允许暴露的时间(h)	≤4	≤4	≤4	≤2	≤1	≤0.5	≤0.5

(3)加强保护。空气入侵熔池是产生气孔的重要原因之一,尤其是气体保护焊。比如CO_2焊时如果保护不好,大气进入熔池,容易使焊缝增氮,容易产生氮气孔。因此在焊接过程中,必须加强对焊接熔池、焊接电弧、工件等焊接区域的保护,应注意以下几点:

①焊接过程中,应注意焊条不能有药皮脱落,焊剂或保护气体不能中断,引弧时要能获得良好的保护。如CO_2焊时,焊前应先通气后引弧,焊后要滞后断气,加强焊接时的保护。

②气体保护焊时,必须防风,避免因为风速过大时,保护气流成为紊流状态,失去保护作用。如果野外焊接,可临时搭建帐篷等防护设施。

③控制保护气体纯度。焊接时气体中含有的杂质,特别是水分,对焊接质量影响很大,因此对焊接气体的纯度有严格要求,如CO_2气体纯度应控制在99.5%以上,氩气纯度应控制在99.95%以上。

2. 正确选用焊接材料

焊接材料的选用非常重要,必须考虑与母材的匹配。从冶金性能上看,焊接材料的氧化性与还原性的相互平衡情况,对焊缝气孔有很显著的影响。例如,低氢型焊条抗锈能力很差,而氧化铁型焊条却有很好的抗锈性。

气体保护焊时采用活性气体保护,如O_2或CO_2,可促使降低氢的分压而限制溶氢,还能降低液体金属的表面张力,有利于气体的排出。因此,常常在惰性气体保护焊时混合少量的活性气体,以提高其抗气孔能力。例如,有色金属焊接时常在Ar中添加少许O_2或CO_2;钢材焊接时,多采用Ar80% + $CO_2$20%的混合气体,以提高抗气孔性和焊缝韧性。

焊丝组成是否能适应母材的匹配要求,还必须考虑与之相组合的焊剂(埋弧焊)或保护气体(气体保护焊)的成分。焊丝与焊剂或保护气体可有各种各样的组合,因而会有不同的冶金反应,从而造成不同的熔池或焊缝金属成分。在许多情况下,希望能形成充分脱氧的条件,以抑制反应型气孔的生成。

例如,CO_2焊若注意加强保护,N_2已不起作用,引起气孔的主要原因是CO,所以必须充分脱氧。采用H08A或H10MnSi不能有效防止产生气孔,因此即使是焊接低碳钢,也必须采用合金钢焊丝H08Mn2Si或H08Mn2SiA。

有色金属焊接时,脱氧更是最基本的要求,以防止溶入的氢被氧化为H_2O气孔。因此焊接纯镍不能用纯镍焊丝或焊条,而应采用含Al或Ti的焊丝或焊条。如Monel合金(Ni70-Cu30)焊接时,AWS推荐的焊丝和焊条中最为典型的就是ER-NiCu-7和ENiCu-7,其中Al、Ti含量分为$W_{Al}\leq1.5\%$,$W_{Ti}\leq1.5\%\sim3.0\%$和$W_{Al}\leq0.75\%$,$W_{Ti}\leq10\%$。

3. 控制焊接工艺条件

控制焊接工艺条件的目的是创造熔池中气体逸出的有利条件,同时也有利于限制电弧外围气体向熔融金属中的溶入。焊接工艺条件不正常,以致电弧不稳定或失去正常保护作用,均促使增大外在气体的溶入。熔池金属在液态存在的时间对气体的溶入与排除有明显的影响。存在时间长则有利于气体排出,但也有利于气体溶入,因此,焊接工艺参数的影响比较复杂。而不同焊接位置以及熔深大小，也都会影响气体的排出，必须具体分析。

对于反应型气体而言，应立足于创造有利的排出条件，即适当增大熔池存在的时间。采取某些工艺措施，如增大线能量、适当预热、缓冷就能取得明显效果。对于析出型气体（如氢或氮）而言，只有当气体逸出条件比气体溶入条件更有利时，才能更好地减少气孔的产生。也就是说，应控制焊接工艺参数达到一个最佳值，而不是简单的增大或减小。

例如，TIG 焊焊接铝合金时，一方面尽量采用小线能量以减少熔池存在的时间，从而减少氢的溶入；同时又要保证根部充分熔化，促使根部氧化膜上的气泡完全浮出。因此 LF6 铝合金 TIG 焊接时，采用大电流配合较高的焊接速度就能很好的防止气孔的生成。

若焊接位置为横焊或立焊，则比平焊时更易产生气孔，因为气体排出的条件不利。如立焊时的气孔倾向与向上或向下施焊有关。向上立焊的气孔较少，向下立焊的气孔则比较多，因此向下焊时熔融金属容易向下坠落，不但不利于气体排出，还会增大卷入空气的可能性。此时，焊接参数的影响就比较复杂。如横焊时增加线能量对气孔产生的影响还与电弧电压的大小有关，电弧电压大时影响趋势更加明显一些。

任务三　焊缝中的夹杂

在焊接过程中，由冶金反应产生的，焊后因不能溶于焊缝金属而残留在焊缝金属中的细小颗粒、非金属杂质（如氧化物、硫化物、氮化物）等，统称为夹杂物，简称为夹杂。焊缝或母材中有夹杂物存在时，不仅降低焊缝金属的韧性，增加低温脆性，同时也增加了热裂纹和层状撕裂的倾向。

一、焊缝中夹杂物的危害

1. 氧化物夹杂

焊接金属材料时，氧化物夹杂是普遍存在的。在焊条电弧焊和埋弧自动焊低碳钢时，氧化物夹杂主要是 SiO_2、MnO、TiO_2、Al_2O_3 等，一般多以硅酸盐的形式存在。这种夹杂物是在焊接熔池冶金反应中产生，若熔池中的脱氧比较充分，则焊缝中的氧化物夹杂就越少；如果密集地以块状或片状分布时，在焊缝中易引起热裂纹，在母材中也易引起层状撕裂。图 6-4 反映了硅酸盐夹杂对碳钢冲击韧性的影响。

2. 硫化物夹杂

硫化物夹杂主要来源于焊条药皮或焊剂，经冶金反应转入熔池的。但也有时是由于母材或焊丝中含硫量偏高而形成的硫化物夹杂。

硫在铁中的溶解度随温度变化而有较大的变化。高温时，硫在 δ 铁中的溶解度为 0.18%，而在 γ 铁中的溶解度只有 0.05%，在冷却过程中，硫从过饱和固溶体中析出而成为硫化物夹杂。

焊缝中的硫化物夹杂，主要有两种：MnS 和 FeS。MnS 一般呈小颗粒状弥散分布于焊缝金属中，对焊缝性能影响不大。而 FeS 则在晶界析出，并与 Fe 和 FeO 形成低熔点的共晶物（FeS—Fe 的熔点为 985℃，FeS—FeO 的熔点为 940℃），使焊缝金属的热裂倾向增大。

有些研究表明：当钢中硫含量极低时，反而使焊缝中产生冷裂纹的倾向增大。当有微量的硫化物弥散分布于金属中时，因为其具有溶氢的作用，使氢不易聚集，降低了氢的有害作用，使焊缝金属抗冷裂纹的能力有所提高。

3. 氮化物夹杂

氮的主要来源是空气，只有在焊接时保护不良的情况下才会出现较多的氮化物夹杂。

焊接低碳钢和低合金钢时，氮化物夹杂主要是Fe_4N。Fe_4N是焊缝在时效过程中由过饱和固溶体中析出的，并以针状分布在晶粒或贯穿晶界。由于Fe_4N是一种很硬很脆的化合物，当其在焊缝金属中的含量较高时，会使焊缝的硬度提高，塑性和韧性下降。

应当指出：由于氮化物具有强化作用，从20世纪40年代开始就已把氮作为合金元素加入钢中。例如：钢中含有Mo、V、Nb、Ti、Al等合金元素时，与氮形成弥散状的氮化物，能大幅度提高强度。经过正火后，可使钢具有良好的力学性能，如15MnVN、06AlNbCuN等

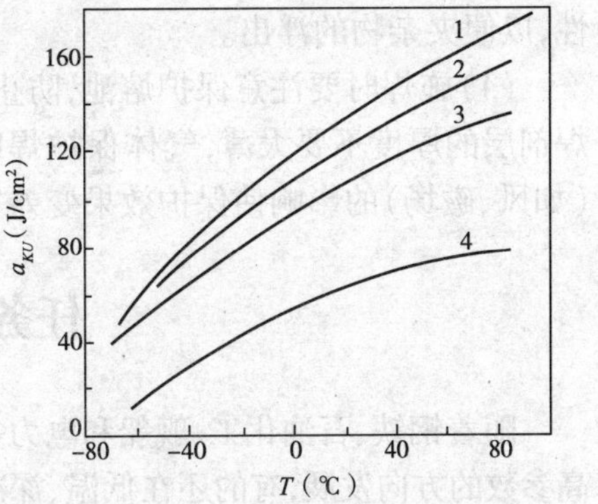

图6-4 硅酸盐夹杂对碳钢冲击韧性的影响

含夹杂物：1-0.028%～0.030%；2-0.034%～0.053%；3-0.104%～0.110%；4-0.196%

二、防止焊缝中形成夹杂物的措施

一般来说，当夹杂物以细小颗粒弥散分布时，对焊缝的塑性和韧性危害很小，还可以使焊缝的强度有所提高。只有当夹杂物以较大颗粒状存在或聚集时，才会对焊缝的性能危害较大。所以要从防止夹杂物形成大颗粒状或聚集状态入手来防止夹杂物的危害。主要措施如下：

1. 控制来源

氧化物夹杂主要是由于焊缝中氧的含量过高而发生冶金反应形成的金属氧化物，因此在焊接时应加入充足的脱氧剂，就可以有效控制氧化物夹杂的形成。常用的脱氧剂有锰铁、硅铁、铝铁和钛铁。

氮化物夹杂的产生主要是由于空气侵入，焊接区域增氮而形成的氮化物，因此在焊接过程中要加强保护效果，以减少氮化物的形成。如焊条电弧焊时电弧长度不宜太高，CO_2焊时要注意控制气体流量不要过大或过小，实现对焊接区域的有效保护。

硫化物主要来源于焊接材料和母材中，最有效的措施就是控制焊接材料或母材中的硫含量。如选用硫含量较低的母材或焊接材料进行焊接。

2. 正确选用焊接材料

选择焊接材料时，应选用合适的焊条、焊丝和焊剂，如适当增加锰等合金元素含量，使之具有更好的脱氧、脱硫的效果，从而减少焊缝中的夹杂物。

3. 采用合理的焊接工艺

工艺方面的措施主要是为了使产生的夹杂物能够顺利排出熔池，主要有以下几个方面：

（1）选择合适的焊接工艺参数，以利于熔渣的浮出。如适当增大焊接热输入，使熔池的存在时间增大，使夹杂物在焊缝金属凝固前能逸出。

（2）多层焊时，每焊完一道焊缝，应注意清除前层焊缝的熔渣，避免残留在焊缝和工件避

免的熔渣进入下一道焊缝的熔池中而形成夹杂物。

(3)焊条电弧焊时,可采用适当的操作方法。如焊条进行适当的摆动,增强熔池的流动性,以便夹杂物的浮出。

(4)施焊时要注意保护熔池,防止空气侵入。如控制电弧长度不要太高,保证埋弧焊时焊剂层的厚度不要太薄,气体保护焊时保证气体的流量不要过大或过小,避免因外界因素(如风、磁场)的影响使保护效果变差等。

任务四　焊接热裂纹

随着钢铁、石油化工、舰船和电力等工业的发展,在焊接结构方面都趋向大型化、大容量和高参数的方向发展,有的还在低温、深冷、腐蚀介质等环境下工作。因此,各种低合金高强钢,中、高合金钢,超高强钢,以及各种合金材料的应用日益广泛。但是随着这些钢种和合金材料的应用,在焊接生产上带来了许多新的问题,其中较为普遍而又十分严重的就是焊接裂纹。

热裂纹是焊接生产中比较常见的一种裂纹,一般从常用的低碳钢、低合金钢,到奥氏体不锈钢、铝合金和镍基合金等都有产生热裂纹的可能。

根据产生裂纹的原因,热裂纹可以分为结晶裂纹、液化裂纹和多边化裂纹三种。焊接生产中遇到的裂纹,主要是结晶裂纹。

一、结晶裂纹

结晶裂纹又称为凝固裂纹,是在焊缝凝固后期所形成的裂纹,是生产中最常见的热裂纹。主要在含 S、P、C、Si 杂质偏高的碳钢、低合金钢以及单相奥氏体钢、镍基合金及某些铝合金焊缝中。

焊缝结晶过程中,在固相线附近,由于凝固金属的收缩,残余液体金属不足而不能及时填充,在应力作用下发生沿晶开裂,故称结晶裂纹,如图 6-5 所示。结晶裂纹是热裂纹的主要形式,因在高温下发生,因此常在发生裂纹的焊缝断面上,可看到有氧化的彩色。结晶裂纹主要产生在含杂质较多的碳钢、低合金钢焊缝中(硫、磷、碳、硅偏高)和单相奥氏体钢、镍基合金以及某些铝合金焊缝中。少数情况下,结晶裂纹也能在热影响区产生。

1. 结晶裂纹的产生机理

大量生产实际和试验研究表明,结晶裂纹都是沿焊缝中的树枝状晶的交界处发生和发展的,如图 6-6 所示。其中最常见的是沿焊缝中心纵向开裂,如图 6-7 所示。

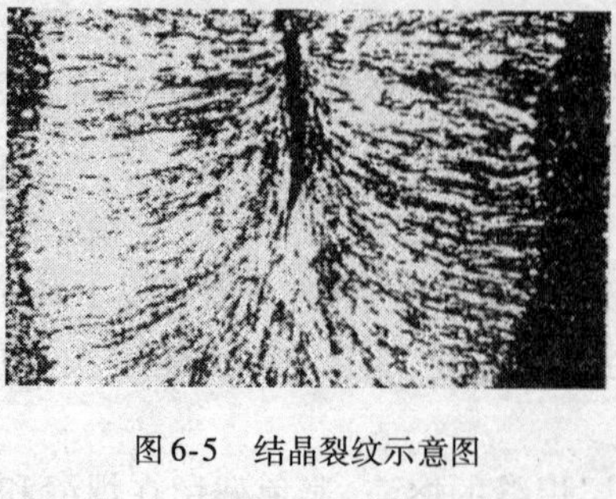

图 6-5　结晶裂纹示意图

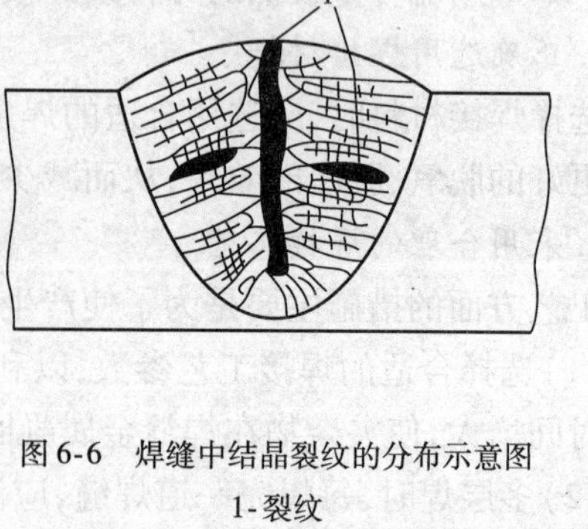

图 6-6　焊缝中结晶裂纹的分布示意图

1-裂纹

结晶裂纹的这种分布，说明在焊缝结晶过程中，晶界是个薄弱地带。从焊接凝固冶金得知：焊缝结晶时，先结晶的金属较纯，后结晶的金属含杂质较多，并富集在晶界。一般来说，这些杂质所形成的共晶物都具有较低的熔点（如：FeS 和 Fe 形成的低熔点共晶熔点为988℃），在焊缝结晶后期，低熔点共晶被排挤在柱状晶体交遇的中心部位，形成一种所谓的"液态薄膜"。此时由于受到拉伸应力，这时焊缝中的液态薄膜就成了薄弱地带。在拉伸应力的作用下就有可能在这个薄弱地带开裂而形成结晶裂纹，如图 6-8 所示。

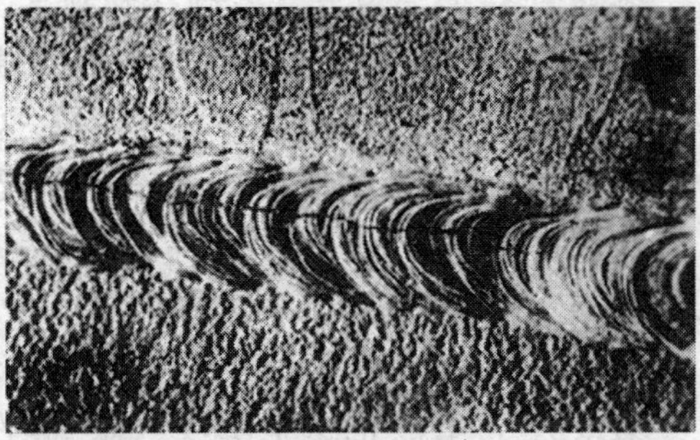

图 6-7　沿焊缝中心的纵向裂纹示意图

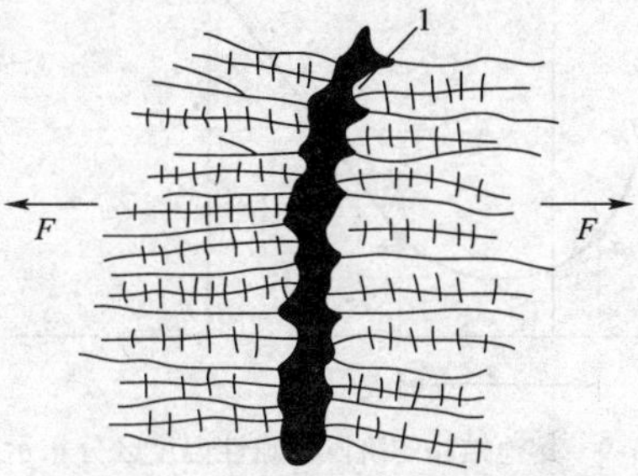

图 6-8　液态薄膜与结晶裂纹的关系

1-液态薄膜

碳钢以及低合金高强度钢种含有的磷、硅、镍和不锈钢、珠光体耐热钢中含有的硫、磷、硼、锆等元素也能形成低熔点共晶化合物。表 6-6 列出了这些合金的共晶温度。

铁二元与镍二元共晶化合物成分和共晶温度　　表 6-6

项目	合金系	共晶成分（质量%，原子%）	共晶温度（℃）
铁二元共晶	F—S	Fe，FeS（S31，44）	988
	Fe—P	Fe，Fe_3P（P10.5，17.5）；Fe_3P，FeP（P27，40）	1050；1260
	Fe—Si	Fe_3Si，FeSi（Si20.5，34）	1200
	Fe—Sn	Fe，FeSn（Fe_2Sn_2，FeSn）48.9，9.31	1120
	Fe—Ti	Fe，$TiFe_2$（Ti16，14）	1340
镍二元共晶	Ni—S	Ni，Ni_3S_2（S21.5，33.4）	645
	Ni—P	Ni，NiP_3（P11，19）；NiP_3，Ni_2P（P20，32.2）	880；1106
	Ni—B	Ni，Ni_2B（B4，18.5）；Ni_3B_2，NiB（B12，14）	1140；990
	Ni—Al	γNi，Ni_3Al（Ni89，78）	1385
	Ni—Zr	Zr，Zr_2Ni（Ni17，24）	961
	Ni—Mg	Ni，Ni_2Mg（Ni11，23）	1095

综上所述，产生结晶裂纹的原因，就在于焊缝中存在液态薄膜和焊缝凝固过程中受到拉伸应力共同作用的结果。其中，液态薄膜的存在是产生结晶裂纹的内因，而拉伸应力则是产生结晶裂纹的必要条件。

结晶裂纹是在焊缝结晶过程中产生的，那么在整个结晶过程中，哪个阶段产生结晶裂纹的倾向最大？现以低碳钢为例，把焊缝金属结晶的过程分为液固阶段、固液阶段和完全凝固阶段三个阶段，如图 6-9 所示。

(1)液固阶段。在熔池开始结晶时,仅形成少量的晶核,以后晶核逐渐长大并出现新的晶核,但始终保持有较多的液相。此时,相邻晶粒之间不发生接触,液态金属可在晶粒之间自由流动。因此在此阶段,虽有拉伸应力存在,但被拉开的缝隙能及时地被流动着的液态金属填满,因此在液固阶段不会产生裂纹。

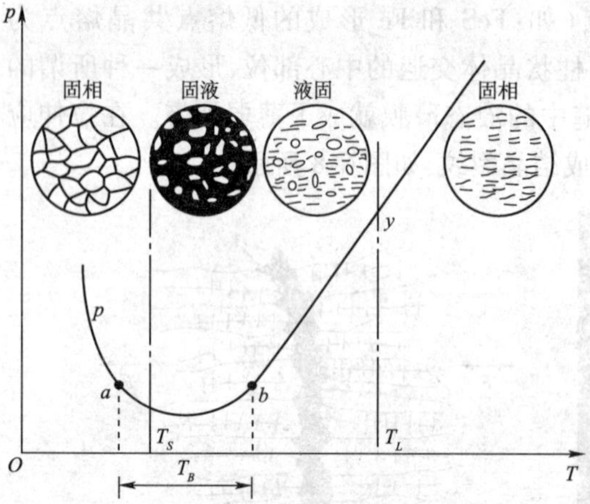

图 6-9　熔池结晶的阶段及脆性温度区分布示意图

p-塑性;y-流动性;T_B-脆性温度区;T_L-液相线;T_S-固相线

(2)固液阶段。当结晶继续进行时,固相不断增多,且不断长大。当冷却到某一阶段时,已凝固的固相彼此发生接触,并不断倾轧到一起,即熔池结晶进入了固液阶段,这时,液态金属的流动就比较困难。在这种情况下,由于液态金属少(主要组成是那些低熔点共晶化合物),在拉伸应力作用下所产生的微小缝隙都无法填充,只要稍有拉伸应力存在就有产生裂纹的可能,故把这个阶段叫做“脆性温度区”,即图 6-9 中 $a \sim b$ 之间的温度区间 T_B。

(3)完全凝固阶段。熔池金属完全凝固之后所形成的焊缝,受到拉伸应力时,就会表现出较好的强度和塑性,很难发生裂纹。但是,对于某些金属,在焊缝完全凝固以后,仍有一段温度内塑性很低,也会产生裂纹,即高温低塑性裂纹(多边化裂纹)。

由此可知,在焊缝结晶过程中,当温度处于 $a \sim b$ 之间的脆性温度区 T_B 时,焊缝金属有较大的晶界裂纹倾向;而当温度高于或低于该温度区间时,焊缝金属则都有较大的抵抗结晶裂纹的能力,因此具有较小的裂纹倾向。

在一般情况下,杂质较少的金属(包括母材和焊接材料),由于脆性温度区的范围较窄,拉伸应力在此区间作用的时间较短,使总应变量小,故焊接时产生结晶裂纹的可能性较小。若焊缝中的杂质较多或有明显方向性的粗大晶粒时,则脆性温度区范围较宽,裂纹倾向增大。

2. 结晶裂纹的产生条件

综前所述,由低熔点共晶化合物所形成的液态薄膜是焊缝结晶过程中产生结晶裂纹的主要根源。不过大量实验证明,焊缝中低熔点共晶化合物的数量超过一定界限后,可以自由流动,不产生裂纹,反而具有“愈合”裂纹的作用。如焊接高强铝合金时,常采用含硅 5% 的铝硅合金焊丝,焊接时就是利用低熔共晶的“愈合”作用而消除裂纹。

焊接时,在结晶后期由于低熔点物质的存在所形成的液态薄膜和拉伸应力是产生结晶裂纹的必要条件。但液态薄膜与拉伸应力是否能产生结晶裂纹,主要取决于焊缝金属的变形能力 δ_{min} 与其产生的实际应变 ε 之间的关系,如图 6-10 所示。

图 6-10 中:ε 表示在拉伸应力作用下产生的应变,随温度而变化。δ 表示在脆性温度区 T_B 内焊缝金属的塑性。当出现液态薄膜的瞬间,存在一个最小的塑性值 δ_{min}。脆性温度区间 T_B 的上限应当是固液状态温度开始,下限应在固相线附近,或稍低于固相线温度。

产生结晶裂纹的条件如下:

(1)拉伸应力产生的应变随温度按照曲线 1 变化时,在固相线附近(即在脆性温度区内焊缝的塑性最小时),只产生了 ε_1 的应变量,此时焊缝仍具有相当于$(\delta_{min} - \varepsilon_1)$的塑性储备量,即:$\varepsilon<\delta_{min}$,故在这种情况下焊缝不会产生裂纹。

(2)拉伸应力产生的应变随温度按照曲线2变化时,拉伸应力所产生的应变恰好等于焊缝的最低塑性值,即:$\varepsilon=\delta_{min}$,处于临界状态。

(3)拉伸应力产生的应变随温度按照曲线3变化时,拉伸应力所产生的应变已超过焊缝金属在脆性温度区所具有的最低塑性δ_{min},即:$\varepsilon>\delta_{min}$,此时焊缝必将产生裂纹。

因此,焊缝中产生结晶裂纹的条件是:焊缝在脆性温度区间内所承受的拉伸应变大于焊缝金属所具有的塑性。具体来讲,焊缝是否产生结晶裂纹主要取决于以下三个方面:

①脆性温度区T_B的大小。脆性温度区间T_B越大,由于焊缝收缩产生拉伸应力的作用时间也越长,产生的应变量也越大,故产生结晶裂纹的倾向也越大。T_B大小主要取决于焊缝的化学成分、低熔点共晶的性质及分布、晶粒大小和方向性等。

②在脆性温度区T_B内金属的塑性δ。在T_B内焊缝金属的塑性越小,就越容易产生结晶裂纹。δ与焊缝的化学成分、偏析程度、晶粒大小及应变速率等有关。

③在脆性温度区内的应变增长率$\frac{\partial \varepsilon}{\partial T}$。在$T_B$内,随温度下降,由于收缩产生的拉伸应力增大,因此应变的增长率也将增大,这就容易产生结晶裂纹。应变增长率的大小主要取决于金属的膨胀系数、接头的刚度、焊缝的位置、线能量的大小以及温度场的分布等。

以上这三个方面是相互联系和相互影响,但是又相对独立的。比如说,脆性温度区间的大小和金属在此温度区间内的塑性主要决定于焊缝的化学成分、结晶条件、偏析程度及晶粒大小等冶金因素;而应变增长率主要决定于被焊金属的热物理性质(导热性、线膨胀系数等)、焊件的刚度与拘束、焊接工艺条件和温度场的分布等力的因素。

3.结晶裂纹的影响因素

影响结晶裂纹的因素很多,主要归纳为冶金因素和力的因素两个方面,本模块中我们主要讨论冶金因素的影响,主要是合金状态图的类型、化学成分和结晶组织形态等。

1)合金状态图的类型和结晶温度区间

结晶裂纹的形成与合金相图的固—液相温度差有密切关系,温度差增大,结晶裂纹倾向也增大,如图6-11所示。

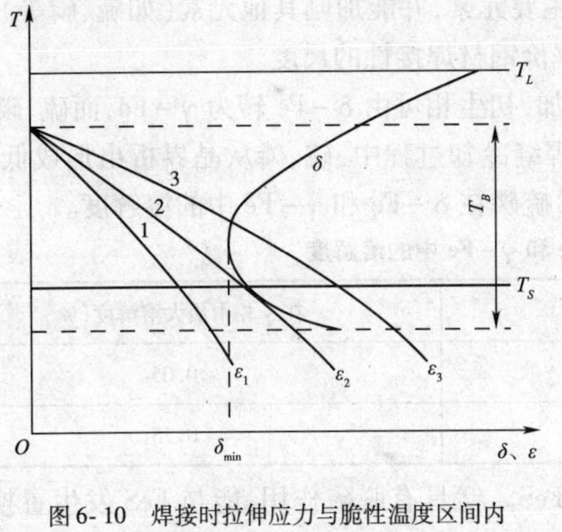

图6-10　焊接时拉伸应力与脆性温度区间内被焊金属塑性变化

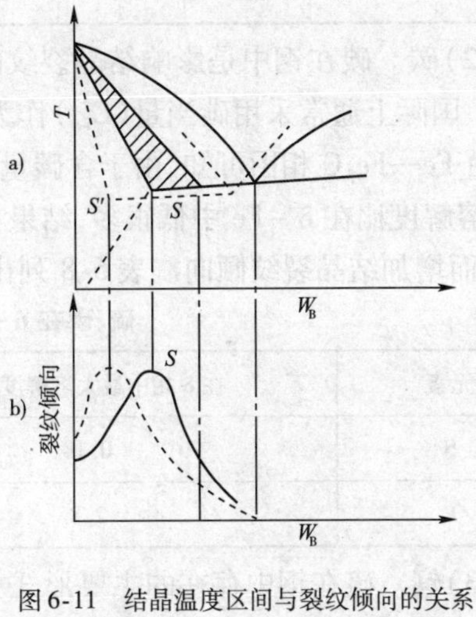

图6-11　结晶温度区间与裂纹倾向的关系

从图6-11中可以看出：

(1)随着合金元素的增加，结晶温度区间也增大(图6-11a)，同时脆性温度区的范围也随之增大(有阴影部分)，因此结晶裂纹的倾向也是增加的(图6-11b)。

(2)一直到 S 点，此时结晶温度区间最大，脆性温度区也最大，裂纹倾向也是最大。

(3)在实际生产中，不平衡结晶时固相线向左下方移动，S 点移到 S' 点。裂纹倾向的变化曲线也随之左移。

2)合金元素对产生结晶裂纹的影响

合金元素对结晶裂纹的产生影响非常重要，但也十分复杂，是影响裂纹最本质的因素。而多种合金元素的相互影响，往往比单一元素复杂得多，在某种情况下甚至会互相矛盾。低碳钢和低合金钢中常见的合金元素，如Ni、V、Mo、Cr、C/P、B、S等对结晶裂纹产生趋势的影响强弱依次为：

$$\xrightarrow[\text{影响趋势增强}]{\text{Ni, V, Mo, Cr, Al, Si, Ti, Zr, Mn, Nb, C/P, B, S}}$$

(1)硫和磷。硫和磷在钢中能形成多种低熔共晶(硫所形成的 $Fe + FeS$ 低熔点共晶化合物熔点为988℃，形成的 $Fe + FeS + FeO$ 低熔点共晶化合物熔点只有857℃；磷所形成的 $Fe + Fe_3P$ 低熔点共晶化合物熔点为1050℃，而形成的 $Fe_3P + FeP$ 低熔点共晶化合物熔点为1260℃)，使得在结晶过程中极易形成液态薄膜，几乎在各类钢中都会增大结晶裂纹的倾向，即使是微量存在，也会使结晶区间大为增加。

硫和磷在钢中还极易引起偏析，几乎对各种裂纹都比较敏感，表6-7列出了钢中各种元素的偏析系数 K。因此，用于焊接结构的钢材都要对硫磷严格控制，近来国外的低合金钢硫含量≤0.02%，磷含量≤0.017%，而CF钢(无裂纹钢)和Z向钢(抗层状撕裂用钢)等重要钢材，硫含量只有0.006%，磷含量只有0.003%。

钢中各种元素的偏析系数 K(%) 表6-7

元素	硫 S	磷 P	钨 W	钒 V	硅 Si	钼 Mo	铬 Cr	锰 Mn	镍 Ni
K	200	150	60	55	40	40	20	15	5

(2)碳。碳在钢中是影响结晶裂纹的主要元素，并能加剧其他元素(如硫、磷等)的有害作用。国际上通常采用碳当量(C_{eq})作为评价钢材焊接性的尺度。

由 $Fe—Fe_3C$ 相图可知，由于含碳量增加，初生相可由 δ - Fe 转为 γ - Fe，而硫、磷在 γ - Fe 中溶解度比在 δ - Fe 中低很多，结果在焊缝冷却过程中，硫、磷从晶界析出形成低熔点共晶，从而增加结晶裂纹倾向。表6-8列出了硫磷在 δ - Fe 和 γ - Fe 中的溶解度。

硫、磷在 δ - Fe 和 γ - Fe 中的溶解度 表6-8

元素	在δ相中最大溶解度(%)	在γ相中最大溶解度(%)
S	0.18	0.05
P	2.8	0.25

(3)锰。硫在钢中存在的主要形式为FeS。锰具有脱硫作用，能与FeS发生置换反应，将FeS为MnS：

$$Mn + FeS \rightarrow Fe + MnS$$

生产的 MnS 不能溶于焊缝金属而从熔渣中排出。为了防止硫引起的结晶裂纹，并随碳含量的增加，钢中 Mn/S 的比值也应随之增加，如表 6-9 所示。但是，当含碳量≥0.16 时，磷对产生结晶裂纹的作用就超过了硫，这时再增加 Mn/S 的比值也无意义，必须严格控制磷在焊缝中的含量。如含碳 0.4% 的中碳钢，硫和磷都应小于 0.017%，且硫磷总和要小于 0.025%。

钢中碳含量与 Mn/S 比值的关系　　表 6-9

碳含量	≤0.1%	0.1% ~0.125%	0.126% ~0.155%
Mn/S	≥22	≥30	≥59

(4)硅。硅是 δ 相形成元素，应有利于消除结晶裂纹，但当硅含量超过 0.4% 时，容易形成硅酸盐夹杂，从而增加裂纹倾向。

(5)镍。焊缝中加入镍元素后，可以改善焊接接头的低温韧性，如果硫和磷的含量不高，有利于减小裂纹的产生。但当焊缝中硫和磷的含量增大时，镍与硫之间会形成低熔点共晶物(Ni 与 Ni_3S_2 熔点仅 645℃)，且呈膜状分布于晶界处，使结晶裂纹的倾向增大。

(6)钛、锆和稀土镧或铈等。形成高熔点的硫化物，对消除结晶裂纹有良好作用，比锰的效果更好，表 6-10 列出了常见硫化物的熔点。

常见硫化物的熔点　　表 6-10

硫化物	MnS	TiS	ZrS	La_2S_3	CeS
熔点(℃)	1610	2000 ~2100	2100	2000	2450

3)凝固结晶组织形态对结晶裂纹的影响

焊缝在结晶后，晶粒大小、形态和方向，以及析出相等对抗裂性都有很大的影响。晶粒越粗大，柱状晶的方向越明显，产生结晶裂纹的倾向越大。因此，常在母材中加入细化晶粒元素，如钛、钼、钒、铌、铝和稀土等，一方面能够破坏液态薄膜的连续性，另一方面也可以打乱柱状晶的方向。如在焊接 18-8 型不锈钢时，为提高焊缝金属的抗裂性能，希望得到 γ + δ 双相焊缝组织，因焊缝中有少量 δ 相可以细化晶粒，打乱奥氏体粗大柱状晶的方向性；同时，δ 还能比 γ 相溶解更多的 S、P，从而提高焊缝的抗裂能力，如图 6-12 所示。

从图 6-12 中可以看出，当比较粗大的奥氏体晶粒(γ 相)间存在铁素体组织(δ 相)时，粗大的奥氏体晶粒被打碎，变得更加细小；此外，柱状晶的生产方向也被打乱。

4)晶间易熔物对结晶裂纹敏感性的影响

晶间存在液态薄膜是引起结晶裂纹的根本原因，且与晶间易熔物质(如碳化物等)的数量有关。但是，结晶裂纹的倾向并不随着晶间易熔物质数量的增多而一直增大，而是存在一个最大值。当超过最大值后，结晶裂纹的倾向反而又逐渐下降，直到最后不产生结晶裂纹，如图 6-13 所示为晶间碳化物对结晶裂纹敏感性的影响。

晶间易熔物质的存在会缩小脆性温度区间 T_B，改变结晶形态，阻碍树枝晶的发展，并促使液态金属在晶粒间流动和互相补充，使得液态薄膜瞬间被拉开，很快通过毛细管作用将周围液体渗入缝隙，起到填补和“愈合”的作用，从而减小结晶裂纹产生的倾向。

4. 防止结晶裂纹的措施

焊接时产生结晶裂纹的影响因素很多,因此应抓住不同情况下产生裂纹的主要矛盾。防止结晶裂纹可从两个方面着手。

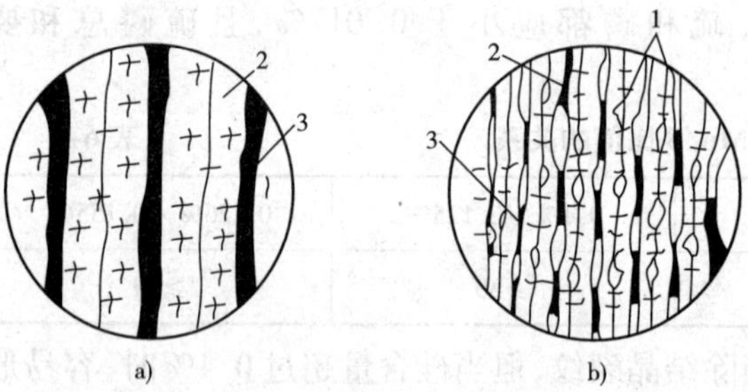

图 6-12　δ 相在奥氏体集体上的分布

a) 单相奥氏体;b) δ + γ 双相

1-铁素体;2-奥氏体;3-液态薄膜

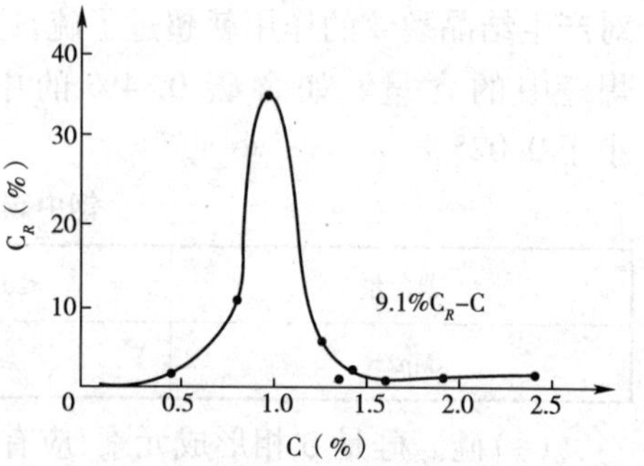

图 6-13　晶界碳化物含量对结晶裂纹敏感性的影响

(1) 冶金因素方面。

①控制焊缝中硫、磷、碳等有害杂质的含量。硫、磷、碳等杂质不仅能形成低熔共晶,而且还能促使偏析,会大大增加结晶裂纹的敏感性。所以在焊接时,为了消除它们的有害作用,应尽可能限制母材和焊接材料中的硫、磷、碳的含量,根据目前的标准规定:硫、磷含量都应小于 0.03% ~0.04%,且低碳钢和低合金钢焊丝含碳量一般不超过 0.12%。焊接高合金钢时硫、磷含量必须控制在 0.03% 以下,焊丝中含碳量 0.03% ~0.06%。

此外,一些重要结构的焊接应采用碱性焊条或焊剂,可以有效地控制有害元素的作用,防止结晶裂纹的产生或降低倾向。

②改善焊缝凝固结晶、细化晶粒是提高抗裂性的重要途径。在工业生产中,要细化晶粒广泛采用的办法就是向焊缝中加入细化晶粒元素(如 Mo、V、Ti、Nb、Zr、Al、稀土等)。如对于不锈钢焊接,为了提高焊缝金属的抗裂性和抗腐蚀性能,常常会加入少量的 Mo、Ti、Nb 等合金元素,得到 δ + γ 的双相组织焊缝。

对于某些结晶裂纹倾向较大的材料,特意增加焊缝中晶间易熔物的数量,使之具有"愈合"裂纹的作用,从而防止结晶裂纹的产生。

(2) 工艺因素方面。

工艺方面主要是焊接工艺参数、预热、接头形式和焊接顺序等,用工艺方法防止结晶裂纹主要是改善焊接时的应力状态。

①焊接工艺与工艺参数。生产经验表明,适当增加焊接线能量和提高预热温度,可以减小焊缝金属的应变率和焊缝结晶裂纹的倾向。但是,增加焊接线能量容易造成熔池过热,熔池过热会使焊缝中易形成粗大的组织,结使得晶裂纹倾向增大;提高预热温度会恶化劳动条件,提高生产成本。因此在实际生产中,我们通常会降低热输入,并采用小的焊接电流,这样可以通过减小晶粒度和降低应变量来减小结晶裂纹的倾向。

②焊接接头形式。焊接接头形式不同,将影响接头的受力状态、结晶条件和热的分布等,因而结晶裂纹的倾向也不同,如图 6-14 所示。

其中,图 6-14a)、图 6-14b)所示的表面堆焊和熔深较浅的对焊焊缝抗裂性较高,而图 6-14c) ~ 图 6-14f)所示的熔深较大的对接接头和搭接、T 形接头和外角接头的各种角焊缝的抗裂性较差。这是因为焊缝所承受的应力正好垂直于杂质聚集的结晶面上,易引起裂纹。

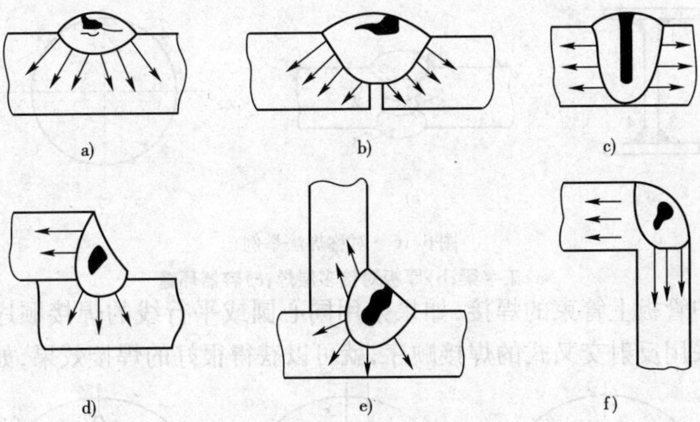

图 6-14　接头形式对裂纹倾向的影响

a)表面堆焊;b)熔深浅的对接焊缝;c)熔深较大的对接焊缝;d)搭接接头;e)T 形接头;f)角接接头

对于厚板结构的焊接,多层焊比单层焊的裂纹倾向有所缓和,但是焊接时应注意控制各层焊道的厚度,并注意层间温度的控制和层间清渣。另外,接头处应尽量防止错边、咬边、未焊透等焊接缺陷的出现,避免应力集中,这也是减小裂纹倾向的好办法。

③焊接熔池的形状。结晶裂纹的倾向还与焊缝成型系数 $\varphi = B/H$ 有关,提高 φ 可以提高焊缝的抗裂性能,如图 6-15 所示。

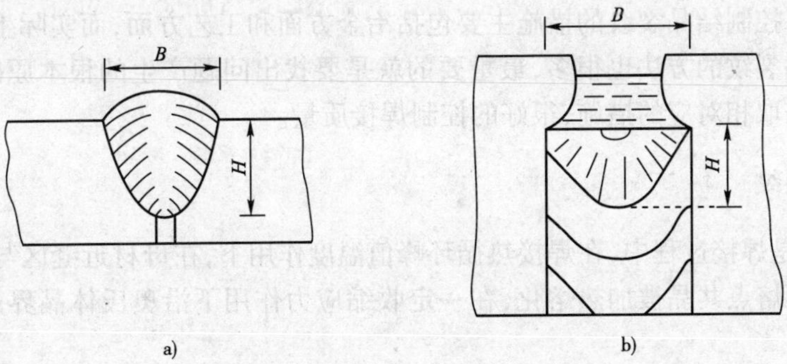

图 6-15　焊缝成型系数与裂纹倾向的关系

a)电弧焊焊缝;b)电渣焊焊缝

在焊接过程中,如果减小焊接电流,增大电压,焊缝成型系数将降低;而增大焊接速度也会使得焊缝成型系数降低,从而使熔池形状发生变化,增大裂纹倾向。

④调整冷却速度。冷却速度越快,变形增长率越大,结晶裂纹倾向也越大。降低冷却速度可通过调整焊接参数或预热来实现。其中预热效果明显,但结晶裂纹形成于固相线附近的高温区,需要较高的预热温度才能降低高温的冷却速度。在生产中,只在焊接一些对结晶裂纹特别敏感的材料,如中、高碳钢或高合金钢,才用预热来防止结晶裂纹。

⑤调整焊接顺序,降低接头的刚度和拘束度。施工时焊接顺序很重要,同样的焊接方法

和焊接材料，只是因焊接顺序不同，可能具有不同的结晶裂纹倾向。总的原则是尽量使大多数焊缝能在较小刚度的条件下焊接，使焊缝应力较小。如对称焊就能很好地减小裂纹的产生，如图 6-16 所示为生产中工字梁、厚板对接多层焊及环缝对称焊接时的焊接顺序。

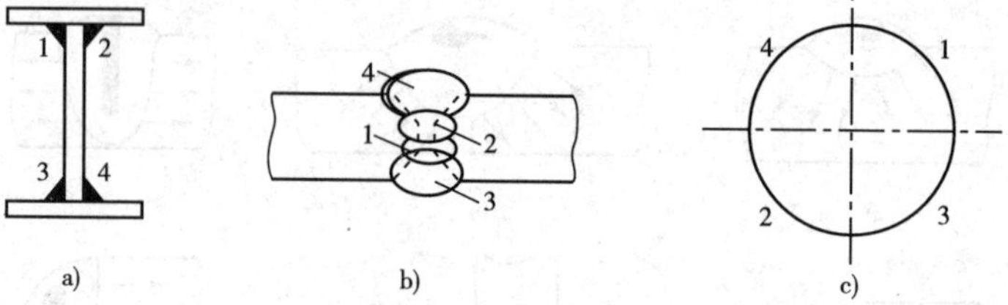

图 6-16　对称焊法举例

a）工字梁；b）厚板对接多层焊；c）容器环缝

又比如，锅炉管板上管束的焊接，如果采用同心圆或平行线的焊接顺序，都会因刚度大而导致开裂，而采用反射交叉式的焊接顺序，就可以获得很好的焊接效果，如图 6-17 所示。

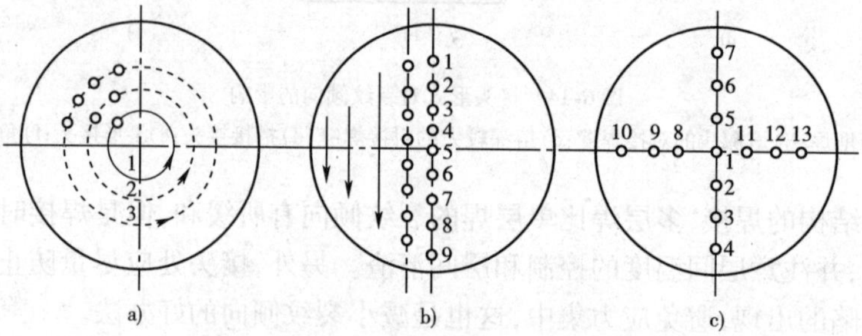

图 6-17　锅炉管板的管束焊接顺序

a）同心圆式（不好）；b）平行线式（不好）；c）放射交叉式（好）

综上所述，控制结晶裂纹的措施主要包括冶金方面和工艺方面，而实际生产中情况比较复杂，防止结晶裂纹的方法也很多，最重要的就是要找出问题产生的根本原因，并根据施工的具体条件，采取相对应的措施，很好的控制焊接质量。

二、液化裂纹

液化裂纹是焊接过程中，在焊接热循环峰值温度作用下，在母材近缝区与多层焊的层间金属中，由于低熔点共晶被加热熔化，在一定收缩应力作用下沿奥氏体晶界产生的开裂，如图 6-18 所示。

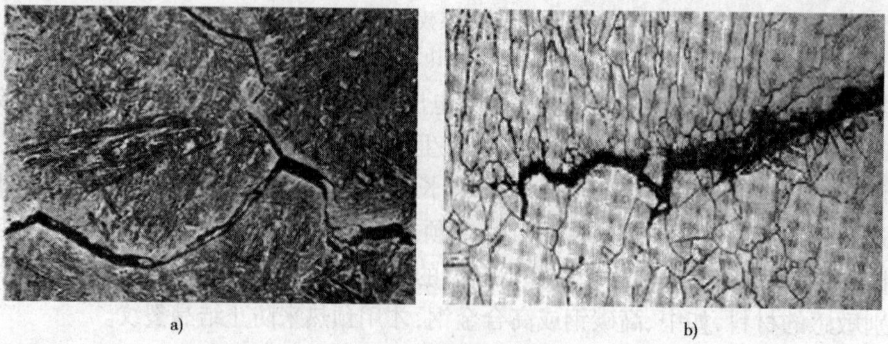

图 6-18　多边化裂纹形貌

1. 液化裂纹的特点

液化裂纹是一种沿奥氏体晶界开裂的微裂纹。液化裂纹的尺寸很小，一般都在0.5mm以下，个别的可达1mm。有些情况，液化裂纹还出现在焊缝熔合线的凹陷区（距表面约3～7mm）和多层焊的层间过热区，如图6-19所示。

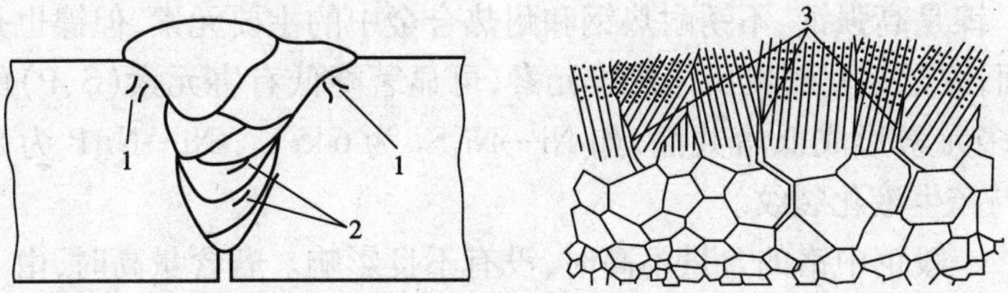

图6-19　液化裂纹分布部位

1-凹陷区；2-多层焊层间过热区；3-液化裂纹

液化裂纹的尺寸很小，一般只有在金相磨片上进行显微观察时才能发现。但其常常是冷裂纹、再热裂纹、脆性破坏和疲劳断裂的发源地，所以应当给予足够的重视。

2. 液化裂纹的形成机理

液化裂纹的形成机理在本质上和结晶裂纹相同，都是由于晶间有脆弱低熔共晶，在高温下承受不了拉应力的作用而开裂。但二者又有各自的规律，结晶裂纹是在液态焊缝金属结晶过程后期产生的。

液化裂纹的形成机理是焊接时近缝区金属或焊缝层间金属在高温下，奥氏体晶界上的低熔共晶被重新熔化，在拉伸应力的作用下沿奥氏体晶间开裂而形成液化裂纹。此外，在不平衡加热和冶金作用下，由于金属间化合物分解和元素的扩散，造成了局部地区共晶成分偏高而发生局部晶间液化，同样也会产生液化裂纹。

液化裂纹同样产生在脆性温度区，在该区内母材的近缝区和多层焊的层间，由于存在低熔组成物，塑性和强度急剧下降，如图6-20所示。

图6-20中：T_{nD}是加热过程无塑性温度，T_{nD}'是冷却过程无塑性温度。从图中可以看出：在加热过程中，金属塑性在ΔT_1范围内发生陡降，即从晶间低熔组成物开始熔化的温度到它全部熔化的温度范围。从图上来看，是塑性最高的温度到无塑性温度T_{nD}这一范围。在冷却过程中，由于过冷，使塑性恢复的温度总是低于加热时塑性开始下降的温度。所以冷却过程中的脆性温度区（ΔT_2）比加热时ΔT_1要大。这样，在收缩应力作用下，处于薄弱状态的晶间将在更长的时间内承受应变，为产生裂纹提供了更为有利的条件。因此，脆性温度区ΔT_2的大小是判断液化裂纹倾向的一个重要指标。

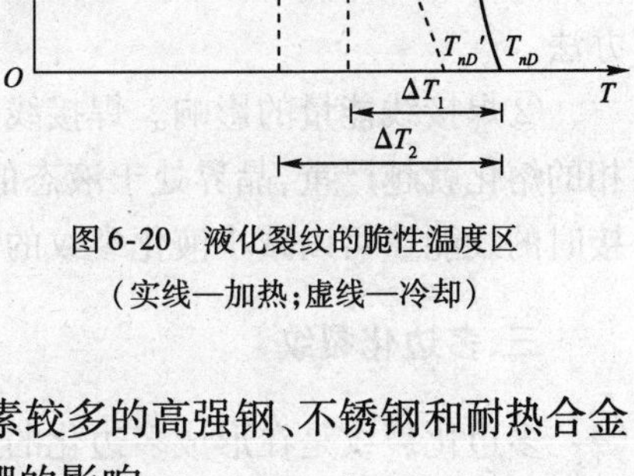

图6-20　液化裂纹的脆性温度区

（实线—加热；虚线—冷却）

3. 液化裂纹的影响因素及预防措施

(1) 化学成分的影响。液化裂纹主要脆性在合金元素较多的高强钢、不锈钢和耐热合金的焊接件中，除了硫、磷、碳等有害作用外，还有镍、铬和硼的影响。

①硼(B)。硼在铁和镍中的溶解度很小,但只要有0.003%～0.005%的微量硼就能产生明显的晶界偏析。除了能形成硼化物和硼碳化物之外,还与铁、镍形成低熔点共晶,Fe—B为1149℃,Ni—B为1140℃($Ni—Ni_2B$)或990℃($Ni_3B_2—NiB$),所以微量硼的存在就可能产生液化裂纹。

②镍(Ni)。镍是高强钢、不锈耐热钢和耐热合金中的主要元素,但镍也是液化裂纹敏感的元素。一方面,镍是强烈的奥氏体形成元素,可显著降低有害元素(S、P)的溶解度。另一方面,镍易与许多元素形成低熔共晶,如$Ni—Ni_3S_2$为645℃,$Ni—Ni_3P$为880℃,$Ni—Ni_2B$为990℃,故易与产生液化裂纹。

③铬(Cr)。一般钢中铬的含量不高时,没有不良影响。若含量高时,由于不平衡的加热与冷却,晶界可能产生偏析产物,如Ni—Cr共晶的熔点为为1340℃,从而增加热裂纹倾向。

因此,选用对液化裂纹敏感性较低的母材。可选用含碳、硫、磷和镍较低,并有较高Mn/S值的母材。对于含镍的低合金钢,Mn/S值最好大于50;含镍较高的钢,应严格限制杂质含量。如14Cr2Ni4MoV钢,改用电炉冶炼,可以提高钢材纯度,从而基本消除液化裂纹。

(2)工艺因素的影响。工艺因素对液化裂纹产生的影响也是不容忽视的。工艺因素包括焊接线能量、焊接工艺参数、焊接工艺条件等。

①熔池形状的影响。液化裂纹还与熔池的形状有关。如焊缝的断面呈明显的倒草帽形,则在熔合线的凹陷处,母材金属过热严重,该处易产生液化裂纹,如图6-21所示。且凹陷度越大,裂纹率也相应提高。

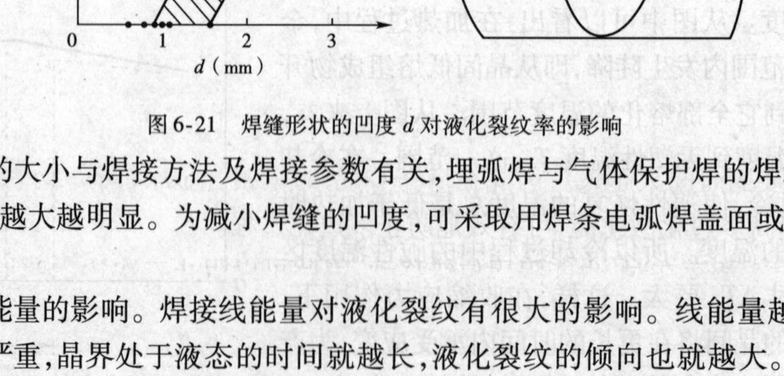

图6-21 焊缝形状的凹度 d 对液化裂纹率的影响

焊缝凹度的大小与焊接方法及焊接参数有关,埋弧焊与气体保护焊的焊缝断面多呈蘑菇状,而且电流越大越明显。为减小焊缝的凹度,可采取用焊条电弧焊盖面或将焊丝倾斜等办法。

②焊接线能量的影响。焊接线能量对液化裂纹有很大的影响。线能量越大,晶界低熔相的熔化就越严重,晶界处于液态的时间就越长,液化裂纹的倾向也就越大。因此,减小焊接时的线能量可以减小液化裂纹的倾向。

三、多边化裂纹

多边化裂纹是在形成多边化的过程中,由于高温时的塑性很低而造成的,它是热裂纹的另一种形态,又称高温低塑性裂纹。

1.多边化裂纹的特点

多边化裂纹多发生在纯金属或单相奥氏体焊缝中，个别情况下也出现在热影响区中，裂纹断口没有明显的塑性变形痕迹，呈现出高温低塑性开裂。裂纹的走向可以沿柱状晶的晶界发生开裂，有时也横穿树枝状晶发生开裂。裂纹附近常伴随着有再结晶晶粒的出现，如图6-22所示。

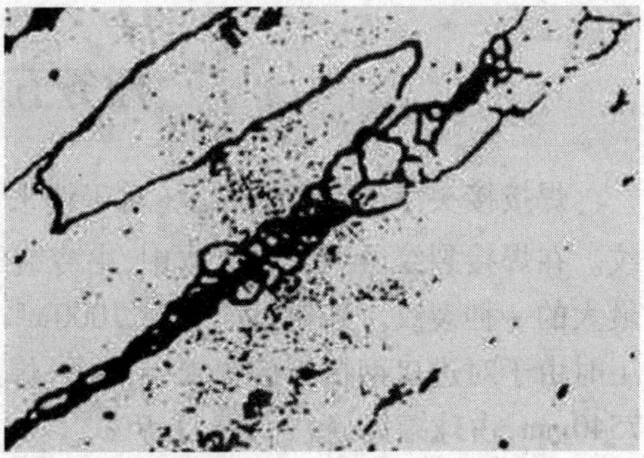

图6-22　多边化裂纹再结晶晶粒示意图

2.多边化裂纹的形成机理

焊接时，焊缝或近缝区在固相线稍下的高温区间，由于刚凝固的金属中存在很多晶格缺陷（主要是空位和位错）及严重的物理和化学不均匀性，在一定的温度和应力作用下，这些空格和位错等晶格缺陷的迁移和聚集，便形成了二次边界，即“多边化边界”，如图6-23所示。

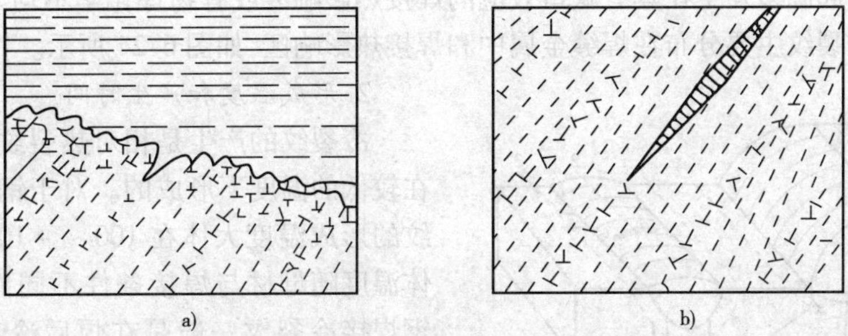

图6-23　由晶格缺陷形成的多边化裂纹

a）晶界过程（柱状晶）；b）晶界结束（裂纹形成）

3.多边化裂纹的影响因素

影响多边化裂纹的因素主要是合金成分、应力状态和温度。它们的影响，可由形成多边化过程所需的实际来说明，形成多边化所需要的时间越小，裂纹倾向越大。

（1）合金成分的影响。多边化所需的激活能越高，则晶格缺陷的引动和聚集就越慢，形成多边化所需要的时间久越长。因此在Ni—Cr系的单相合金中，向焊缝中加入Mo、W、Ti、Ta等元素能提高多边化激化能，可有效地防止多边化过程。

此外，高温δ相存在时，也能阻碍位错移动，因此可以阻止二次边界的形成。所以（γ+δ）相金属具有良好的抗多边化裂纹的能力。

（2）应力状态的影响。应力的存在能增加原子的活动性，所以会加速多边化的过程，且应力越大，多边化的过程就会越快。

（3）温度的影响。很多实验研究证明，在形成多边化的温度区间，形成多边化过程的温度越高，那么形成多边化的时间就越短。高温时，原子的活动能力大，晶体缺陷的移动和聚集比较容易，所以就很容易出现多边化裂纹。

目前关于多边化裂纹还缺乏深入的研究，只能从理论上进行定性的分析，有待今后进一步完善。

任务五　焊接冷裂纹

焊接接头冷却到较低温度(对于钢来说,一般是指 M_s 点以下)时产生的裂纹,称为冷裂纹。在焊接裂纹所引发的事故中,由冷裂纹所造成的事故占90%左右,因此,冷裂纹是危害最大的一种裂纹。某化工厂一台 $1000m^3$ 的液化石油气罐,材质为FG43钢,板厚34mm,施工时由于对进口钢材焊接要求不熟悉,焊后经检验发现许多裂纹,且主要是冷裂纹,总长达7540mm,占球罐焊缝总长的11.9%。

一、冷裂纹的一般特征

冷裂纹最易发生于有一定淬硬倾向的钢种的接头中,如中碳钢、高碳钢及中合金高强钢等,低碳钢焊接时很少出现冷裂纹。其特征归纳如下几个方面:

1. 分布形态

冷裂纹的起源多发生在具有缺口效应的焊接热影响区或有物理化学不均匀的氢聚集的局部地带。冷裂纹主要分布在焊缝金属中和焊接热影响区,如图6-24所示。

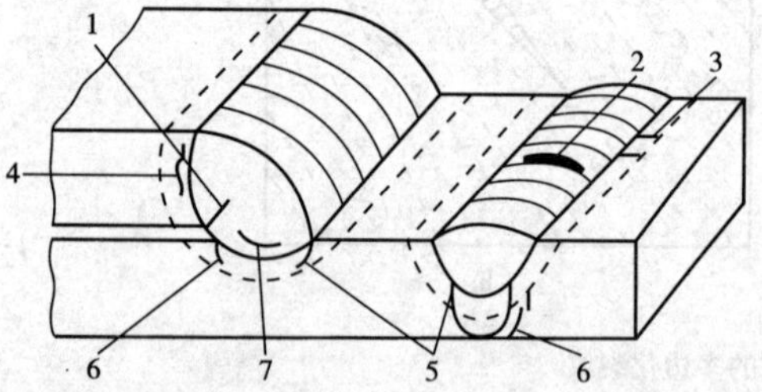

图6-24　冷裂纹的分布(焊缝金属和热影响区)

1-焊缝纵向裂纹;2-焊缝横向裂纹;3-热影响区横向裂纹;4-焊道下裂纹;5-焊趾裂纹;6-根部裂纹;7-过渡裂纹

2. 形成温度和产生时间

冷裂纹的产生是相对热裂纹而言的,都是在较低的温度下形成的。对于钢材来说,冷裂纹的形成温度大体在100~-100℃之间。具体温度随母材与焊接条件不同而异。如高强钢焊接冷裂纹一般是在焊后冷却过程中,M_s 点附近或更低的温度区间逐渐产生的,也有要推迟很久才产生。

冷裂纹可以在焊后立即出现,如淬硬倾向大的钢焊接时产生的"淬硬裂纹"常常没有潜伏期,铸铁或硬质合金等脆性材料焊接时易产生的"热应力裂纹"在热应力作用下导致开裂,因此也没有潜伏期。冷裂纹也有时要经过一段时间才出现,几小时、几天甚至更长时间。开始少量出现,随时间增长逐渐增多和扩展。这种不在焊后立即出现,而使具有一定潜伏期的冷裂纹称为"延迟裂纹",它的危害非常严重,不易察觉。其中,焊道下裂纹最为典型。

3. 产生部位

冷裂纹多数出现在焊接HAZ,如高、中碳钢,低、中合金高强钢;但一些厚大焊件,如超高强钢及钛合金,则出现在焊缝上。

4. 断口的特征

宏观上,冷裂纹的断口具有脆性断裂的特征,表面有金属光泽,呈人字形态发展。从微观上看,裂纹有时沿晶界扩展,有时穿晶前进,主要由焊接接头的金相组织和应力状态及氢的含量决定。

二、冷裂纹的种类

根据引起冷裂纹的主要原因不同，冷裂纹主要可分为延迟裂纹、淬硬脆化裂纹、低塑性脆化裂纹。其中延迟裂纹是冷裂纹中一种比较普遍的裂纹形态。

1. 延迟裂纹

延迟裂纹是冷裂纹中最为普遍的一种形态，如图6-25所示。其主要特点是不在焊后立即出现，而是有一定孕育期（几个小时或几天甚至几个月），具有延迟现象。延迟裂纹的产生主要决定于钢种的淬硬倾向、焊接接头的应力状态和熔敷金属中的扩散氢含量。

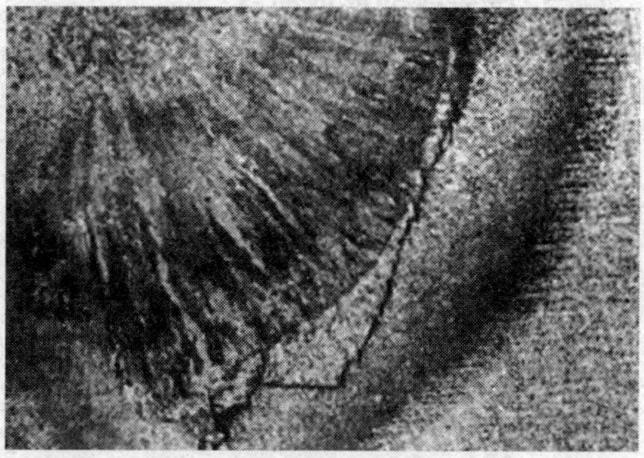

图6-25　延迟裂纹示意图

延迟裂纹还可以分为以下三种形态，如图6-26所示。

（1）焊道下裂纹。这是一种微小的裂纹，经常发生在淬硬倾向较大、含氢量较高的焊接热影响区。其特征是形成于距焊缝边界约0.1～0.2mm的热影响区，因为这个部位常具有粗大的马氏体组织。一般情况下裂纹走向与熔合线平行，而且一般不显露与表面，如图6-26a）所示。

（2）焊趾裂纹。焊趾裂纹起源于母材与焊缝交界处，并有明显应力集中部位，如咬肉处。裂纹的走向与焊道平行，一般有焊趾表面开始向母材深处扩展，如图6-26a）所示。

（3）根部裂纹。根部裂纹与焊趾裂纹相似，起源于焊缝根部应力集中最大的部位，特别是未焊透时更容易形成，如图6-26b）所示。根部裂纹可能出现在焊缝金属中，也有可能出现在热影响区的粗晶段，这主要取决于母材和焊缝的强度、韧性以及焊缝根部的形状。根部裂纹是延迟裂纹中比较常见的一种形态，主要发生在含氢量较高、预热温度不足的情况下。

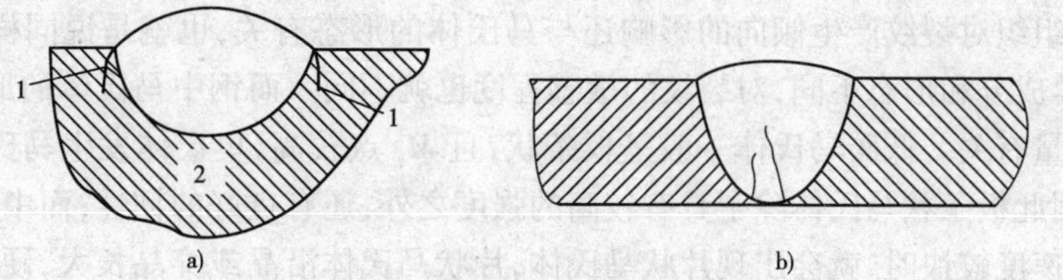

图6-26　焊道下裂纹、缺口裂纹分布形态

a）焊道下裂纹、焊趾裂纹；b）根部裂纹

1-焊趾裂纹；2-焊道裂纹

2. 淬硬脆化裂纹

一些淬硬倾向很大的钢种，由于冷却时发生的马氏体相变而产生很大的脆性，使得焊后焊缝金属仅在拘束应力的作用下也能导致开裂，称为淬硬脆化裂纹。淬硬脆化裂纹完全是由马氏体相变产生的脆性和拘束应力共同作用产生的，与焊缝中的氢无关。

淬硬脆化裂纹主要发生在含碳较高的Ni—Cr—Mo钢、马氏体不锈钢、工具钢，以及异种钢等的焊接热影响区或焊缝上，且焊后可以立即发现，基本上无延迟现象。

3. 低塑性脆化裂纹

某些塑性很低的材料(如铸铁补焊、堆焊硬质合金和焊接高铬合金等),冷至低温时,由于收缩力而引起的应变超过了材质本身所具有的塑性储备或材质变脆而产生的裂纹。

低塑性脆化裂纹一般在低温(400℃以下)情况产生,且无延迟现象。

三、冷裂纹的形成机理

根据对于低合金高强度钢斜 Y 坡口抗裂试验的研究,建立了裂纹的临界关系式,将冷裂纹产生的主要影响因素进行很好的概括。日本科学家最早提出了冷裂敏感指数 P_W、P_C 关系式:

$$P_W = P_{cm} + \frac{H_D}{60} + \frac{R_F}{4 \times 10^5}$$

$$P_C = P_{cm} + \frac{H_D}{60} + \frac{\delta}{600}$$

式中:P_{cm}——称为冷裂敏感组成,亦可称为“碳当量”。P_{cm} 是根据 200 种低碳、低合金钢的试验数据而得到的经验公式。从式中可以总结出,钢的成分 P_c(反映钢材的淬硬倾向)、扩散氢 H_D(反映氢脆程度)、拘束度 R_F(反映拘束拉伸应力)是影响冷裂纹产生的三大主要因素。

1. 钢种的淬硬倾向

钢种的淬硬倾向主要取决于化学成分、板厚、焊接工艺和冷却条件等。焊接时,钢种的淬硬倾向越大,越易产生裂纹。原因归纳如下:

(1)形成淬硬的马氏体组织。M 是碳在 α - Fe 中的过饱和固溶体,碳原子以间隙原子存在于晶格之中,晶格畸变非常严重,组织处于硬化状态。特别是在焊接条件下,近缝区的加热温度很高,可达 1350 ~ 1400℃,使奥氏体晶粒发生严重长大。当快速冷却时,粗大的奥氏体转变成粗大的马氏体。马氏体是一种硬脆组织,发生断裂时消耗较低的能量,因此有马氏体存在时,裂纹易于形成和扩展。

马氏体组织对裂纹产生倾向的影响还与马氏体的形态有关,也就是说同样是马氏体组织,由于化学成分和形态不同,对裂纹的敏感程度也就不同。而钢中马氏体的形态与碳及合金元素的含量有关。低碳马氏体一般呈板条状,且 M_s 点较高,奥氏体发生马氏体转变后有回火作用,因此板条状马氏体除了具有较高的强度之外,还有良好的韧性;而中、高碳钢焊接或焊接冷却速度较快时,就会出现片状马氏体,片状马氏体沿晶或穿晶长大,硬度大、塑性和韧性都很差,对裂纹和氢脆的敏感性也很强。根据大量研究,钢中各种组织对裂纹的敏感性大致按以下顺序依次增大:

铁素体(F)或珠光体(P)—下贝氏体($B_{下}$)—板条马氏体($M_{低C}$)—上贝氏体($B_{上}$)—粒状贝氏体($B_{粒状}$)—岛状 M-A 组元—针状马氏体($M_{高C}$)。

其实焊缝组织的硬化程度与马氏体相变量有关,马氏体数量越多,冷裂纹倾向增大,如图 6-27 所示。冷却速度越快,形成的马氏体数量就越多,冷裂纹倾向也越明显。

(2)淬硬会形成更多的晶格缺陷。金属在热力学不平衡的条件下会形成大量的晶格缺陷,主要是空位和位错。在一定条件的作用下,空位和位错都会发生移动和聚集,当浓度达到一定的临界值后,就会形成裂纹源。在应力的继续作用下,就会不断发生扩展而形成宏观的裂纹。

为了更好地描述钢材的淬硬倾向，常以硬度作为标志，而在焊接方面常用热影响区的最高硬度 H_{max} 作为评定某些高强钢的淬硬倾向。H_{max} 既能反映马氏体含量和形态的影响，也能反映位错密度的影响。

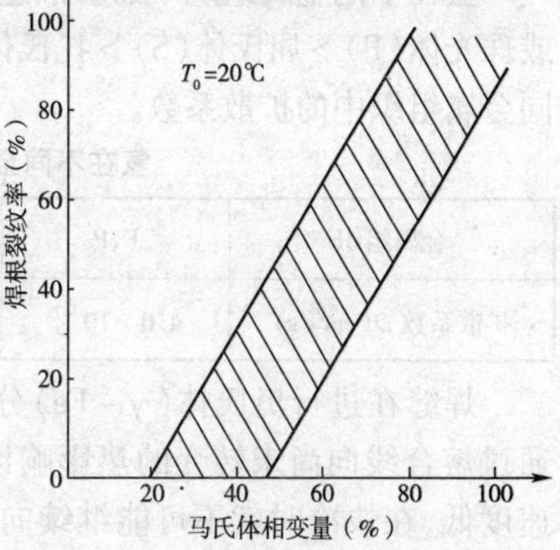

图 6-27　马氏体相变量与冷裂纹的关系

2. 扩散氢的作用

氢是引起冷裂纹的重要因素之一，并且有延迟的特征。因此把氢引起的延迟裂纹称为"氢致裂纹"或"氢助裂纹"。

钢中的氢有两种存在形式，一种是能运动的"扩散氢"，另一种是不可运动的"残余氢"。一般情况下，残余氢的数量很少，并且在300℃以下的焊接区扩散氢变化时，残余氢含量基本不变。只有扩散氢对钢的冷裂纹的产生和扩展起决定性作用。因为冷裂纹一般都在 M_s 点以下产生，而在较高的温度下大部分扩散氢均已逸出金属，不会导致裂纹产生，只有在较低温度下的扩散氢才具有致裂的作用。这部分扩散氢被称为"残余扩散氢"。

关于氢在形成冷裂纹过程中的作用，很多人员已做过研究，总结概述成以下几点。

(1) 氢的来源及焊缝中的含氢量。焊接材料中的水分、焊件坡口处的铁锈、油污，以及环境湿度等都是焊缝中富氢的来源。其中，母材和焊丝中的含氢量很少，可以忽略不计，而焊条药皮的水分和空气中的湿气是增氢的主要原因。

(2) 金属组织对氢扩散的影响。氢在不同金属组织中的溶解度不同。氢在奥氏体中的溶解度远比在铁素体中的溶解度大，并且随温度增高而增加。

由图 6-28 中可以看出，焊接时由奥氏体（γ－Fe）转变为铁素体（α－Fe）时，氢的溶解度急剧下降。焊接时在高温的作用下，将有大量的氢溶解在熔池中，在随后的冷却和凝固过程中，由于溶解度的急剧降低，氢极力逸出，但因冷却很快，氢来不及逸出而保留在焊缝金属中，使焊缝中的氢处于过饱和状态，必须极力扩散，如图 6-29 所示为氢原子从焊缝向热影响区扩散的情况。

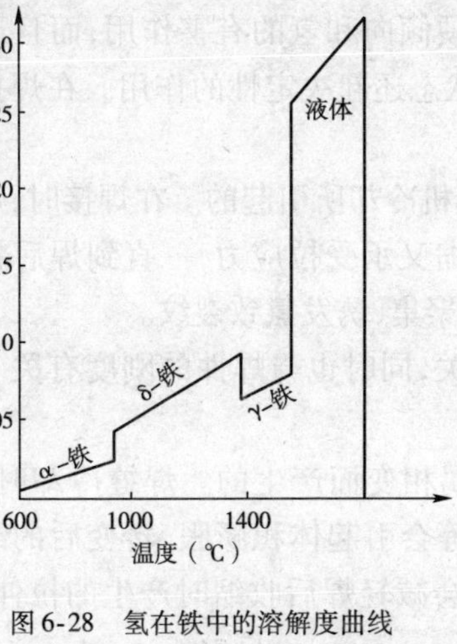

图 6-28　氢在铁中的溶解度曲线

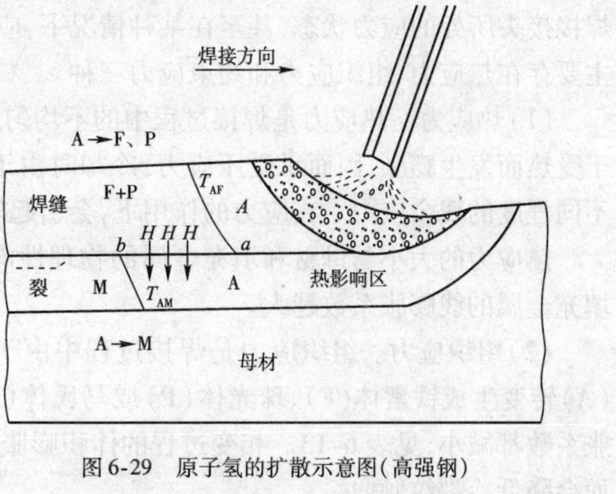

图 6-29　原子氢的扩散示意图（高强钢）

氢在不同金属组织中的扩散速度也不同。氢在不同组织中的扩散速度为:铁素体(F)或珠光体(P)>屈氏体(S)>托氏体(T)>马氏体(M)>奥氏体(A),表6-11列出了氢在不同金属组织中的扩散系数。

氢在不同金属组织中的扩散系数($W_C = 0.54\%$) 表6-11

金属组织	F、P	S	T	M	A
扩散系数 D(cm^2/s)	4.0×10^{-7}	3.5×10^{-7}	3.2×10^{-7}	2.5×10^{-7}	2.1×10^{-12}

焊缝在进行奥氏体($\gamma-Fe$)分解时,氢的溶解度突降,扩散速度突升。过多的氢必然通过熔合线向尚未转变的热影响区扩散。氢扩散到母材后,由于γ相中溶解度大而扩散速度低,在快冷时就不可能继续向母材内部扩散,而聚集在熔合线附近形成了富氢区。母材发生相变后,氢就以过饱和的形式残留于生成相马氏体中,并扩散到应力集中或晶格缺陷处,形成较高的局部应力。再加上热应力、组织应力的共同作用,就可能造成开裂。

(3)温度对扩散氢的影响。氢的溶解度和扩散速度都与温度有关。当温度很高时,氢的扩散速度很快,会很快从焊缝金属中逸出;当温度很低时,氢的扩散速度很慢,不会产生聚集,这两种情况都不会产生冷裂纹。只有在一定的温度范围内,氢来不及扩散逸出,又在焊缝金属中形成聚集,才会形成冷裂纹。一般在100~-100℃时,氢的作用最明显,如果同时有敏感组织和应力存在,就会产生冷裂纹。表6-12列出了不同温度时氢在$\gamma-Fe$和$\alpha-Fe$中溶解度和扩散速度。

不同温度时氢在$\gamma-Fe$和$\alpha-Fe$中溶解度和扩散速度 表6-12

温度(℃)	溶解度(mL/100g)		扩散速度($mL/mm^2/h^1$)	
	$\gamma-Fe$	$\alpha-Fe$	$\gamma-Fe$	$\alpha-Fe$
500	4	0.75	0.018	0.26
100	0.9	0.12	0.000000034	0.00026

3. 焊接接头的应力状态

高强钢焊接时产生延迟裂纹不仅决定于钢的淬硬倾向和氢的有害作用,而且还取决于焊接接头所处的应力状态,甚至在某种情况下,应力状态还起决定性的作用。在焊接条件下主要存在热应力、组织应力和约束应力三种。

(1)热应力。热应力是焊接过程中的不均匀加热机冷却所引起的。在焊接时,焊接区由于受热而发生膨胀,因而承受压应力,冷却时由于收缩又承受拉应力,一直到焊后将会产生不同程度的残余应力。在应力的作用下,会引起氢的聚集,诱发氢致裂纹。

热应力的大小与母材和填充金属的物理性能有关,同时也与焊件的刚度有关。母材和填充金属的线膨胀系数越大。

(2)组织应力。组织应力是焊接过程中由于金属相变而产生的。焊缝冷却时,奥氏体(A)转变生成铁素体(F)、珠光体(P)或马氏体(M)等会引起体积膨胀,转变后的组织的膨胀系数都减小,见表6-13。相变过程的体积膨胀,将会减轻焊后收缩时产生的拉伸应力,反而会降低冷裂纹倾向。

钢中不同组织的物理性质　表6-13

热物理性质	组织类别				
	奥氏体	铁素体	珠光体	马氏体	渗碳体
比容(cm^3/g)	0.123～0.125	0.127	0.129	0.127～0.131	0.130
线膨胀系数($\times10^{-6}/℃$)	23.0	14.5	—	11.5	12.5
体膨胀系数($\times10^{-6}/℃$)	70.0	43.5	—	35.0	37.5

(3)结构自身拘束条件所造成的应力。约束应力是由于结构自身约束条件所造成的应力。这种应力包括结构的刚度、焊缝位置、焊接顺序、构件的自重等均会使焊接接头承受不同的应力。

以上这三种应力都是钢结构焊接时不可避免的,统称为"拘束应力"。通常把热应力和相变应力合称为"内拘束应力",而把结构自身拘束条件所造成的应为称为"外拘束应力"。

四、防止冷裂纹的措施

为防止冷裂纹,必须控制上述三个主要影响因素,即降低扩散氢量、减小拘束度和减少淬硬组织。控制途径包括冶金和工艺两个方面。

1. 冶金方面

(1)控制母材的化学成分。母材的化学成分不仅决定了其本身的组织和性能,而且决定了所用的焊接材料,因而对接头冷裂纹敏感性有着决定性的作用。主要措施就是提高钢材的品质,一方面采用低碳多种微量合金元素的强化方式,提高钢材的强度的同时能保证钢材的韧性;另一方面尽可能降低钢中的杂质,控制硫、磷、氧、氮等元素的含量。

对于低合金高强钢,一般可用碳当量 C_{eq} 和冷裂纹的敏感系数 P_{cm} 来评价母材的抗冷裂纹能力。C_{eq} 越大,淬硬倾向越大,冷裂纹敏感性增大。

例如国产 CF 钢($\sigma_b=600N/mm^2$),含碳只有 0.06%,$P_{cm}=0.16\%$,采用相应的低氢焊条,焊前不预热焊后不热处理,即使板厚 50mm 也不产生裂纹。

(2)合理选择和使用焊接材料。从焊接本身所能采用的冶金途径选用优质的低氢焊接材料和低氢的焊接方法,这也是防止冷裂纹产生的有效措施之一。在一般焊接生产中,对于不同强度级别的钢材,采用相匹配的焊丝、焊条和焊接就能满足生产要求。但对于某些重要的焊接结构,应采用超低氢、高强高韧性的焊接材料,以防止冷裂纹的产生。

①选用低氢和超低氢的焊接材料,严格按规定对焊接材料进行烘焙及焊前清理,并注意环境湿度。普通低氢焊条应在 350℃,超低氢焊条应在 400～450℃烘干 2h,并在保温筒内保存,随用随取,防止吸潮。

②对焊丝和钢板坡口附近的铁锈、油污等应仔细清理。对于熔炼焊剂,焊前一般 250℃烘干保温 2h 即可;而烧结焊剂,特别是粘结焊剂,应密封存放,且开封之后立即使用完毕。

③选用奥氏体焊条。奥氏体中可以固溶较多的氢,限制氢的扩散,有利于减少冷裂纹倾向,且一般可以不用预热。但在焊接接头强度要求较高时,采用奥氏体焊条不适合。在焊接某些淬硬倾向较大的中、低合金高强钢时能较好的避免冷裂纹。

④采用"低组配"焊条。选择强度级别比母材略低的焊条有利于防止冷裂纹。因为强度较低的焊缝本身冷裂倾向小,而且容易产生塑性变形,这样就降低了接头的拘束应力,改善了热影响区的冷裂纹倾向。如采用所谓"软层焊接"制造一些高强钢球型容器和反应堆外壳,用抗裂性好的焊条做打底层,内层采用与母材等强的焊条,而表面 2 ~ 6mm 采用稍低于母材的焊条,可降低焊接接头的拘束应力,提高焊缝的抗裂性能。

⑤提高焊缝金属的韧性,也可以提高抗冷裂纹的能力。如加入钛、铌、钼、钒等微量元素就可以提高焊缝的韧性。

2. 工艺方面

焊接工艺也是防止冷裂纹的重要手段。焊接工艺一般包括正确制定焊接顺序、选择焊接线能量、预热温度、焊后后热和焊后热处理等。

(1)焊前预热。焊接预热是防止冷裂纹产生的非常有效的方法,根据冷裂纹敏感系数可以得到避免冷裂纹所需预热温度的经验公式:

$$T_0 = 1440P_W - 392℃$$

一般情况下,大型焊接结构应采用局部预热来防止冷裂纹。局部预热的范围以焊缝两侧各 100 ~ 200mm 为宜。对于多层焊,保持层间温度也很重要,一般应不低于预热温度,但也不应高于预热温度的 30℃以上。

(2)控制焊接热输入。热输入过大,会使热影响区奥氏体晶粒长大,接头韧性下降;热输入过小,则冷却速度过大,易形成淬硬组织而使冷裂纹倾向增加。因此,在充分保证焊接接头韧性的前提下,适当增大焊接热输入,可以减少冷裂纹的产生。

(3)焊后热处理。焊后进行紧急后热,即在冷裂纹尚在潜伏期而未启裂之前及时实施的焊后加热,可使扩散氢充分逸出,减小冷裂纹倾向。焊后常用的热处理方法有消氢处理、消除应力退火、正火 + 淬火或淬火 + 回火。

选用合适的后热温度,还可以适当降低预热温度。如 HT80 高强钢采用后热 200℃,1h,可降低预热温度 100℃。

五、冷裂纹试验方法

现有的冷裂纹试验主要是用于检测焊根裂纹或热影响区裂纹,也有少数试验方法可以检测焊缝的冷裂纹。冷裂纹试验可分为两类:定性试验和定量试验。定性试验是自拘束条件,典型的试验方法有十字接头试验、WIC 试验、Lehigh 试验、G-BOP 试验、斜 Y 坡口拘束试验(也称"小铁研"试验)、CTS 试验(即可控热数据抗裂试验)等。定量试验时通过专门装置形成外载拘束条件,典型的试验方法有插销试验(即 implant 试验)、TRC 试验、RRC 试验、LB-TRC 试验等。本节中主要介绍斜 Y 坡口拘束试验和插销试验。

1. 斜 Y 坡口拘束试验

斜 Y 坡口拘束试验主要是用来评定碳钢和低合金钢焊接热影响区对冷裂纹的敏感性。其主要优点是不需要专用设备,在施工现场可以应用,但需要进行大量的解剖检查。该试验所遵循的国家标准为《焊接性试验　斜 Y 型坡口焊接裂纹试验方法》(GB/T 4675.1—1984)。具体试验方法如下:

(1)制备试件。如图 6-30 所示,对接后试件尺寸为 200mm × 150mm,厚度为实际板厚。

坡口共分为三段，两端为拘束焊缝，开 X 形坡口；中间为试验焊缝，为斜 Y 形坡口。

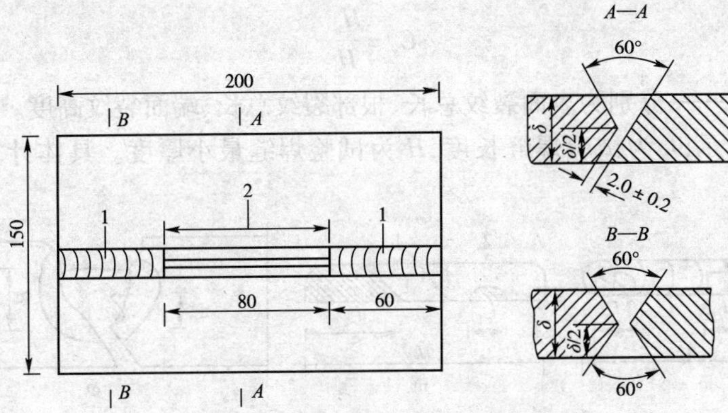

图 6-30　斜 Y 坡口拘束试验试件

1-拘束焊缝；2-试验焊缝

(2)试验方法。拘束焊缝是双面焊，先焊背面，再焊正面，交替焊满坡口，不得有角变形和未焊透；试验焊缝用焊条电弧焊或用焊条自动送进装置进行焊接，只焊一道。拘束焊缝应采用低氢焊条焊接，试验焊条应与试验钢材相匹配。一般焊条直径为 ϕ4mm，焊接电流 160～180A，电弧电压 22～26V，焊接速度 150mm/min。

根据试验要求，可在不同温度下施焊，并最好每次焊两个试件。焊完 48h 以后进行监测和解剖。焊条电弧焊时，引弧和收弧处应按图 6-31a)图处理。自动焊时，引弧和收弧处应按图 6-31b)图处理。

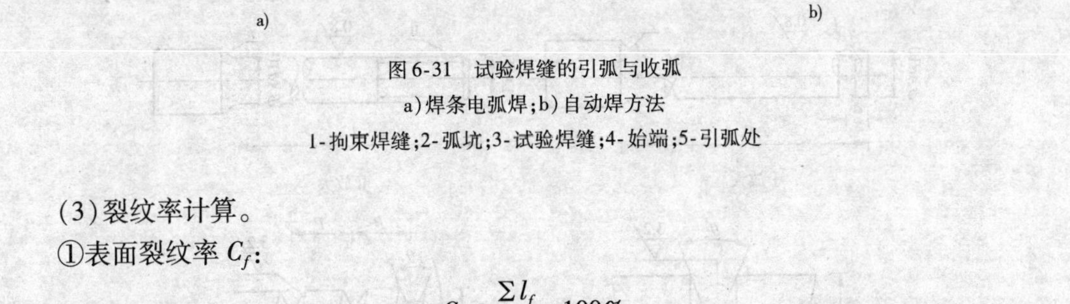

图 6-31　试验焊缝的引弧与收弧

a)焊条电弧焊；b)自动焊方法

1-拘束焊缝；2-弧坑；3-试验焊缝；4-始端；5-引弧处

(3)裂纹率计算。

①表面裂纹率 C_f：

$$C_f = \frac{\sum l_f}{L} \times 100\%$$

②根部裂纹率 C_R：

$$C_R = \frac{\sum l_r}{L} \times 100\%$$

③端面裂纹率 C_s：

$$C_s = \frac{H_c}{H}$$

式中：Σl_f、Σl_r、H_c——分别为表面裂纹总长、根部裂纹总长、端面裂纹高度。

如图6-32所示，L为试验焊缝长度，H为试验焊缝最小厚度。具体计算要求见GB/T 4675.1—1984。

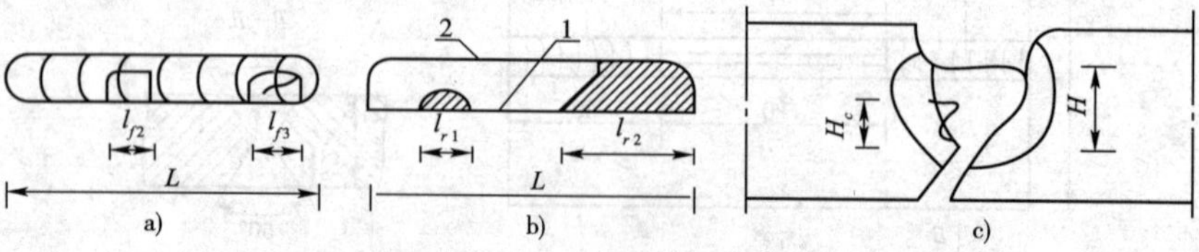

图6-32 试验裂纹尺寸的确定

a）表面裂纹；b）焊根裂纹；c）断面裂纹

1-根部；2-表面

2. 插销试验（implant 试验）

插销试验是用来检测低合金钢焊接热影响区冷裂纹敏感性的一种定量试验方法，也可用来检测再热裂纹和层状撕裂的敏感性。插销试验试棒小、检测准确度高、焊接热循环可调节的特点，但是试验时需要专用设备，不适合现场应用。该试验所采用的国家标准为《焊接用插销冷裂纹试验方法》（GB/T 9446—1988）。具体试验方法如下：

（1）制备试件。如图6-33所示，插销试件为圆棒，一般直径为ϕ8mm，开环状缺口（或螺旋状缺口），用试验材料制成。

（2）试验方法。如图6-34所示，试验时，将试棒插入"基板"（基板不一定必须是试验材料）的孔中。在基板表面过插销试棒堆焊一条长约100～150mm的焊道，并使过热区位于试棒的缺口内。焊后当缺口冷却到150℃时，对插销试棒加一定的轴向拉伸载荷，并保持这一载荷直到试棒断裂。

（3）试验记录。施加静载荷时，若载荷保持16h试棒仍不断裂，此应力为临界应力σ_{cr}，并可画出曲线，如图6-35所示。如果该临界应力σ_{cr}大于试件的屈服强度，则认为工艺安全。

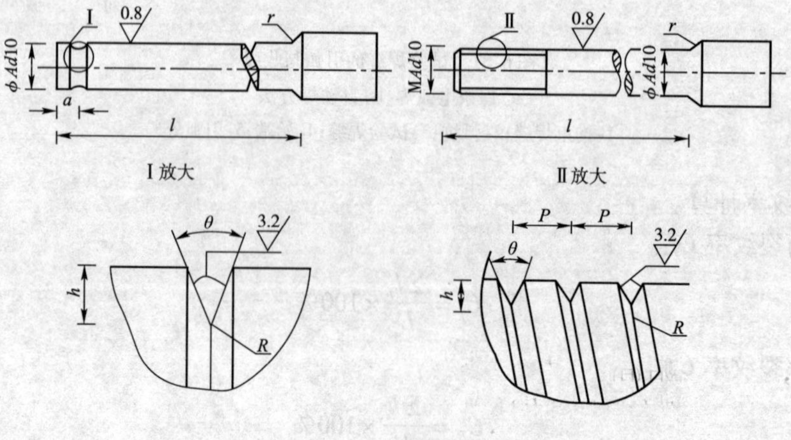

图6-33 插销试验试件制备

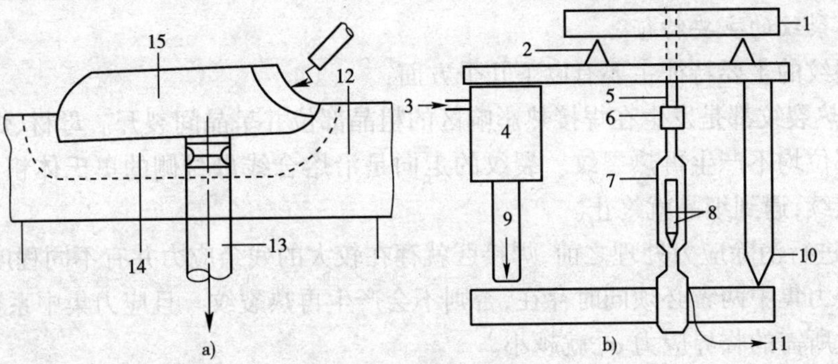

图 6-34　插销试验方法

1-试板;2-支点;3-加压;4-油缸;5-插销试棒;6-连接接头;7-加载棒;8-应变片;9-载荷;10-支柱;11-导线;12-基体板;13-试棒;14-热影响区;15-焊道

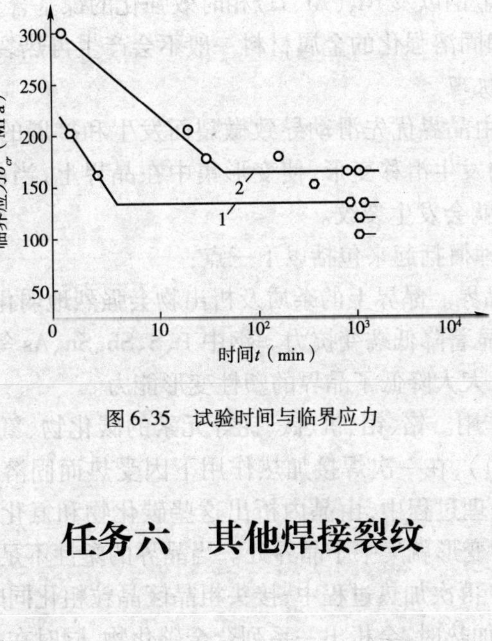

图 6-35　试验时间与临界应力

任务六　其他焊接裂纹

一、再热裂纹

焊接残余应力是促使发生脆断以及应力腐蚀的重要因素之一,因此焊后常要求进行消除应力的热处理。那么,再热裂纹就是指焊后对焊接接头再次加热所产生的开裂现象。焊后未经再次加热并无裂纹产生。

对于某些含有沉淀强化元素的高强钢和高温合金(包括低合金高强钢、珠光体耐热钢以及某些奥氏体不锈钢等),在焊后并未发现裂纹,而在热处理过程中出现了裂纹,这种裂纹称为"消除应力裂纹",又称 SR 裂纹(Stress Relief Cracking)。有些焊接结构是在一定温度条件下工作的,即使在焊后消除应力处理过程中不产生裂纹,而在 500 ~600℃长期工作时也会产生裂纹。工程上常把在消除应力过程和服役过程中产生的裂纹统称为"再热裂纹"(Reheat Cracking)。

1. 再热裂纹的主要特征

再热裂纹的主要特征主要有以下几个方面：

(1)再热裂纹都是发生在焊接热影响区的粗晶部位并呈晶间裂开。母材、焊缝和热影响区的细晶部位均不产生再热裂纹。裂纹的走向是沿熔合线母材侧的奥氏体粗晶晶界扩展，有时并不连续，遇到细晶就终止。

(2)在进行消除应力处理之前，焊接区就存在较大的残余应力并有不同程度的集中。残余应力与应力集中两者必须同时存在，否则不会产生再热裂纹。且应力集中系数K越大，产生再热裂纹所需的临界应力σ_{cr}就越小。

(3)再热裂纹的产生存在一个温度最敏感的区间，具有C形曲线特征。这个敏感温度区间与再热温度有关，也有钢材的种类有关。奥氏体不锈钢和高温合金约为700~900℃，而沉淀强化的低合金钢为500~700℃。

(4)含有一定沉淀强化元素的金属材料才具有产生再热裂纹的敏感性。含Cr、Mo、V等能形成碳化物相的低合金钢以及Ni_3(Al、Ti)相时效强化的镍基合金就是易于产生再热裂纹的典型材料，而碳素钢和固溶强化的金属材料一般不会产生再热裂纹。

2. 再热裂纹产生的机理

再热裂纹的产生是由晶界优先滑动导致微裂而发生和扩展的，即高温下晶界强度低于晶内强度，晶界优于晶内发生滑移变形，使变形集中在晶界上，当晶界的实际变形量e超过其塑性变形能力e_{min}时，就会发生裂纹。

再热裂纹的产生机理概括起来包括以下三点：

(1)杂质偏聚弱化晶界。晶界上的杂质及析出物会强烈地弱化晶界，使晶界滑动时失去聚合力，导致晶界脆化，显著降低蠕变抗力。钢中P、S、Sb、Sn、As等元素在500~600℃再热处理过程中向晶界析集，大大降低了晶界的塑性变形能力。

(2)晶内析出强化作用。铬、钼、钒、钛、铌等元素的碳化物、氮化物，以及镍基合金中的沉淀相(γ'相、Ni_3(Al、Ti))，在一次焊接加热作用下因受热而固溶，焊后冷却时不能充分析出；而在二次加热再热处理过程中，由晶内析出这些碳化物和氮化物及沉淀相，从而晶内强化，而应力松弛所产生的变形就集中于晶界处。当晶界的塑性不足时，就会产生再热裂纹。

(3)蠕变损伤作用。再次加热过程中，接头粗晶区晶粒粗化同时，合金碳化物发生固溶。再次到550~725℃之间加热时，会析出一系列合金碳化物，同时在晶粒表面出现一个碳化物贫化区，导致蠕变抗力下降，产生蠕变断裂。

3. 影响再热裂纹的因素及其防治

影响再热裂纹的主要因素是钢种的化学成分(直接影响粗晶区的塑性)和焊接区的残余应力(特别是应力集中部位)。

(1)冶金方面的因素。

①化学成分的影响。化学成分对再热裂纹的影响因钢种不同而有所差异。如珠光体耐热钢，钢中的含Mo量越多，则Cr的影响越大，但当达到一定量时(如$W_{Mo}=1\%$，$W_{Cr}=0.5\%$)，随Cr的增多，SR裂纹率反而下降，如图6-36a)所示。但如果含有V时，SR裂纹率显著增加，如图6-36b)所示

②焊接接头不同部位缺口效应的影响。焊接接头不同部位和缺口效应对再热裂纹的影

响也不同。如 HT80 钢，把缺口开在不同位置，经 600℃，2h。实验结果表明，在缺口位于粗晶区和有余高有咬肉的情况下常导致再热裂纹的产生，见表 6-14。

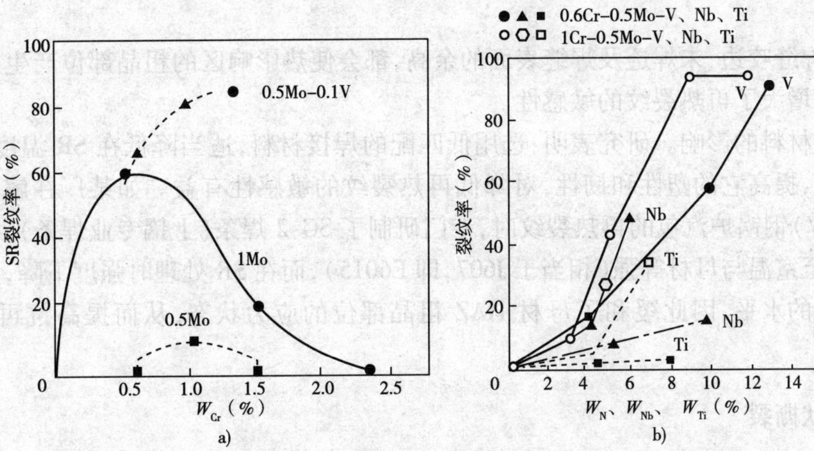

图 6-36　钢中化学成分对 SR 裂纹的影响

a) Cr、Mo 含量的影响（620℃，2h）Ti（%）；b) V、Nb、Ti 的影响（620℃，2h 炉冷）

缺口位置对 SR 裂纹的影响　　表 6-14

缺口位置	焊缝	粗晶区	细晶区	不完全重结晶区	母材	有余高、无咬肉	有余高、有咬肉
SR 裂纹	无	有	无	无	无	无	有

（2）焊接工艺因素。焊接工艺因素包括焊接方法、焊接线能量、预热、后热温度以及焊接材料的匹配问题。

①焊接方法和热输入的影响。根据结构的形状、板厚及使用上的要求不同，采用的焊接方法不同。对于一般压力容器、舰船、桥梁、管道和发电设备等，多采用手工电弧焊和埋弧自动焊，有时也用电渣焊和气体保护焊等。这些方法焊接线能量不同，大的焊接线能量会使过热区的晶粒粗大，其中电渣焊最为严重，再热裂纹倾向最大。同时，增大焊接热输入将会增大粗晶区，使裂纹倾向增大。

②预热和后热的影响。预热可以有效地防止冷裂纹，对于 SR 裂纹，必须采用更高的预热温度或配合后热才能有效。如焊接 14MnMoNbB 钢，预热 200℃可以有效防止冷裂纹，但经 600℃，6h，SR 处理便产生了再热裂纹。如果预热温度提高到 270 ~ 300℃，或者预热 200℃焊后立即进行 270℃ +5h，SR 处理，均可有效防止产生再热裂纹。表 6-15 列出了一些常用的低合金钢防止再热裂纹所需的预热及后热参数。

常用的低合金钢防止再热裂纹的预热温度和后热参数　　表 6-15

钢种	14MnMoNbB		18MnMoNb	18MnMoNbNi	2Cr-1Mo
板厚（mm）	50	28	32	50	50
预热温度（℃）	300	300	220	220	200
后热参数	270℃，5h	250℃，5h	180℃，5h	180℃，5h	—

③降低残余应力,避免应力集中。对于残余应力较大的焊件,在进行SR处理前就有可能造成粗晶区微裂,而在SR处理过程中就会加速产生再热裂纹。应力集中也会促进再热裂纹的产生。

此外,焊缝咬边、未焊透及焊缝表面的余高,都会使热影响区的粗晶部位产生应力集中,不同程度的增大了再热裂纹的敏感性。

④焊接材料的影响。研究表明:选用低匹配的焊接材料,适当降低在SR温度区间焊缝金属的强度,提高它的塑性和韧性,对降低再热裂纹的敏感性有益。如某厂在解决BHW38(20NiCrMoV)钢锅炉汽包的再热裂纹时,专门研制了SG-2焊条(上锅专业焊条)。这种焊条350℃以下至室温与母材等强(相当于J607,即E6015),而在SR处理时强度下降,而塑性、韧性保持原来的水平,因此缓和了母材HAZ粗晶部位的应力状态,从而提高抗再热裂纹的能力。

二、层状撕裂

厚板结构焊接时,由于沿钢板的厚度方向受到较大的拉伸应力作用,如果钢种有较多的夹杂,那么沿钢板轧制方向出现一种台阶状的裂纹,称为层状撕裂。

1. 层状撕裂的特征

(1)层状撕裂是产生与接头内部的微小裂纹,它的特征是呈阶梯状,见图6-37。基本是由平行于轧制的平台和大体垂直于平台的剪切壁所组成。

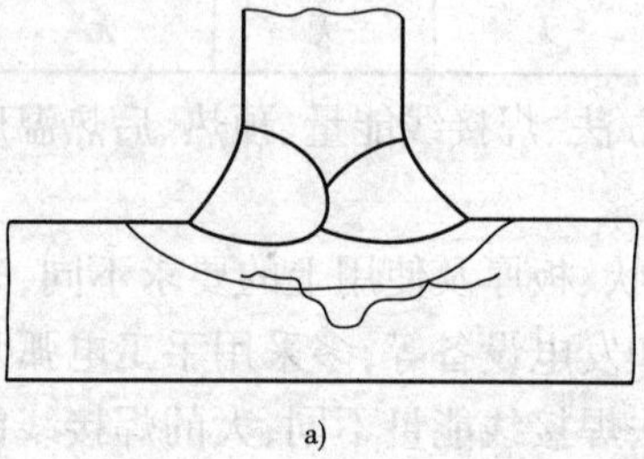

a)

b)

图6-37 层状撕裂形貌图

(2)层状撕裂既可在焊接过程中形成,也可在焊接结束后启裂和扩展,甚至还可能延迟至使用期间才见到层状撕裂。层状撕裂一般在钢材表面很难发现,无损探伤难以检查发现,而且更难以排出或修补,危害性很大。

(3)层状撕裂属于冷裂纹的一种,但它的产生与钢材强度级别无关,主要是由于轧层非金属夹杂物与集体金属脱聚而导致其产生的。

(4)层状撕裂常出现在低碳钢和低合金高强钢的厚板中,也会出现在铝合金的钢材中。T形接头、角接头、十字接头中常常出现,对接接头的焊趾和焊根处由于冷裂纹的诱发也会出现,如图6-38所示。根据层状撕裂产生的位置大概可以分为三类:

①在焊接热影响区焊趾或焊根处由冷裂纹诱发形成的层状撕裂。

②在焊接热影响区沿夹杂开裂,这是工程上最常见的层状撕裂。

③远离热影响区母材中沿夹杂开裂,一般出现在有较多MnS的片状夹杂的厚板结构中。

2. 层状撕裂的形成机理

层状撕裂的破坏情况，如图6-39所示。厚板结构焊接时，特别是T形接头和角接接头，在强制拘束的作用下，焊缝收缩时会在母材厚度方向（Z向）产生很大的拉伸应力σ_Z，当超过母材金属的塑性变形能力时（沿板厚方向），夹杂物和金属集体之间的结合就会分离而形成显微裂纹，裂纹尖端的缺口效应可造成应力、应变的集中。在应力的继续作用下，迫使裂纹沿着自身所在的平面扩展，这样，在同一平面相邻的夹杂物连成一片，形成了所谓的"平台"。同时，不在同一轧层的邻近平台，在裂纹尖端处由于切应力的作用而发生剪切断裂，形成了所谓的"剪切壁"。这些"平台"与"剪切壁"相连构成了层状撕裂所特有的台阶状裂纹。"平台"大体与板面平行，"剪切壁"则大体与板面垂直。

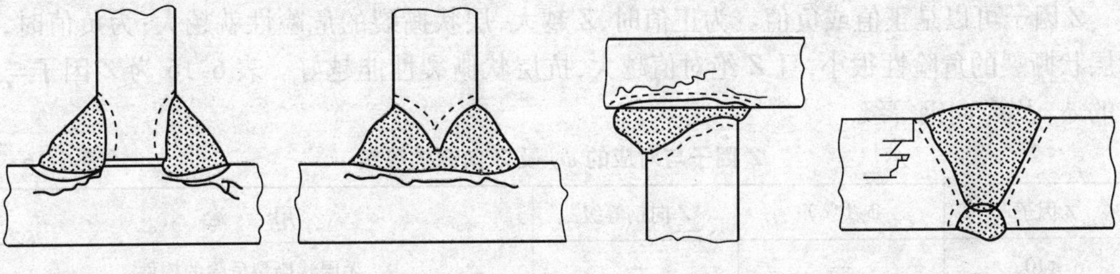

图6-38　各种接头的层状撕裂

a）T形接头；b）T形接头（深熔）；c）角接头；d）对接接头

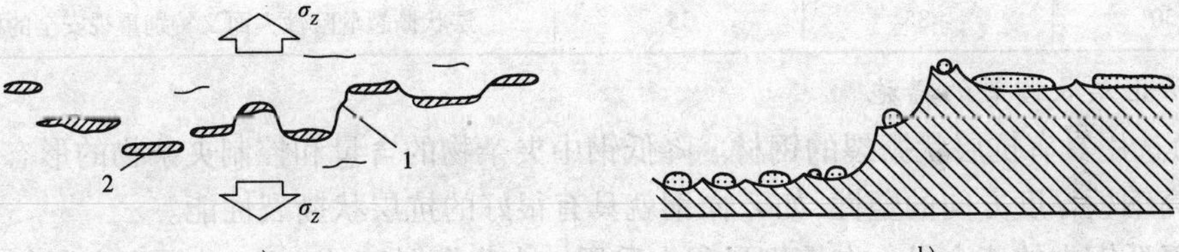

图6-39　层状撕裂的破坏情况

a）阶梯状撕裂；b）不同平台的平台

1-剪切壁；2-平台

3. 影响层状撕裂的因素

（1）非金属夹杂物的影响。非金属夹杂物是产生层状撕裂的根本原因。钢中常见的夹杂物是硫化物、硅酸盐和铝酸盐等。铝酸盐夹杂物一般成球状分布，对层状撕裂的影响较小；硫化物和硅酸盐夹杂物是呈不规则的条状分布，对层状撕裂的影响最大。通常以断面收缩率ϕ_Z表示Z向拉伸时钢材的延性，表征层状撕裂的产生倾向。ϕ_Z越小，层状撕裂倾向越大。

$\phi_Z \leqslant 10\%$，低度拘束的T形接头，如工字梁，可能有一些层状撕裂倾向。

$\phi_Z \leqslant 15\%$，中等拘束的接头，如箱形梁柱，会有一定的层状撕裂倾向。

$\phi_Z \leqslant 20\%$，只在高拘束接头，如节点板，有一定的层状撕裂倾向。

$\phi_Z \geqslant 25\%$，在任何接头中一般不会产生层状撕裂。

（2）Z向拘束应力的影响。厚壁结构在焊接过程中承受不同程度的Z向（钢板厚度方向）拘束应力，同时还有焊后残余应力和负载的作用，这些都是造成层状撕裂的外部原因。

（3）氢的影响。一般认为，氢是导致焊接热影响区附近有冷裂纹诱发产生层状撕裂产生的重要原因。但是远离热影响区的母材处产生的层状撕裂,就与焊缝中的氢没有直接的关系。

(4)接头形式的影响。不同的接头形式对层状撕裂的影响是不同的,如对接接头中就很少会产生层状撕裂。通常以 Z 因子来反映层状撕裂危险性,关系式如下:

$$Z = Z_a + Z_b + Z_c + Z_d + Z_e$$

式中:Z_a——接头构造或焊缝形状和所处位置的影响;

Z_b——焊脚尺寸的影响;

Z_c——承受横向载荷时板厚的影响;

Z_d——拘束度的影响;

Z_e——预热条件的影响。

Z 因子可以是正值或负值。为正值时,Z 越大,层状撕裂的危险性就越大;为负值时,表示层状撕裂的危险性很小,且 Z 绝对值越大,抗层状撕裂性能越好。表 6-16 为 Z 因子与对应的 ϕ_Z 及 Z 向钢等级。

Z 因子与对应的 ϕ_Z 及 Z 向钢的等级 表 6-16

Z 因子	ϕ_Z(%)	Z 向钢等级	用　途
≤10	—	—	无层状撕裂危险的构件
10~20	≥15	Z15	可能产生层状撕裂的构件
20~30	≥25	Z25	层状撕裂危险性大的构件
>30	≥35	35	层状撕裂危险性大而又特别重视安全的构件

4. 防止层状撕裂的措施

(1)选用具有抗层状撕裂的钢材。降低钢中夹杂物的含量和控制夹杂物的形态,可以有效地提高钢板厚度方向的塑性,如 Z 向钢就具有很好的抗层状撕裂性能。

①降低钢中的硫含量。在炼钢过程中采用铁水先期脱硫的方法,并用真空脱气(主要是氧和氮)可以冶炼出含硫只有 0.003% ~0.005% 的超低硫钢,这种钢材的断面收缩率 ϕ_Z 可达 23% ~45%,一般不会有层状撕裂倾向。向钢液中吹入氩气,可促使夹杂物上浮,也可以冶炼出高纯净钢。

此外,还可以采用粉末状的钙和镁合金化合物与惰性气体一起吹入钢液中,达到很好的脱氧、脱硫效果。

②控制硫化物夹杂的形态。添加钙和稀土元素,可以把钢中板条状的 MnS 变成 CaS 等其他形式的硫化物,使在热轧时难以伸长。钢的断面收缩率 ϕ_Z 可达 50% ~70%,具有很好的抗层状撕裂性能。

(2)改善焊接接头设计。

①应尽量避免单侧焊缝,改用双侧焊缝,这样可以缓和焊缝根部的应力状态,消除不对称的应力集中,如图 6-40a)所示。

②不采用超出设计需要的过大的焊缝截面或焊接尺寸,在强度允许的情况下,尽量采用焊接量少的对称角焊缝来代替焊接量大的全焊透焊缝,避免产生过大的应力和拘束,如图 6-40b)所示。

③坡口应开在承受 Z 向应力的一侧,如图 6-40c)所示。

④对于T形接头，可以通过在横版上预先堆焊一层低强的熔敷金属(低强隔离焊缝)，以防止焊根出现裂纹，同时也可以缓解横板的 Z 向应力，如图6-40d)所示。

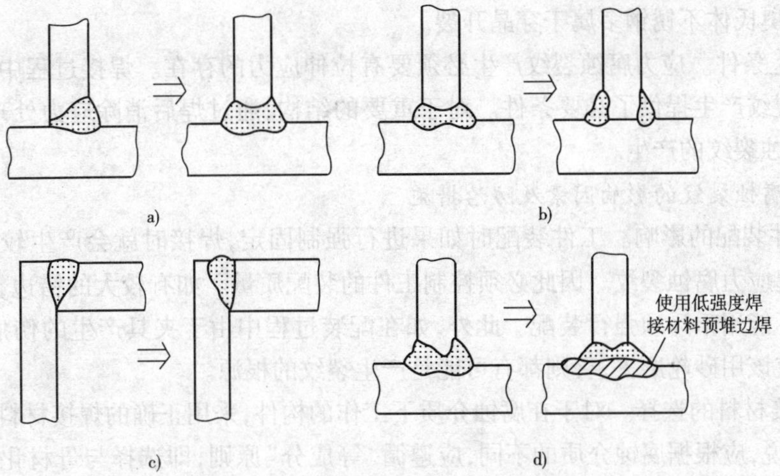

图6-40　改变接头形式防止层状撕裂

(3)改进焊接工艺。

①焊接方法选用。采用低氢的焊接方法有利于防止层状撕裂的产生。一般气体保护焊和埋弧焊比焊条电弧焊的冷裂纹倾向更小，因此更有利于改善焊缝的抗层状撕裂性能。

②填充材料的选择。采用低组配的焊接材料，焊缝金属具有屈服强度低、延展性好的特点，易使应变集中于焊缝而减轻母材热影响区的应变，从而可改善其抗层状撕裂性能。

③适当预热、中间退火消除应力、锤击焊缝都可以有效地防止层状撕裂的产生。

三、应力腐蚀裂纹

由于存在不同程度的残余应力，一些压力容器和管道等焊接结构，由于长期在腐蚀介质条件下稳定工作极易产生应力腐蚀裂纹，简称SCC裂纹。SCC裂纹造成的危害甚大，甚至发生灾难性事故。

1. 应力腐蚀裂纹的特征

(1)分布形态。应力腐蚀裂纹的分布特征非常明显。从焊缝表面上看，裂纹的分布如同疏松的网状或龟裂分布，且多以横向裂纹出现。从金属内部观察，裂纹的分布形态如同树根一样，从表面向内部扩展，如图6-41所示。

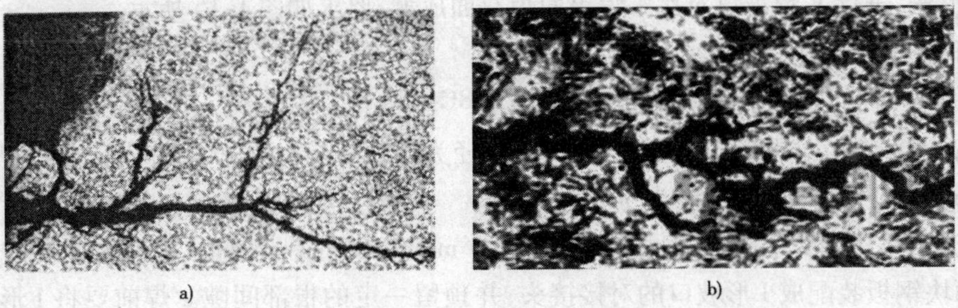

图6-41　应力腐蚀裂纹在焊接金属中的分布

(2)开裂途径。根据材料与腐蚀介质的不同,应力腐蚀裂纹开裂的途径也不同。一般情况下,低碳钢、低合金钢、铝合金、α 黄铜以及镍基合金等多属于晶间开裂;β 黄铜和在氯化物介质中的奥氏体不锈钢多属于穿晶开裂。

(3)产生条件。应力腐蚀裂纹产生必须要有拉伸应力的存在。焊接过程中容易产生残余应力,为裂纹产生提供了必要条件。对于重要的结构,通过焊后消除应力处理,可以有效防止应力腐蚀裂纹的产生。

2. 应力腐蚀裂纹的影响因素及防治措施

(1)工件装配的影响。工件装配时如果进行强制固定,焊接时就会产生较大的残余应力,从而引起应力腐蚀裂纹。因此必须控制工件的装配质量。如有较大的错边,应采用整形的办法,而不能用千斤顶强行装配。此外,如在配装过程中由于夹具产生的伤痕,以及引弧时的烧痕,应该用砂轮磨去,否则都有可能是产生裂纹的根源。

(2)焊接材料的选择。对于在腐蚀介质下工作的构件,采用正确的焊接材料是非常必要的。一般来说,应根据腐蚀介质的不同,应遵循“等成分”原则,即选择与母材化学成分尽可能相同或相近的焊材。如超低碳双相不锈钢 00Cr18Ni5Mo3Si2 焊接时,选择与母材成分相当的 3RS61 和 P5 焊条焊接时具有较好的抗应力腐蚀裂纹性能。

(3)焊接工艺的影响。焊接工艺措施是防止应力腐蚀裂纹产生的重要途径。如选择恰当的焊接线能量可以防止热影响区硬化和晶粒粗大,选择合适的焊接顺序和坡口形式能防止产生过大的残余应力及应力集中。

(4)焊后消除应力处理。焊后进行消除应力处理可以降低冷裂纹、脆断的倾向,防止应力腐蚀裂纹的产生,并改善接头组织。因此,对于一些重要结构,特别是在腐蚀条件下工作的构件,都要进行焊后消除应力处理。

消除应力处理的方法很多,应根据结构的具体情况进行选择。一般有整体热处理、局部热处理、水压试验、机械拉伸、温差拉伸、锤击焊缝以及爆炸法等。

【任务实施】 低碳钢板 V 形坡口对接平焊缺陷的产生与防止

1. 任务提出

本任务是用 ZX7-400 型焊机在 V 形坡口焊件上进行打底焊、填充焊及盖面焊操作,比较焊接操作中焊接电流、电弧电压、焊接速度的变化对焊接的影响,观察并纪录操作现象及数据,分析温度变化,总结焊接过程。将两块低碳钢板加工成 60°Y 形坡口,钝边 0.5 ~ 1mm,通过反变形法,进行 V 形坡口对接平焊单面焊双面成型,要求如图 1-15 所示。

2. 任务准备

(1)焊机。ZX7-400 型交直流两用焊机,NBC-350 型 CO_2 焊机

(2)焊接材料。焊条选用 J507 型,焊条直径为 3.2mm;焊丝选用 H08Mn2SiA,焊丝直径为 1.0mm;CO_2 气体一瓶,纯度为 99.5% 以上。

(3)焊件。焊件为 Q235 钢板,规格为 300 mm × 100mm × 6mm。每两块装配成一组焊件,将两块钢板装配成 I 形坡口的对接接头,并预留一定的根部间隙。焊前要将 I 形坡口的焊件表面 10 ~ 15mm 范围内清理干净,露出金属光泽。

3. 操作步骤

(1)采用未烘干的焊条 J507 在试板 Q235 表面施焊。

(2)采用烘干的焊条 J507 在焊前未清理水、锈及杂质的试板 Q235 表面施焊。

(3)在 CO_2 焊机上施焊。将保护气体流量调节至 5L/min、15L/min 和 25L/min 分别施焊。

4. 焊接操作总结及分析

(1)如果焊条 J507 未进行烘干,或在空气中放置时间过长而未施焊,则采用直流反极性焊接 Q235 时也会产生焊接气孔。因此焊前必须按照规定对焊条进行烘干,并存放在保温箱或保温筒中,随用随取。

(2)如果焊前 Q235 工件表面的焊接区域未对水、锈、油污等杂质,那么采用直流反极性焊接时也会产生大量的气孔,焊缝成型也差。因此焊前采用丙酮等化学试剂,或用钢丝刷等机械方法对试板表面焊接区域进行清理,以露出金属光泽为标准。清理之后应尽快进行焊接,以避免再次污染。

(3) CO_2 焊时, CO_2 气体流量的大小会直接影响焊接质量。气体流量过小则对焊接区域保护不够,空气容易侵入而产生气孔;气体流量过大则使焊接区域周围的保护气流紊乱,将周围空气卷入焊接区域而易产生气孔。因此焊接时应控制适当的气体流量,获得较好的焊接质量。

思考与练习 SIKAOYULIANXI

一、填空

1. 根据气孔产生的原因,气孔可分为__________气孔和__________气孔。

2. 析出型气孔是由于气体在高、低温溶解度差异大而形成的,包括__________气孔和__________气孔。

3. 反应型气孔是由于冶金反应产生不溶于液态金属的气孔而形成的,包括__________气孔和__________气孔。

4. 常见的金属夹杂物有__________、__________和__________三类。

5. 根据产生机理、温度区间和形态的不同,热裂纹可分为三大类:__________裂纹、__________裂纹和__________裂纹。

6. 根据被焊钢种和结构形式的不同,冷裂纹可分为__________裂纹、__________裂纹、__________裂纹三大类。

7. 根据气孔的过程可分为__________、__________和__________三个阶段。

8. 当熔渣的还原性增大时,则产生__________的倾向增大;相反,当熔渣的氧化性增强时,则由__________引起的气孔倾向较大。

9. 焊接时,在结晶后期由于__________存在所形成的__________和__________是结晶裂纹产生的必要条件。

10. 液化裂纹是焊接时近缝区金属或焊缝层间金属在高温下,奥氏体晶界上的__________

被重新熔化，在__________的作用下沿奥氏体晶间开裂而形成的。

11. 多边化裂纹是焊缝中空格和位错等晶格缺陷的迁移和聚集，形成二次边界，在__________的作用下，沿__________开裂而形成的。

12. 影响多边化裂纹的因素主要是__________、__________和__________。

13. 焊接时，冷裂纹的形成是__________、__________和__________三者共同作用的结果。通常把这三个因素称为冷裂纹形成的三大要素。

14. 延迟裂纹又可分为__________、__________和__________三类。

15. 焊接拘束应力的大小可以采用拘束度 R 来表示，焊缝厚度越大，拘束度越__________，焊接时产生的拘束应力越__________。

16. 焊接珠光体耐热钢时，在焊后热处理过程中出现的裂纹称为__________，又称__________裂纹。

17. 再热温度条件下，蠕变断裂的机制有应力集中产生的__________和空位聚集产生的__________。

18. 层状撕裂的形貌特征是呈__________状。

19. 应力腐蚀裂纹是焊件在__________条件下，由于__________的作用而形成的。

20. 在焊缝金属内部，应力腐蚀裂纹的形态是呈__________，且由表面向深处扩展。

二、简答

1. 焊接冶金缺陷的种类有哪些?

2. 裂纹的存在会对焊接结构造成什么样的影响。

3. 氢气孔和 CO 氢气孔产生的原因是什么?

4. 防止气孔产生的措施有哪些?

5. 防止焊缝中形成夹杂的措施有哪些?

6. 防止结晶裂纹产生的措施有哪些?

7. 防止再热裂纹产生的措施有哪些?

8. 冷裂纹产生的原因有哪些?

9. 简述氢对冷裂纹产生的影响。

10. 防止层状撕裂的措施有哪些?

二、任务

1. 目标

观察生产中焊接热裂纹和冷裂纹的形态及特征，并分析裂纹产生的原因，提出可行的防止裂纹产生的措施。

2. 准备

(1) 人员的准备：每组 5 ~ 7 人，组成一个实验小组。

(2) 资料的准备：有关焊接热裂纹和冷裂纹的特征、产生原因方面的资料。

3. 地点

焊接实训室，实习基地，企业工厂。

4. 步骤

(1) 熟悉有关焊接热裂纹和冷裂纹的特征、产生原因等方面的相关资料。

(2)对焊接实训室、实习基地、企业工厂焊接生产中产生的裂纹进行观察和分析,判断裂纹的类型,并分析裂纹产生的原因,提出可行的防止裂纹产生的措施。

(3)记录结果,并进行小组讨论。

(4)填写实验报告。

模块七　焊接材料

学习目标

1. 熟悉焊接材料的种类；
2. 掌握焊接材料型号和牌号的编制；
3. 掌握焊接材料的性能及选用。

能力目标

1. 了解焊接气体的性能和应用；
2. 进行常用焊丝和焊剂的配合选用；
3. 通过焊条的制造过程和试焊，分析不同种类焊条的焊接性能。

焊接材料是焊接时所消耗材料的统称，包括焊条、焊丝、焊剂、保护用气体及电极等。手弧焊的焊接材料是焊条，埋弧焊和电渣焊是焊丝(或板状电极)与焊剂，气体保护焊则是焊丝与保护气体。

焊条、焊丝是焊接回路中的一个组成部分。在焊接过程中，不仅可以传导电流，而且可以作为与焊件产生电弧的一个电极。同时，还起着填充金属的作用。在焊接热源的作用下，焊条或焊丝受热熔化，以熔滴的形式进入熔池，并与熔化了的母材共同组成焊缝。

焊接高质量的焊接结构，必须具有优质的焊接材料。焊接材料选用是否合理，不仅直接影响到焊接接头的质量，还会影响到焊接生产率、产品成本及焊工的身体健康等。因此，必须对各种焊接材料的性能和特点有比较全面的了解，在焊接生产中才能合理地选择，正确地控制和调整焊缝金属的成分和性能，获得优质焊接接头。

任务一　焊　条

一、焊条的基本组成

焊条，是在金属丝(即焊芯)表面涂上适当厚度药皮的熔化电极，它由焊芯和药皮两部分组成，如图7-1所示。

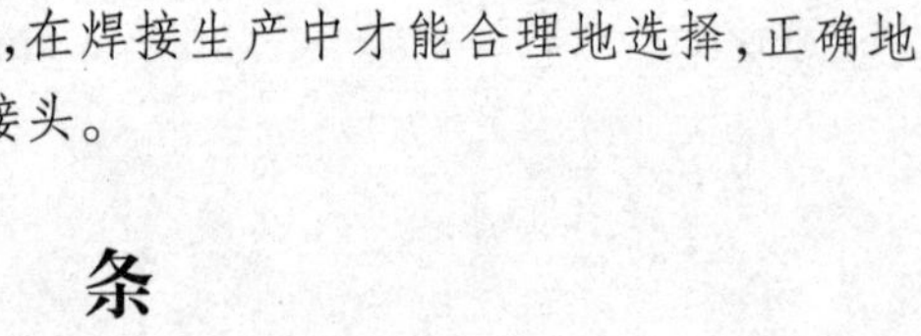

图7-1　焊条的组成部分及名称

1-焊芯；2-药皮；3-夹持端；4-引弧端

为了便于引弧，在焊条前端药皮有45°左右的倒角，露出焊芯金属。在尾部有一段裸焊芯，约占焊条总长1/16，便于焊钳夹持并有利于导电。为使焊钳与焊芯保持良好的接触，应把夹持端处的药皮仔细地清理干净。对于低氢型焊条，焊缝的头部容易产生气孔，因此焊接时为了便于引弧及防止产生气孔，可对焊条的引弧端进行特殊处理。

图 7-1 中，d 为焊条的直径（实际上是指焊芯直径），常用的是 $\phi3.2$mm、$\phi4$mm、$\phi5$mm 三种。L 为焊条长度，一般在 250 ~ 450 mm。表 7-1 列出了焊条国标中规定的钢铁焊条的基本尺寸。

钢铁焊条的尺寸（单位：mm）　　表 7-1

焊条直径	焊条长度						
	碳钢焊条	低合金钢焊条	不锈钢焊条	堆焊焊条 冷拔焊芯	堆焊焊条 铸造焊芯	铸铁焊条 冷拔焊芯	铸铁焊条 铸造焊芯
1.6	200 ~ 250	—	220 ~ 260	—	—	—	—
2.0	250 ~ 350	250 ~ 350	220 ~ 260	—	—	—	—
2.5	250 ~ 350	250 ~ 350	250 ~ 350	—	—	200 ~ 300	—
3.2	350 ~ 450	350 ~ 450	300 ~ 460	300,350	—	—	—
4.0	350 ~ 450	350 ~ 450	300 ~ 460	350,400,450	250 ~ 450	300 ~ 450	350 ~ 400
5.0	350 ~ 450	350 ~ 450	300 ~ 460	350,400,450	250 ~ 450	300 ~ 450	350 ~ 500
6.0	450 ~ 700	450 ~ 700	300 ~ 460	400,450	250 ~ 450	400 ~ 500	350 ~ 500
8.0	450 ~ 700	450 ~ 700	—	400,450	250 ~ 450	—	350 ~ 500

焊接时增加焊芯的直径和长度，可以延长电弧燃烧的时间，增加熔敷金属量，因此可以提高焊接生产率。但实际中不能过多地扩大焊芯直径和增加焊芯长度，其主要原因是：

（1）扩大焊芯直径，就要使用大电流焊接，这将使焊钳极容易过热，影响焊工操作。

（2）增加焊芯长度，将使电流通过焊芯的时间增长，产生的电阻热也就增多，严重时焊芯末端（此处通电时间最长）将因过大的电阻热使温度迅速升高，使焊芯外层的药皮在未进入焊接区前就可能变质失效。此外，过长的焊条也会给焊工在操作时带来很多不便。

1. 焊芯

焊芯，即焊条的金属芯，焊接时作为电极，能传导焊接电流，与焊件之间产生电弧；并在电弧热的作用下自身熔化过渡到焊件的熔池内，成为焊缝中的填充金属。

目前，焊条的种类已有几百种，但用于制造焊条的焊芯种类不过数十种，表 7-2 列出的是各种焊条所用的焊芯种类。

各种焊条所用的焊芯　　表 7-2

焊条种类	所用焊芯	焊条种类	所用焊芯
低碳钢焊条	低碳钢焊芯（H08A 等）	堆焊用焊条	低碳钢或合金钢芯
低合金高强钢焊条	低碳钢或低合金钢焊芯	铸铁焊条	低碳钢、铸铁、非铁合金焊芯
低合金耐热钢焊条	低碳钢或低合金钢焊芯	有色金属焊条	有色金属焊芯
不锈钢焊条	不锈钢或低碳钢焊芯		

为了保证熔敷金属具有所需的合金成分，一般可通过两种掺和金方法来达到：一种利用低碳钢芯，通过药皮过渡，这种方法主要用在低碳钢焊条、低合金钢焊条及堆焊焊条等；另外

一种是利用合金芯，再通过药皮来补充少量合金元素，这种方法主要用在不锈钢焊条、有色金属焊条及高合金钢焊条。焊芯的成分会直接影响熔敷金属的成分和性能，因此对焊芯中各金属元素的含量都有严格的规定，特别是对有害杂质（如硫、磷等）的含量，应有严格的限制，优于母材。

焊芯中含有的合金元素主要有碳、锰、硅、铬、镍、硫、磷等。其中：碳能提高焊缝强度，但会增大裂纹和气孔倾向，以及形成飞溅。对于低碳钢，应低于0.10%；锰能提高焊缝强度，并有脱氧、脱硫作用，焊缝中锰含量通常为0.30%~0.50%；硅在焊缝中常作为脱氧剂，但极易氧化形成 SiO_2，产生夹杂；铬能够提高钢的硬度、耐磨性和耐腐蚀性，但易于急剧氧化，形成难熔的 Cr_2O_3，从而增加了焊缝金属夹杂物的可能性并提高熔渣的黏度；镍对钢的韧性有比较显著的效果；硫、磷在焊缝中为有害元素，需严格控制。

2. 药皮

（1）药皮的作用。焊条药皮是指涂在焊芯表面的涂料层。药皮在焊接过程中分解熔化后形成气体和熔渣，起到机械保护、冶金处理、改善工艺性能的作用，是决定焊缝质量的重要因素。药皮的主要作用是：

①提高电弧燃烧的稳定性。无药皮的光焊条不容易引燃电弧，即使引燃了也不能稳定地燃烧。在焊条药皮中，一般含有钾、钠、钙等电离电位低的物质，这可以提高电弧的稳定性，保证焊接过程持续进行。

②保护焊接熔池。焊接过程中，空气中的氧、氮及水蒸气浸入焊缝，会给焊缝带来不利的影响。不仅形成气孔，而且还会降低焊缝的力学性能，甚至导致裂纹。而焊条药皮熔化后，产生的大量气体笼罩着电弧和熔池，会减少熔化的金属和空气的相互作用。焊缝冷却时，熔化后的药皮形成一层熔渣，覆盖在焊缝表面，保护焊缝金属并使之缓慢冷却、减少产生气孔的可能性。

③保证焊缝脱氧、去硫磷杂质。焊接过程中虽然进行了保护，但仍难免有少量氧进入熔池，使金属及合金元素氧化，烧损合金元素，降低焊缝质量。因此，需要在焊条药皮中加入还原剂（如锰、硅、钛、铝等），使已进入熔池的氧化物还原。

④为焊缝补充合金元素。由于电弧的高温作用，焊缝金属的合金元素会被蒸发烧损，使焊缝的力学性能降低。因此，必须通过药皮向焊缝加入适当的合金元素，以弥补合金元素的烧损，保证或提高焊缝的力学性能。对有些合金钢的焊接，也需要通过药皮向焊缝渗入合金，使焊缝金属能与母材金属成分相接近，力学性能赶上甚至超过基本金属。

⑤提高焊接生产率，减少飞溅。焊条药皮具有使熔滴增加而减少飞溅的作用。焊条药皮的熔点稍低于焊芯的焊点，但因焊芯处于电弧的中心区，温度较高，所以焊芯先熔化，药皮稍迟一点熔化。这样，在焊条端头形成一短段药皮套管，加上电弧吹力的作用，使熔滴径直射到熔池上，使之有利于仰焊和立焊。另外，在焊芯涂了药皮后，电弧热量更集中。同时，由于减少了由飞溅引起的金属损失，提高了熔敷系数，也就提高了焊接生产率。另外，焊接过程中发尘量也会减少。

（2）药皮的组成。焊条药皮可以采用氧化物、碳酸盐、硅酸盐、有机物、氟化物、铁合金及化工产品等上百种原料粉末，按照一定的配方比例进行混合而成的。各种原料根据其在焊接过程中的作用，可以分为以下几类：

①稳弧剂。稳弧剂能改善焊条的引弧性能，提高电弧燃烧的稳定性。一般含低电离位元素的物质都作为稳弧剂的材料，如碳酸钾、大理石、长石、金红石、水玻璃（含钾、钠等碱土金属的硅酸盐），此外还有镁铝合金等。

②造渣剂。药皮中某些原材料受焊接热源的作用而熔化，形成具有一定物理、化学性能的熔渣，从而保护熔滴金属盒焊接熔池，并能改善焊缝成型。熔渣的碱度对焊接工艺性能及焊缝金属理化性能均有很大的影响。造渣剂是焊条药皮中最基本的组成物，主要是碳酸盐、硅酸盐、氧化物及氟化物。如钛铁矿、金红石、大理石、石英砂、云母、萤石、二氧化钛、铁砂及冰晶石等。其中，有些材料对于熔渣的黏度、流动性有很大影响，可以起到稀渣的作用，如萤石、冰晶石、锰矿等。

③造气剂。药皮中的有机物和碳酸盐在焊接高温时能够分解而产生气体，从而起到隔离空气、保护焊接区的作用。常用的造气剂有碳酸盐及有机物，如木粉、淀粉、纤维素、大理石、白云石、菱苦土等。此外，在立焊、横焊和仰焊时，产生的气体还能够托持熔池，影响焊缝成型。

④脱氧剂。通过焊接过程中进行的冶金化学反应，从而降低药皮或熔渣的氧化性，脱除焊缝金属中的氧，提高焊缝性能。在焊接钢时，通常采用对氧亲和力比铁大的金属及其合金都可作为脱氧剂，如锰铁、硅铁、钛铁、铝粉等。此外，在炼钢时也会加入锰铁、硅铁等脱氧剂进行脱氧，以降低钢材中的含氧量，保证钢材的力学性能。

⑤合金剂。由于电弧高温，焊接金属中的合金元素会存在不同程度的烧损。合金剂就是用于补偿焊缝金属中有益元素的烧损，获得必要的合金成分。通常采用各种铁合金或金属粉作为合金剂，如锰铁、硅铁、钼铁、钒铁、铌铁、硼铁、金属锰、金属铬、镍粉、钨粉、稀土硅铁等。

⑥黏结剂。焊条制作过程中使用黏结剂将各种合金粉末黏结在一起，涂覆到焊芯上与焊芯牢固黏结，并使焊条药皮在烘干后具有一定的强度、硬度，便于存放和运输。常用的黏结剂是钠水玻璃、钾钠水玻璃及酚醛树脂等。

⑦增塑剂。增加药皮粉料在焊条压涂过程中的塑性、弹性及流动性，以提高药皮的压涂质量，使焊条表面光滑而不开裂。增塑剂的材料通常都具有一定的吸水后膨胀的特性或具有一定的弹性、滑性。常用的有白泥、云母、钛白粉、糊精、木粉等。

当然，一种材料通常同时具有多种作用，如大理石就同时可以作为造气剂和造渣剂。$CaCO_3$ 在电弧高温作用下分解为 CaO 及气体 CO_2，气体 CO_2 其保护作用，而 CaO 可以造渣。而锰铁同时可以作为脱氧剂、造渣剂和合金剂。一方面，Mn 能与 FeO 反应，减少焊缝金属中的氧含量，脱氧产物 MnO 又可以造渣；另一方面，多余的 Mn 将溶入焊缝，向焊缝金属中过渡合金元素，保证焊缝金属的力学性能。表 7-3 列出了最常用的几种材料在焊条药皮中的作用。

常用材料在焊条药皮中的作用　　表 7-3

材料名称	主要成分	稳弧	造渣	脱氧	造气	合金	增塑	黏结	稀渣	氧化	增氢
钛铁矿	$FeO \cdot TiO_2$	●	●						●	●	
金红石	TiO_2	●	●						●		
赤铁矿	Fe_2O_3	●	●							●	

续上表

材料名称	主要成分	稳弧	造渣	脱氧	造气	合金	增塑	黏结	稀渣	氧化	增氢
锰矿	MnO_2	●	●						●	●	
大理石	$CaCO_3$	●	●		●					●	
菱苦土	$MgCO_3$	●	●		●					●	
白云石	$CaCO_3$、$MgCO_3$	●	●		●					●	
石英砂	SiO_2		●								
长石	SiO_2、Al_2O_3、K_2O	●	●						●		
高岭土	SiO_2、Al_2O_3、$2H_2O$		●				●				●
白泥	SiO_2、Al_2O_3、H_2O	●	●				●				●
云母	SiO_2、Al_2O_3、K_2O、R_2O	●	●				●				●
氟石	CaF_2		●		●				●		
碳酸钾	$K_2CO_3(H_2O)$	●					●	●			●
纯碱	$Na_2CO_3(H_2O)$						●	●			●
木粉、淀粉	$(C6H10O5)_n$				●		●				●
钾水玻璃	$K_2O \cdot nSiO_2$	●	●								●
钠水玻璃	$Na_2O \cdot nSiO_2$	●	●								●
铝粉	Al			●		●					
合金	锰、硅、铬、钼等的铁合金			●		●					
纯金属	金属锰、金属铬等			●							
钛白粉	TiO_2	●	●				●		●		

二、焊条的分类

焊条的分类方法很多,可以从不同角度对焊条进行分类。从焊接冶金角度来说,根据焊条熔渣的碱度可将焊条分为酸性焊条和碱性焊条;根据药皮的主要成分可将焊条分为钛钙型焊条、钛铁矿型焊条、低氢型焊条、铁粉焊条等;从标准化角度来说,根据焊条的熔敷金属抗拉强度、化学组成类型等特点可将焊条分为许多类型及不同等级,从而确定焊条的型号和牌号;根据焊条的用途不同,又可将焊条分为结构钢焊条、不锈钢焊条、耐热钢焊条、低温钢焊条等十大类。

1. 按照焊条的用途分类

按照用途对焊条进行分类,具有较大的实用性。我国现行的焊条分类方法,主要是根据焊条国家标准和原机械工业部组织编写的《焊接材料产品样本》。

按照已颁布的国家标准,焊条的类别分为:

(1)碳钢焊条,国家标准为 GB/T 5117—1995,现行国标为,《非合金钢及细化晶粒钢焊条》(GB/T 5117—2012)。

(2)低合金钢焊条,国家标准为 GB/T 5118—1995,现行国标为,《热强钢焊条》(GB/T 5118—2012)。

(3)不锈钢焊条,国家标准为 GB 983—1995,现行国标为,《不锈钢焊条》(GB 983—

2012)。

(4)堆焊焊条,国家标准为 GB 984—85,现行国标为,《堆焊焊条》(GB 984—2001)。

(5)铝及铝合金焊条,国家标准为 GB 3669—83,现行国标为,《铝及铝合金焊条》(GB 3669—2001)。

(6)铜及铜合金焊条,国家标准为 GB/T 3670—1995

(7)铸钢焊条及焊丝,国家标准为 GB 10044—88,现行国标为,《铝及铝合金焊条》(GB/T 10044—2006)。

根据原机械工业部编写的《焊接材料产品样本》,按用途将焊条可分为十大类,见表 7-4。各大类按主要性能的不同,还可以分为若干小类,如结构钢焊条,又可分为低碳钢焊条、普低钢焊条、低合金高强度钢焊条等。有些焊条又同时可以焊接多种焊接材料,如不锈钢焊条 A102,既可用来焊接不锈钢构件,又可用来堆焊某些在腐蚀环境下工作的零件表面,此外还可以作为低温钢焊条,用于焊接某些在低温下工作的工件。

按用途焊条的分类方法　　表 7-4

序　号	焊条种类	代　号	
		拼　音	汉　字
1	结构钢焊条	J	结
2	钼及铬钼耐热钢焊条	R	热
3	铬不锈钢焊条	G	铬
	铬镍不锈钢焊条	A	奥
4	堆焊焊条	D	堆
5	低温钢焊条	W	温
6	铸铁焊条	Z	铸
7	镍及镍合金焊条	Ni	镍
8	铜及铜合金焊条	T	铜
9	铝及铝合金焊条	L	铝
10	特殊用途焊条	TS	特

2. 按熔渣的碱度分类

按照熔渣的碱度,即熔渣中碱性氧化物与酸性氧化物的比例来划分,焊条可分为酸性和碱性焊条两大类,这也是实际生产中经常采用的一种分类方法。

(1)酸性焊条。酸性焊条的药皮中含有大量的 TiO_2、SiO_2 等酸性造渣物及一定数量的碳酸盐等,熔渣氧化性强,熔渣碱度系数小于 1。

酸性焊条焊接工艺性好,电弧稳定,可交、直流两用,且飞溅小、熔渣流动性和脱渣性好,熔渣多呈玻璃状,较疏松、脱渣性能好,焊缝外表美观。但酸性焊条的药皮中含有较多的 TiO_2、SiO_2、FeO,氧化性较强,因此焊缝金属中的氧含量较高;同时高温时合金元素烧损较多,合金过渡系数较小;熔敷金属中含氢量也较高,因而焊缝金属塑性和韧性较低。酸性焊条一般都可以交、直流两用。典型的酸性焊条是 J422。

(2)碱性(低氢型)焊条。碱性焊条的药皮中含有大量的碱性造渣物(大理石、萤石等),

并含有一定数量的脱氧剂和渗合金剂。碱性焊条主要靠碳酸盐（如 $CaCO_3$ 等）分解出 CO_2 作为保护气体，弧柱气氛中的氢分压较低，而且萤石中的氟化钙在高温时与氢结合成氟化氢（HF），降低了焊缝中的含氢量，故碱性焊条又称为低氢型焊条。采用甘油法测定时，每100g熔敷金属中的扩散氢含量，碱性焊条为1～10mL，酸性焊条为17～50mL。

碱性渣中CaO、MnO等碱性氧化物的数量多，熔渣脱硫的能力强，熔敷金属的抗热裂纹的能力较强。而且，碱性焊条由于焊缝金属中氧和氢含量低，非金属夹杂物较少，具有较高的塑性和冲击韧性。

但是，碱性焊条由于药皮中含有较多的萤石，电弧稳定性差，一般多采用直流反接，只有当药皮中含有较多量的稳弧剂时，才可以交、直流两用。此外，碱性焊条对油、水、锈等很敏感，焊前需高温350～450℃烘干，且脱渣能力比较差。因此，碱性焊条一般用于较重要的焊接结构，如承受动载荷或刚性较大的结构或可焊性较差的钢材均采用碱性焊条。典型的碱性焊条是J507。

表7-5对酸性焊条和碱性焊条的性能进行了比较，以供参考。

酸性焊条和碱性焊条的性能比较 表7-5

酸性焊条	碱性焊条
药皮组分氧化性强	药皮组分氧化性弱
对水、锈产生气孔的敏感性不大，焊条在使用前经75～150℃烘焙1h	对水、锈产生气孔的敏感性较大，焊条在使用前经350～400℃烘焙1～2h
电弧稳定，可用交流或直流施焊	由于药皮中含有氟化物，恶化电弧稳定性，必须用直流施焊。只有当药皮中加稳弧剂后才可交、直流两用
焊接电流大	焊接电流较小，较同规格的酸性焊条约小10%左右
宜长弧操作	宜短弧操作，否则易引起气孔
合金元素过渡效果差	合金元素过渡效果好
焊缝成型较好，熔深较浅	焊缝成型尚好，容易堆高，熔深稍深
熔渣结构呈玻璃状	熔渣结构呈结晶状
脱渣较方便	坡口内第1层脱渣较困难，以后各层脱渣较容易
焊缝常、低温冲击性能一般	焊缝常、低温冲击性能较高
抗裂性能较差	抗裂性能好
焊缝中的含氢量高，易产生"白点"，影响塑性	焊缝中的含氢量低
焊接时烟尘较少	焊接时烟尘较多

3. 按药皮的主要成分分类

焊条药皮由数十种原料组成，按照药皮的主要成分也可以对焊条进行分类。如药皮中以钛铁矿为主的称为钛铁矿型；当药皮中含有质量分数为30%以上的 TiO_2 及20%以下的钙、镁的碳酸盐时，就被称为钛钙型；当药皮中含有质量分为为15%以上的有机物及30%左

右的 TiO_2 时，则被称为纤维素型；但低氢型焊条例外，虽然它的药皮当中主要组成是钙、镁的碳酸盐及萤石，但却以焊缝金属当中的含氢量最低作为其主要特征而命名。表7-6总结了焊条药皮类型分类，表7-7列出了一些典型焊条的药皮配方，以供参考。

焊条按照药皮的成分分类 表7-6

药皮类型	药皮主要成分(质量分数,%)	焊接电源种类
钛型	氧化钛≥35%	直流或交流
钛钙型	氧化钛≥30%，钙、镁的碳酸盐≤20%	直流或交流
钛铁矿型	钛铁矿≥30%	直流或交流
氧化铁型	多量氧化铁及较多的锰铁脱氧剂	直流或交流
纤维素型	有机物≥15%，氧化钛约30%	直流或交流
低氢型	钙、镁的碳酸盐和萤石	直流
石墨型	多量石墨	直流或交流
盐基型	氟化物和氯化物	直流

典型焊条药皮的配方(g) 表7-7

药皮材料名称	药皮类型						
	钛型	钛钙型	钛铁矿型	氧化铁型	纤维素型	低氢型	铁粉钛型
	J421	J422	J423	J424	J425	J427	J421Fe
钛铁矿	—	—	32	—	26	—	—
赤铁矿	—	—	—	33	—	—	—
金红石	34	28	—	—	6	—	17
二氧化钛	8	8	—	—	10	5	4
石英	—	—	13	—	—	2	—
长石	14	9	12	—	—	—	—
花岗石	—	—	—	32	—	—	—
白泥	12	14		—	4	—	5
云母	8	8	8	—	—	—	4
萤石	—	—	—	—	—	22	—
大理石	8	14	17	—	8	48	3
白云石	—	6	—	—	—	—	—
中碳锰铁	8.5	13	19	30	5.5	3.5	高碳5
硅铁	—	—	—	—	—	3	—
钛铁	—	—	—	—	—	16	—
木粉	3	1.5	—	—	24	—	—
淀粉	2	—	—	5	—	—	3
其他	—	—	—	—	锰粉12	—	铁粉60

注：焊芯均为H08A，黏结剂为水玻璃。

三、焊条型号和牌号的编制

焊条牌号是焊条制造厂对作为产品出厂的每种焊条标的特定编号,用来区别不同焊条熔敷金属的力学性能、化学成分、药皮类型和焊接电流种类。与焊条的型号相比,牌号中没有区别焊接位置的编号,但增加了特殊性能的符号(如超低氢、高韧性、打底焊……)。

1. 焊条型号的编制

焊条型号是在国家标准及权威性国际组织,如 ISO 的有关法规中,根据焊条特性指标明确划分规定的,是焊条生产、使用、管理及研究等有关单位必须遵照执行的。

焊条型号是国家标准中对焊条规定的编号,用来区别各种焊条熔敷金属的力学性能、化学成分、药皮类型、焊接位置和焊接电流种类。标有型号的焊条,其技术要求、性能指标、检验方法都应按国家标准的规定进行。焊条国家标准不可能包括所有的焊条。

(1)碳钢焊条型号的编制方法。根据《碳钢焊条》(GB/T5117—1995),现行国标为,《排合金钢及细晶粒钢焊条》(GB/T 5117—2012)的规定,碳钢焊条型号的编制方法如下:

①字母“F”表示焊条。

②第一、第二位数字表示熔敷金属抗拉强度的最小值,单位为 MPa 或 N/mm^2。

③第三位数字表示焊条的焊接位置,“0”及“1”表示焊条适用于全位置焊接(平、立、仰、横),“2”表示焊条适用于平焊、角焊及平角焊),“4”表示焊条适用于向下立焊。

④第三位和第四位数字组合时表示焊接电流种类及药皮类型。

例如,E4303(图 7-2)。

例如,E5015(图 7-3)。

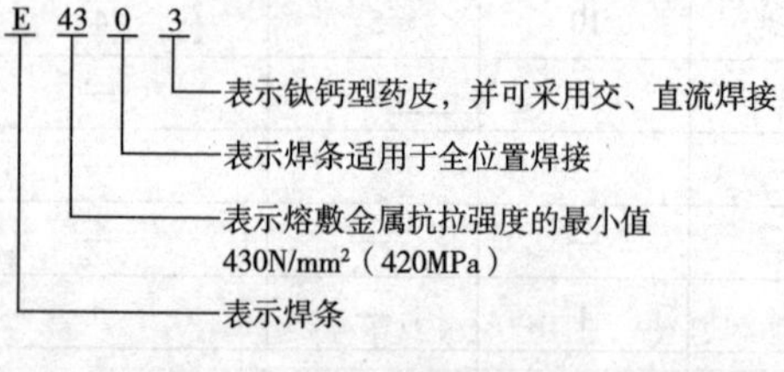

图 7-2 E4303 编制方法

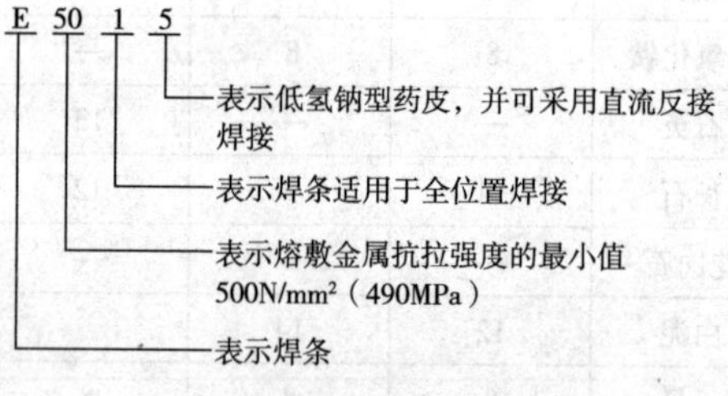

图 7-3 E5015 编制方法

(2)低合金钢焊条型号的编制方法。

根据《低合金钢焊条》(GB/T5118—1995)现行国际为,《热强钢焊条》(GB/T 5118—2012)的规定,低合金钢焊条型号编制方法与碳钢焊条型号编制方法相同,只是在四位数字后添加了后缀字母和附加化学成分记号。

①后缀字母为熔敷金属的化学成分分类代号,并以短划“-”与前面数字分开。如 A1 表示碳钼钢焊条,B1、B2、B3、B4、B5 表示铬钼钢焊条;C1、C2、C3 表示镍钢焊条;D1、D2、D3 表示锰钼钢焊条;G、M、W 表示所有其他低合金钢焊条。

②如还有附加化学成分时,附加化学成分直接用元素符号表示,并以短划“-”与前面后缀字母分开。

例如：E5515-B3-VWB(图7-4)。

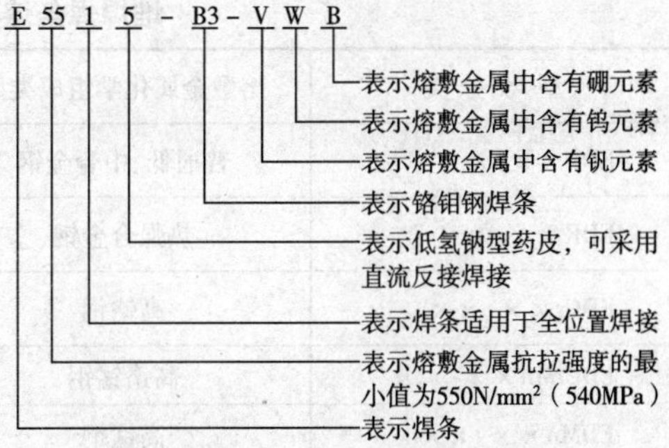

图7-4　E5515-B3-VWB编制方法

(3)不锈钢焊条型号的编制方法。

根据《不锈钢焊条》(GB 983—1995)，现行国际为，《不锈钢焊条》(GB 983—2012)的规定，不锈钢焊条型号的编制方法如下：

①字母“E”表示焊条。

②熔敷金属碳含量用“E”后的一位或二位数字表示，具体含义见表7-8。

“E”后的一位或二位数字的含义　　表7-8

数字代号	含　义	数字代号	含　义
00	表示碳的质量分数不大于0.04%	2	表示碳的质量分数不大于0.20%
0	表示碳的质量分数不大于0.10%	3	表示碳的质量分数不大于0.45%
1	表示碳的质量分数不大于0.15%		

③熔敷金属铬的质量分数以近似值的百分之几表示，并以短划“-”与表示碳的数字分数。

④熔敷金属镍的质量分数以近似值的百分之几表示，并以短划“-”与表示铬的数字分数。

⑤若熔敷金属中含有其他合金元素，当元素平均的质量分数低于1.5%时，型号中只表明元素符号，而不标注具体的质量分数；当元素平均的质量分数等于或大于1.5%、2.5%、3.5%等时，一般在元素符号后面相应标注2、3、4等数字。

⑥焊条药皮类型及焊接电流种类在焊条型号后面附加如下代号表示，见表7-9。

焊条型号附加代号的含义　　表7-9

数　字	含　义
15	表示焊条为碱性药皮，适用于直流反接焊接
16	表示焊条为碱或其他类型药皮，适用于交流或直流反接焊接

例如：E1-23-13 Mo2-15-11(图7-5)。

(4)堆焊焊条型号的编制方法。

根据《堆焊焊条》(GB 984—85)，现行国际为，《堆焊焊条》(GB 984—2001)的规定，堆焊焊条型号的编制方法如下：

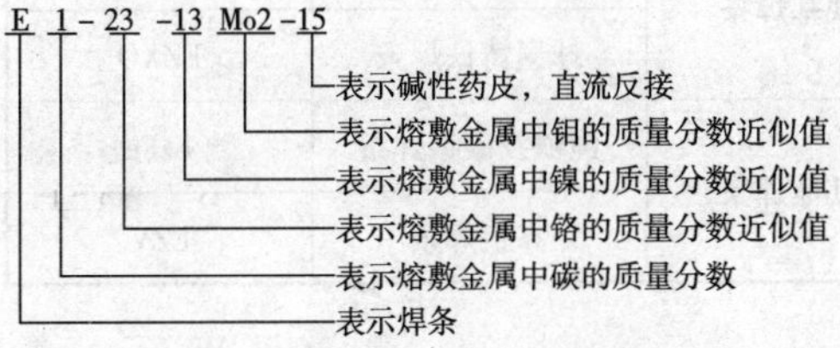

图7-5　E123-13Mo2-15-11编制方法

①焊条以字母“E”表示，为型号第一字。

②堆焊焊条以字母“D”表示，为型号第二字。

③型号中第三字至倒数第三字表示焊条特点，用字母或化学元素符号表示堆焊焊条的型号分类，见表7-10。

堆焊焊条熔敷金属化学组成类型　　表 7-10

型号分类	熔敷金属化学组成类型	型号分类	熔敷金属化学组成类型
EDP××-××	普通低、中合金钢	EDD××-××	高速钢
EDR××-××	热强合金钢	EDZ××-××	合金铸铁
EDCr××-××	高铬钢	EDZCr××-××	高铬铸铁
EDCrMn××-××	高铬锰钢	EDCoCr××-××	钴基合金
EDMn××-××	高锰钢	EDW××-××	碳化钨
EDCrNi××-××	高铬镍钢	EDT××-××	特殊型

④型号中最后二数字表示药皮类型和焊接电源，用短划“-”与前面符号分开，见表 7-11。

堆焊焊条药皮类型和焊接电源类型　　表 7-11

数字代号	含　义	数字代号	含　义
00	表示特殊型，交流或直流	15	表示低氢钠型，直流
03	表示钛钙型，交流或直流	16	表示低氢钾型，交流或直流
08	表示石墨型，交流或直流		

⑤在同一基本型号内有几个分型时，可用字母 A、B、C 等标志，如果再细分可加注下角数字 1、2、3 等，如 A_1、A_2、A_3 等。此时再用短划“-”与前面符号分开。

例如：EDPCrMo-A_1-03（图 7-6）。

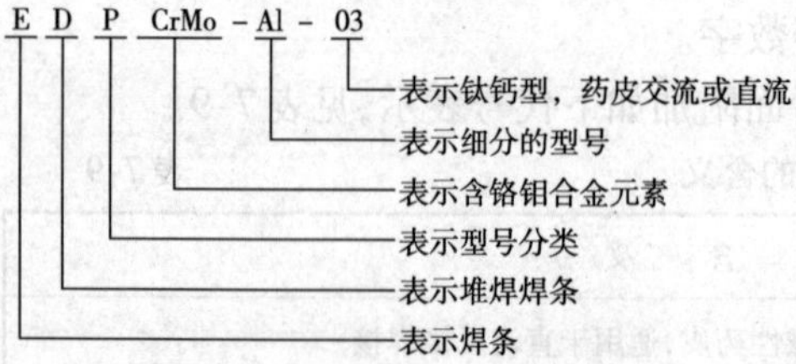

图 7-6　EDPCrMo-A_1-03 编制方法

（5）铸铁焊条型号的编制方法。

根据《铸铁焊条及焊丝》（GB 10044—88），现行国标为《铸铁焊条及焊丝》（GB/T 10044—2006），铸铁焊条型号的编制方法如下：

①字母“E”表示焊条。

②字母“Z”表示焊条用于铸铁焊接。

③在“EZ”字母后熔敷金属主要化学元素符号或金属类型代号表示，见表 7-12，再细分时用数字表示。

铸铁焊条的型号表示　　表 7-12

类　别	名　称	型　号	类　别	名　称	型　号
镍基焊条	纯镍铸铁焊条	ZENi	铁基焊条	灰铸铁焊条	EZC
	镍铁铸铁焊条	EZNiFe		球墨铸铁焊条	EZXQ
	镍铜铸铁焊条	EZNiCu	其他焊条	纯铁及碳钢焊条	EzFe
	镍铁铜铸铁焊条	EZNiFeCu		高钒焊条	EZV

例如，EZNiFe-1（图 7-7）。

(6)铝及铝合金焊条型号的编制方法。

根据《铝及铝合金焊条》(GB 3669—83),现行国际为《铝及铝合金焊条》(GB 3669—2001)的规定,铝及铝合金焊条型号的编制方法如下:

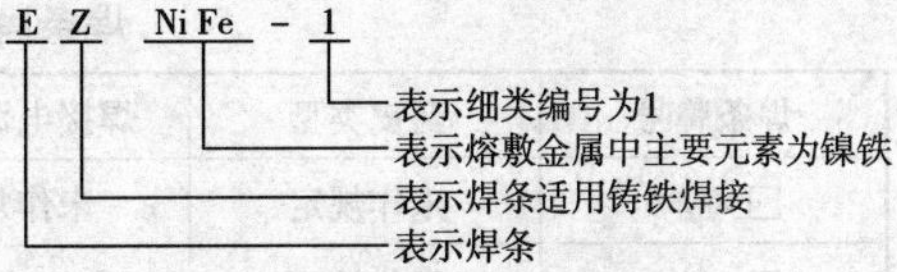

图 7-7 EZNiFe-1 编制方法

①用字母“T”表示焊条。

②化学元素符号表示焊芯的化学成分组成类型,见表 7-13。

铝及铝合金焊条的型号 表 7-13

型 号	焊芯的化学成分组成类型 W(%)	型 号	焊芯的化学成分组成类型 W(%)
TA1	A1≥99.5% 的铝	TA1Mn	Mn 约 1.0% ~1.5% 的铝锰合金
TA1Si	Si 约 5% 的铝硅合金		

(7)铜及铜合金焊条型号的编制方法。

根据《铜及铜合金焊条》(GB/T 3670—1995)的规定,铜及铜合金焊条型号的编制方法如下:

①用字母“T”表示焊接。

②化学元素符号表示熔敷金属化学成分组成类型,见表 7-14。

铜及铜合金焊条的型号 表 7-14

型 号	焊芯的化学成分组成类型 W(%)	型 号	焊芯的化学成分组成类型 W(%)
TCu	Cu≥99% 的铜	TCuSnB	Sn 约 8% 的磷青铜
TCuSi	Si 约 3% 的硅青铜	TCuA1	A1 约 8% 的铝青铜
TCuSnA	Su 约 6% 的磷青铜	TCUMnA1	A1 约 6%、Mn 约 10% 的铝青铜

2. 焊条牌号的编制

焊条牌号是根据焊条的主要用途、性能特点对焊条产品的具体命名。我国焊条牌号是按照国家标准《焊条分类及型号编制方法》(GB 980—76)制定的。1995 年后,参照国际标准修订的新国标(GB/T 5117—95、GB/T 5118—95、GB/T 983—95 等)颁布,同时废止了相应的旧焊条国家标准。焊条型号编制本应按照新的焊条国家标准执行,由于目前国内焊条国家标准尚不全,而国内各行各业对原有的焊条牌号及编制方法沿用已久,已成习惯,故新编制的《焊接材料产品样本》中仍保留了原焊条牌号,将新国家标准中的焊条型号与原牌号对照并加以标注。焊条牌号及编制方法如下。

电焊条的牌号共分为十大类,如结构钢焊条(包括低合金高强钢焊条)、耐热钢焊条、不锈钢焊条等。焊条牌号通常以一个汉语拼音字母(或汉字)与三位数字表示。拼音字母(或汉字)表示焊条各大类,后面的三位数字中,前面两位数字表示各大类中的若干小类,第三位数字表示各种焊条牌号的药皮类型及焊接电源。

焊条牌号中第三位数字的含意见表 7-15,其中盐基型主要用于有色金属焊条(如铝及铝合金焊条等),石墨型主要用于铸铁焊条及个别堆焊焊条。数字后面的字母符号表示焊条的特殊性能和用途见表 7-16。

焊条牌号中第三位数字的含义 表7-15

焊条牌号	药皮类型	焊接电源种类	焊条牌号	药皮类型	焊接电源种类
□××0	未作规定	未作规定	□××5	纤维素型	直流或交流
□××1	氧化钛型	直流或交流	□××6	低氢钾型	直流或交流
□××2	钛钙型	直流或交流	□××7	低氢钠型	直流
□××3	钛铁矿型	直流或交流	□××8	石墨型	直流或交流
□××4	氧化铁型	直流或交流	□××9	盐基型	直流

牌号后面加注各字母符号的含义 表7-16

字母符号	表示的意义	字母符号	表示的意义
D	底层焊条	R	压力容器用焊条
DF	低尘	RH	高韧性超低氢焊条
Fe	铁粉焊条	SL	渗铝钢焊条
Fe13	铁粉焊条、焊条名义熔敷效率130%	X	向下立焊用焊条
Fe18	铁粉焊条、焊条名义熔敷效率180%	XG	管子用向下立焊焊条
G	高韧性焊条	Z	重力焊条
GM	盖面焊条	Z15	重力焊条、焊条名义熔敷效率150%
GR	高韧性压力容器用焊条	CuP	含Cu和P的抗大气腐蚀焊条
H	超低氢焊条	CrNi	含Cr和Ni的耐海水腐蚀焊条
LMA	低吸潮焊条		

(1)结构钢焊条(包括低合金高强钢焊条)。结构钢焊条,包括低合金高强钢焊条牌号的编制方法如下:

①焊条牌号首字母"J"(或汉字"结")表示结构钢焊条。

②牌号前两位数字表示熔敷金属抗拉强度的最低值(kgf/mm^2),见表7-17。

③牌号第三位数字表示药皮类型和焊接电源种类。

④药皮中铁粉含量约为30%或熔敷效率105%以上,在牌号末尾加注"Fe"字及两位数字(以效率的1/10表示)。有特殊性能和用途的结构钢焊条,在牌号后面加注起主要作用的元素或主要用途的拼音字母(一般不超过两个),如J507MoV、J507CuP。

结构钢焊条熔敷金属强度等级 表7-17

焊条牌号	熔敷金属抗拉强度(MPa)	熔敷金属屈服强度(MPa)	焊条牌号	熔敷金属抗拉强度(MPa)	熔敷金属屈服强度(MPa)
J42×	≥412(42)	≥430(34)	J75×	≥740(75)	≥640(65)
J50×	≥490(50)	≥410(42)	J80×	≥780(80)	—
J55×	≥540(55)	≥440(45)	J85×	≥780(85)	≥740(75)
J60×	≥590(60)	≥530(54)	J10×	≥980(100)	—
J70×	≥690(70)	≥590(60)			

例如J507(结507)焊条,“J”(结)表示结构钢焊条,牌号中前两位数字表示熔敷金属抗拉强度的最低值为50kgf/mm²(500MPa),第三位数字“7”表示药皮类型为低氢钠型,直流反接电源。按照国标GB/T 5117—95,它应符合E5015型焊条要求。

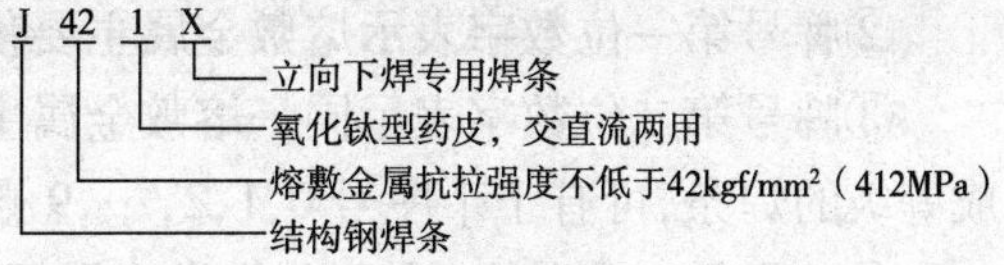

图7-8　J507编制方法

结构钢焊条牌号举例(图7-8):

(2)钼和铬钼耐热钢焊条。钼和铬钼耐热钢焊条牌号的编制方法如下:

①焊条牌号首字母“R”(或汉字“热”)表示钼和铬钼耐热钢焊条。

②牌号第一位数字表示熔敷金属主要化学成分组成,见表7-18。

③牌号第二位数字表示熔敷金属主要化学成分组成等级中的不同牌号,对于同一组成等级的焊条,可有十个序号,按0,1,2,…,9顺序编排,以区别铬钼之外的其他成分。

④牌号第三位数字表示药皮类型和焊接电源种类,见表7-15。

耐热钢焊条熔敷金属主要化学成分组成等级　　表7-18

焊条牌号	熔敷金属主要化学成分组成等级	焊条牌号	熔敷金属主要化学成分组成等级
R1××	含Mo约为0.5%	R5××	含Cr约为5%,含Mo约为0.5%
R2××	含Cr约为0.5%,含Mo约为0.5%	R6××	含Cr约为7%,含Mo约为1%
R3××	含Cr约为1%~2%,含Mo约为0.5%~1%	R7××	含Cr约为9%,含Mo约为1%
R4××	含Cr约为2.5%,含Mo约为1%	R8××	含Cr约为11%,含Mo约为1%

耐热钢焊条牌号举例(图7-9):

(3)低温钢焊条。低温钢焊条牌号的编制方法如下:

①焊条牌号首字母“W”(或汉字“温”)表示低温钢焊条。

②牌号前两位数字表示低温钢焊条工作温度等级(表7-19);

③牌号第三位数字表示药皮类型和焊接电源种类(表7-15)。

低温钢焊条牌号举例(图7-10):

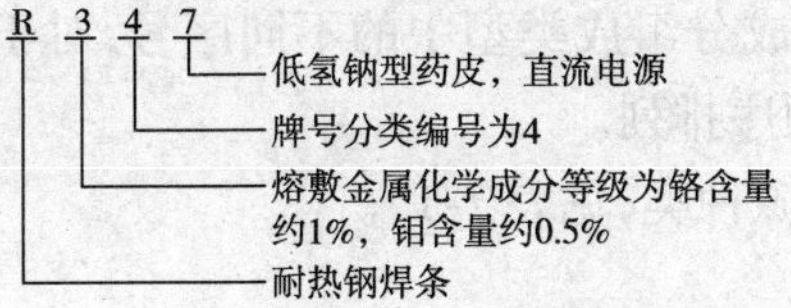

图7-9　R347编制方法

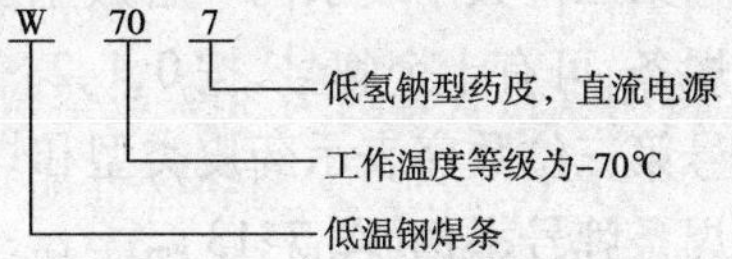

图7-10　W707编制方法

低温钢焊条工作温度等级　　表7-19

焊条牌号	工作温度(℃)	焊条牌号	工作温度(℃)
W70×	-70	W19×	-196
W90×	-90	W25×	-253
W10×	-100		

(4)不锈钢焊条。不锈钢焊条牌号的编制方法如下:

①焊条牌号首字母“G”(或汉字“铬”)或“A”(或汉字“奥”),分别表示铬不锈钢焊条或

奥氏体铬镍不锈钢焊条。

②牌号第一位数字表示熔敷金属主要化学成分组成，见表 7-20。

③牌号第二位数字表示同一熔敷金属主要化学成分组成等级中的不同牌号。对同一组成等级的焊条，可有十个序号 0，1，2，…，9 顺序编排，以区别铬、镍之外的其他成分。

④牌号第三位数字，表示药皮类型和焊接电源种类，见表 7-15。

不锈钢焊条熔敷金属主要化学成分组成等级 表 7-20

焊条牌号	熔敷金属主要化学成分组成	焊条牌号	熔敷金属主要化学成分组成
G2××	含 Cr 约为 13%	A4××	含 Cr 约为 26%，含 Ni 约为 21%
G3××	含 Cr 约为 17%	A5××	含 Cr 约为 16%，含 Ni 约为 25%
A0××	含 C≤0.04%（超低碳）	A6××	含 Cr 约为 16%，含 Ni 约为 35%
A1××	含 Cr 约为 19%，含 Ni 约为 10%	A7××	铬锰氮不锈钢
A2××	含 Cr 约为 18%，含 Ni 约为 12%	A8××	含 Cr 约为 18%，含 Ni 约为 18%
A3××	含 Cr 约为 23%，含 Ni 约为 13%	A9××	待发展

不锈钢焊条牌号举例（图 7-11、图 7-12）。

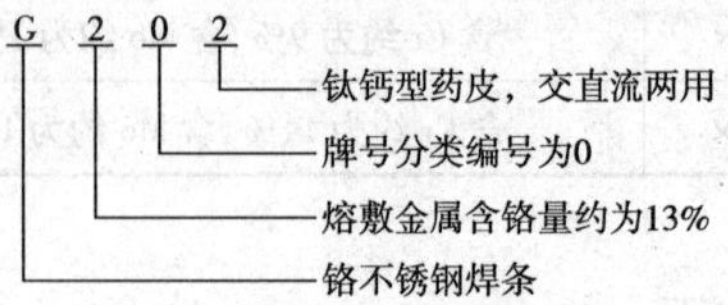

图 7-11 G202 编制方法

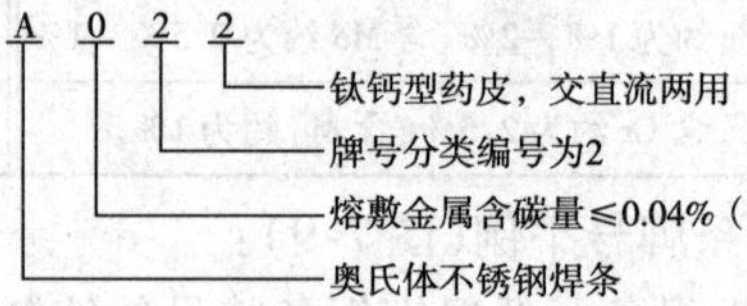

图 7-12 A022 编制方法

（5）铸铁焊条。铸铁焊条牌号的编制方法如下：

①焊条牌号首字母“Z”（或汉字“铸”）表示铸铁焊条。

②牌号第一位数字表示熔敷金属主要化学成分组成类型，见表 7-21。

③牌号第二位数字表示同一熔敷主要化学成分组成类型中的不同序号，对于同一成分组成类型焊条，可有十个牌号，按 0，1，2，…，9 顺序排列。

④牌号第三位数字表示药皮类型和焊接电源种类，见表 7-15。

铸铁焊条牌号举例（图 7-13）。

铸铁焊条牌号第一位数字含义 表 7-21

焊条牌号	熔敷金属主要化学成分组成类型	焊条牌号	熔敷金属主要化学成分组成类型
Z1××	碳钢或高钒钢	Z5××	镍铜合金
Z2××	铸铁（包括球墨铸铁）	Z6××	铜铁合金
Z3××	纯镍	Z7××	待发展
Z4××	镍铁合金		

（6）堆焊焊条。堆焊焊条牌号的编制方法如下：

①焊条牌号首字母“D”（或汉字“堆”）表示堆焊焊条。

②牌号第一位数字表示堆焊焊条的用途或熔敷金属的主要成分类型，见表7-22。

③第二位数字表示同一用途或熔敷金属主要成分中的不同牌号，对同一药皮类型的堆焊焊条按0，1，2，…，9顺序排列；牌号第三位数字表示药皮类型和焊接电源种类，见表7-15。

堆焊焊条牌号举例（图7-14）。

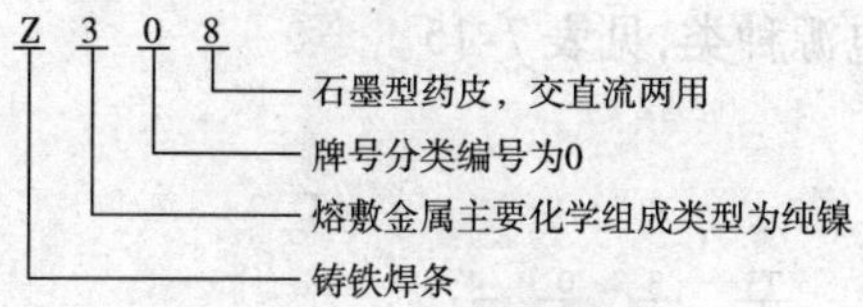

图7-13　Z308编制方法

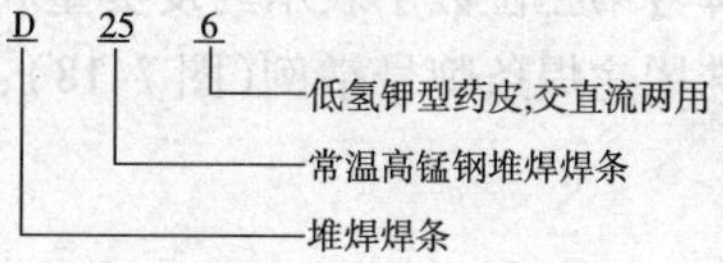

图7-14　D256编制方法

堆焊焊条牌号的前两位数字含义　　表7-22

焊条牌号	主要用途或主要成分类型	焊条牌号	主要用途或主要成分类型
D00×-09×	不规定	D60×-69×	合金铸铁堆焊焊条
D10×-24×	不同硬度的常温堆焊焊条	D70×-79×	碳化钨堆焊焊条
D25×-29×	常温高锰钢堆焊焊条	D80×-89×	钴基合金堆焊焊条
D30×-49×	刀具工具用堆焊焊条	D90×-99×	待发展的堆焊焊条
D50×-59×	阀门堆焊焊条		

（7）有色金属焊条。有色金属焊条的牌号编制方法如下：

①牌号前加"Ni"（或汉字"镍"）、"T"（或汉字"铜"）、"L"（或汉字"铝"），分别表示镍及镍合金焊条、铜及铜合金焊条、铝及铝合金焊条。

②牌号第一位数字表示熔敷金属化学成分组成类型，其含义见表7-23。

③牌号第二位数字表示同一熔敷金属化学成分组成类型中的不同牌号，对于同一组成类型的焊条，可有十个牌号，按0，1，2，…，9顺序编排；牌号第三位数字表示药皮类型和焊接电源种类，见表7-15。

有色金属焊条牌号第一位数字的含义　　表7-23

镍及镍合金焊条		铜及铜合金焊条		铝及铝合金焊条	
焊条牌号	熔敷金属成分组成	焊条牌号	熔敷金属成分组成	焊条牌号	熔敷金属成分组成
Ni1××	纯镍	T1××	纯铜	L1××	纯铝
Ni2××	镍铜合金	T2××	青铜合金	L2××	铝硅合金
Ni3××	因康镍合金	T3××	白铜合金	L3××	铝锰合金
Ni4××	待发展	T4××	待发展	L4××	待发展

有色金属焊条牌号举例（图7-15～图7-17）：

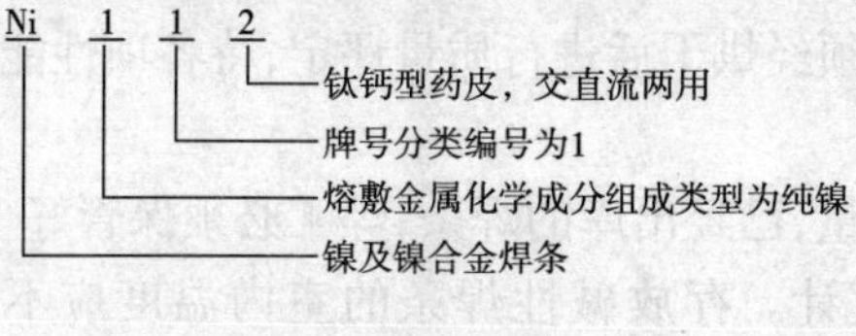

图7-15　Ni112编制方法

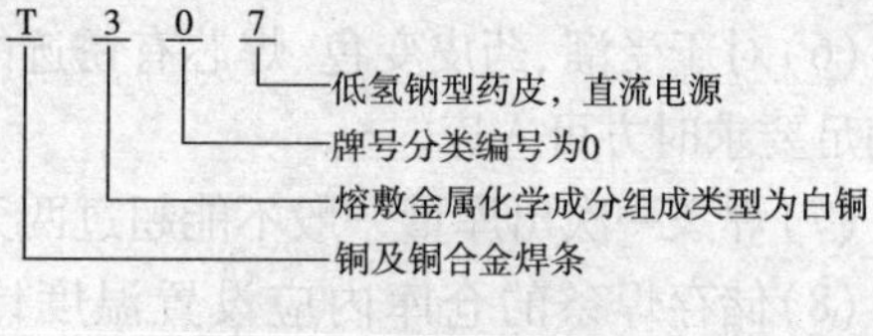

图7-16　T307编制方法

(8)特殊用途焊条。特殊用途焊条牌号的编制方法如下：

①牌号前加字母“TS”(或汉字“特”)表示特殊用途焊条,其含义见表7-24。

②牌号第二位数字表示同一用途焊条的不同牌号,对于同一类型焊条,可有十个牌号,按0,1,2,…,9顺序排列。

③牌号第三位数字表示药皮类型和焊接电源种类,见表7-15。

特殊用途焊条牌号举例(图7-18):

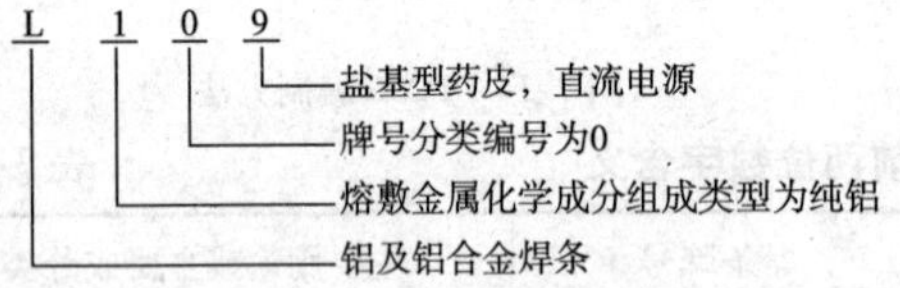

图7-17　L109编制方法

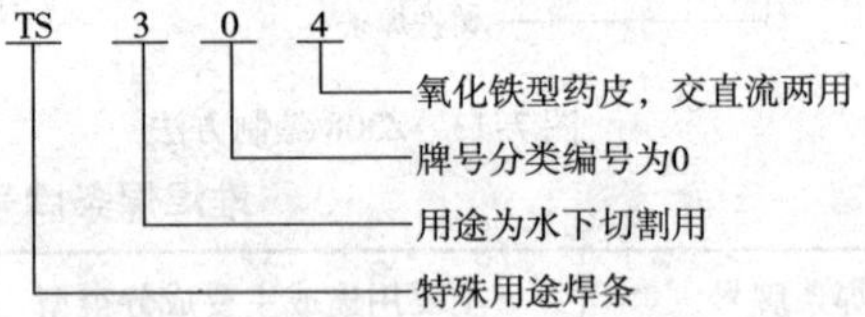

图7-18　TS304编制方法

特殊用途焊条牌号条一位数字的含义　　表7-24

焊条牌号	熔敷金属主要成分及焊条用途	焊条牌号	熔敷金属主要成分及焊条用途
TS2××	水下焊接用	TS5××	电渣焊用管状焊条
TS3××	水下切割用	TS6××	铁锰铝焊条
TS4××	铸铁件焊补前开坡口用	TS7××	高硫堆焊条

四、焊条的保管、检验及选用

1.焊条的保管

焊条的储存和保管应注意如下几点:

(1)焊条必须在干燥、通风良好的室内仓库中存放。焊条储存库内,不允许放置有害气体和腐蚀性介质,室内应保持整洁。

(2)焊条应存放于室内的架子上,架子离地面的距离应不小于300mm,离墙壁的距离不小于300mm。放置干燥剂,严防焊条受潮。

(3)堆放焊条时应按种类、牌号、批次、规格、入库时间分类堆放。每垛应有明确标注,避免混乱。

(4)焊条在供给使用单位之后,至少在六个月内能保证继续使用。焊条的发放应做到先入库的先使用。

(5)特种焊条的储存和保管制度,应严于一般焊条,应堆放在专用仓库或指定区域内。受潮或包装损坏的焊条未经处理不许入库。

(6)对于受潮、药皮变色、焊芯有锈迹的焊条须经烘干后进行质量评定,待各项性能指标能满足要求时方可入库。

(7)焊条一次出库量一般不能超过两天的用量,已经出库的焊条,焊工必须保管好。

(8)储存焊条的仓库内应设置温度计、湿度计。存放碱性焊条的室内温度应不低于5℃,相对空气湿度应低于60%。

(9)存放一年以上的焊条,在发放前应重新做各种性能试验,符合要求时方可发放,否则不应出库。

2.焊条的检验

焊条生产厂家应严格按照国家标准对各类焊条按其检验规则、技术要求、性能指标分批进行质量检验。检验项目大致包括:焊条尺寸;药皮外观、偏心度、强度;T形接头角焊缝试验;熔敷金属化学成分和力学性能;焊缝射线探伤;药皮含水量或熔敷金属扩散氢量;焊条发尘量。这里主要讨论药皮强度检验和焊条偏心度检验。

(1)焊条药皮的强度检验。焊条药皮应具有足够的强度。检验方法是将受检焊条置于水平位置,然后使它自由落到厚度大于14mm的水平、光滑的钢板上,如图7-19所示。对受检焊条的破裂只允许存在焊条的两端,受检焊条的下落高度可根据焊条而定:当焊条直径<4mm时,下落高度为1m;焊条直径≥4mm时,下落高度为0.5m。

(2)焊条的偏心度检验。焊条的偏心度应在公差的允许范围之内。若偏心度过大,焊接时会使电弧产生偏弧以及药皮成块脱落,影响焊缝质量。偏心度的计算公式为:

$$焊条偏心度=\frac{T_1-T_2}{\frac{1}{2}(T_1+T_2)}\times 100\%$$

式中:T_1——焊条断面药皮层最大厚度+焊芯直径;

T_2——同一断面药皮层最小厚度+焊芯直径,见图7-20。

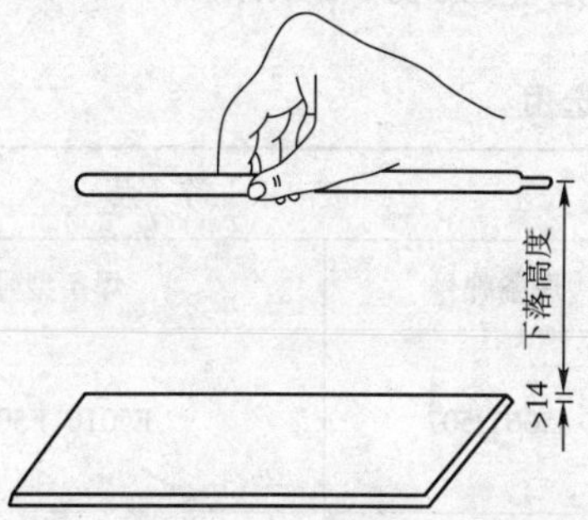

图7-19　药皮的强度试验

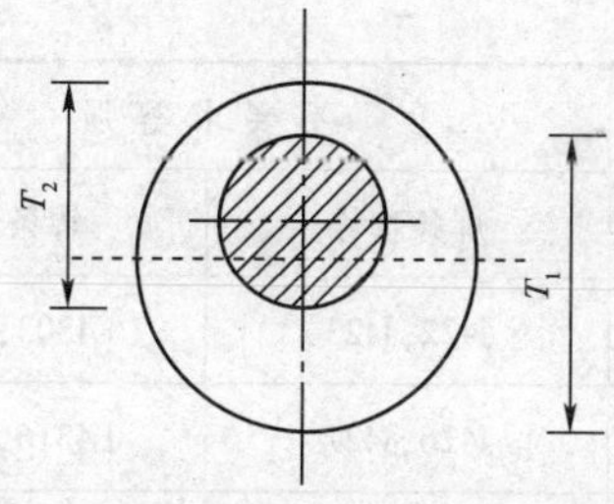

图7-20　焊条的偏心度示意图

焊条偏心度合格标准:直径不大于2.5mm的焊条,偏心度不应大于焊条直径的7%;直径为3.2mm和4.0mm的焊条,偏心度不应大于焊条直径的55;直径不小于5.0mm的焊条,偏心度不应大于焊条直径的4%。

3.焊条的选用

为了保证产品质量、提高生产效率和降低生产成本,必须正确选用焊条。除了要考虑经济性、施工条件、焊接效率和劳动条件之外,还应考虑以下原则:

(1)等强度原则。对于承受静载荷或一般载荷的工件或结构,通常按焊缝与母材等强的原则选用焊条,即要求焊缝与母材抗拉强度相等或相近。

(2)等条件原则。根据工件或焊接结构的工件条件和特点来选用焊条。如在焊接承受动载荷或冲击载荷的工件时,应选用熔敷金属冲击韧性较高的碱性焊条;而在焊接一般结构时，则可选用酸性焊条。

（3）等同性原则。在特殊环境下工作的焊接结构，如耐腐蚀、高温或低温等，为了保证使用性能，应根据熔敷金属与母材性能相同或相近的原则来选用焊条。

①碳钢焊条的选用。根据我国碳钢焊条标准，目前主要使用的碳钢焊条有 E43 系列和 E50 系列两种型号。低碳钢焊接时，一般结构可选用酸性焊条，承受动载荷或复杂的厚壁结构及低温使用时选用碱性焊条，如图表 7-25。

低碳钢焊条的选用　　表 7-25

钢号	焊条牌号	焊条型号	钢号	焊条牌号	焊条型号
Q235	J421,J422,J423	E4313,E4303,E4301	20g	J422, J426,J427	E4303,E4316,E4315
Q255	J424,J426,J427	E4320,E4316,E4315	22g	J506,J507	E5016,E5015
Q275	J426,J427,J506,J507	E4316,E4315,E5016,E5015	ZG230 ~ 450	J506,J507	E5016,E5015
08, 10	J422,J423,J424	E4303,E4301,E4320	25	J426,J427	E4316,E4315
15, 20	J426,J427,J507	E4316,E4315,E5015			

中碳钢焊接时，由于含碳量较高，易发生焊接裂纹，因而应选用碱性焊条或使焊缝金属具有良好塑性及韧性的焊条，并应进行预热和缓冷处理，如表 7-26 所示。

中碳钢焊条的选用　　表 7-26

钢　号	不要求等强		要求等强	
	焊条牌号	焊条型号	焊条牌号	焊条型号
35	J422,J423	E4303,E4301	J506,J507	E5016,E5015
ZG270 ~ 500	J426,J427	E4316,E4315		
45	J422,J423,J426	E4303,E4301,E4316	J556,J557	E5516-G,E5515-G
ZG310 ~ 570				
55	J427,J506,J507	E4315,E5016,E5015	J606,J607	E6016-G,E6015-G
ZG340 ~ 640				

高碳钢焊接时，焊材的选用应视产品的设计要求而定，当强度要求高时，可用 J707（E7015-G）或 J607（E6015-G）焊条；而强度要求不高时，可选用 J506（E5016）或 J507（E5015）焊条。

②低合金钢焊条的选用。焊接热轧及正火钢时，主要依据是保证焊缝金属的强度、塑性和冲击韧性等力学性能与母材相匹配，焊接大厚度构件时，为了防止产生焊接裂纹，可采用“低强匹配”原则，即选用熔敷金属强度低于母材的焊条，表 7-27 列出了热轧正火钢焊条的选用，以供参考。

热轧正火钢焊条的选用 表 7-27

屈服强度等级(MPa)	钢材牌号	焊条牌号	焊条型号
295	09Mn2,09Mn2Si, 09MnV,09MnVCu	J423, J422, J426, J427	E4301, E4303, E4315, E4316
345	16Mn,16MnR, 16MnCu,14MnNb	J503, J502, J507, J506, J507GR, J507RH, J506Fe, J507Fe, J506Fe1, J507Fe16	E5001,E5003,E5015, E5016,E5015-G, E5018,E5028
395	15MnV,15MnVCu, 15MnVRE,16MnNb	J503,J502,J507,J506, J507GR,J507RH,J557, J557Mo,J557MoV,J556	E5001,E5003,E5015, E5016,E5015-G, E5515-G,E5516-G
440	15MnVN,15MnVNCu, 15MnVTiRE	J557,J557Mo,J557MoV, J556,J607,J607Ni, J607RH,J606	E5515-G,E5516-G, E6015-D1,E6015-G, E6016-D1
490	18MnMoNb,14MnMoV, 14MnMoVCu,18MnMog, 18MnMoNbR	J607,J607Ni,J607RH, J606,J707,J707Ni, J707R,J707NiW	E6015-D1,E6015-G, E6016-D1,E7015-D2, E7015,E7015-G

③低碳调质钢焊条的选用。焊接低碳调质钢时,应严格控制氢,因而一般选用低氢型或超低氢型焊条,表 7-28 列出了低碳调质钢焊条的选用,以供参考。

低碳调质钢焊条的选用 表 7-28

屈服强度等级(MPa)	钢材牌号	焊条牌号	焊条型号
490	WCF60, WCF62, HQ60		E6015, E6015-G
590	HQ70A, HQ70B 14MnMoVN, 14MnMoNRE 12MnNiCrMoV	J707, J707Ni, J707RH, J707NiW	E7015, E7015-D2, 7015-G
690	12Ni3CrMoV	65C-1	E8015-G
	15MnMoVNRE, QJ70, 14MnMoNbB HQ80, HQ80C, WEL-TEN80	J757Ni, J807, J807RH, J857CrNi, J857Cr	E7515-G, E8015-G, E8515-G
785	10Ni5CrMoV	J907, J907Cr	E9015-G
880	HQ100	J107, J956, J107G	E10015-G

五、焊条的设计与制造

1. 焊条的设计

焊条设计的依据是被焊母材的化学成分、力学性能、被焊件的工作要求、现场施工条件、焊条制造成本、制造工艺及使用工艺要求等。其设计步骤如下:

(1)焊芯的选定。根据焊条熔敷金属设计成分的要求,尽可能选用与设计成分相近的焊芯。除了不锈钢、镍基合金、有色金属、少数铸铁和堆焊焊条外,大多数焊条都选用了 H08A

焊芯。

(2)药皮配方的确定。药皮配方的确定，主要是根据焊条设计的技术要求，如力学性能、化学成分、工艺性能指标及其他特殊性能要求等，来选定适宜的药皮类型。

①药皮类型及原材料的选择。在焊条药皮类型的确定中，一般都是沿着几种典型的药皮类型进行调整试验。几种典型焊条的药皮配方参照表 7-9。

②拟定药皮配方的初步配方，一般是以经验为主，以计算为辅，参考目前成熟的配方，初步确定各物质的量。

(3)试验调整。一般情况下，焊条药皮的初步配方只能算是初步设计，总会与预定目标有一定差距，因此药皮配方必须通过试验来进行调整。试验调整包括焊接工艺性能调整和焊条化学成分调整。如果发现焊缝成分或焊条性能不符合要求，则应调整配方，直到满意为止。

2. 焊条的制造

焊条的制造工艺过程主要包括三个部分：焊芯加工、涂料制备和焊条压涂。

(1)焊芯制备。焊芯一般以直径较大的圆盘供货，目前焊条厂使用的盘条外径多为直径 ϕ6.5mm。经剥壳、酸洗去除盘条氧化皮后，在拉丝机上拉拔到所需的直径，再在校直切断机上按要求的长度进行校直和切断。

(2)药皮原材料制粉。块状的铁合金和矿石先经破碎机破碎成 20mm 左右的小块，然后用磨粉机、球磨机或辊式粉碎机磨成粒度为 60 ~ 325 目的细粉。

(3)铁合金的钝化。钝化是采用人工的方法，焙烧或用高锰酸钾浸泡的方法，使铁合金颗粒表面产生一层氧化膜，以防止与水玻璃中的碱溶液发生化学反应而造成药皮表面发泡。药皮中常用的铁合金，如硅铁、锰铁，必须经过钝化后才能在焊条制造中使用。

(4)药皮配料。将各种药皮用粉料按焊条配方比例进行配料，可以用人工称重或电子秤进行称重。配好的料在搅拌机中进行干混使之均匀，然后慢慢倒入适量的水玻璃作为黏结剂，搅拌成具有一定黏性的涂料。

(5)药皮的涂敷。焊条药皮的涂敷是在涂料机上进行的，在预制好的湿涂料料缸里用一定的压力挤压出来，并将涂料涂敷在向前移动的焊芯上。

(6)焊条的烘焙。压涂出来的焊条可以经过自然干燥或低温晾干后送入高温干燥炉内进行烘焙，也可以直接送入连续式烘干炉直接烘干。烘干温度与时间随焊条的种类而异，一般酸性结构钢焊条的烘焙温度为 200 ~ 250℃，碱性焊条的烘焙温度为 350℃左右，超低氢或高强钢焊条的烘焙温度可为 450℃。

(7)焊条的质量检验。焊条烘干后要进行质量检验，主要包括药皮强度检验、外表检验和施焊质量检验等。经检验合格后，焊条即可包装出厂。

任务二　焊　　丝

焊丝是埋弧焊、气体保护焊、电渣焊、气焊等焊接工艺中主要的焊接材料，其主要作用是填充金属，并作为熔化电极传导电流，本节中主要介绍气体保护焊和埋弧焊常用的各类焊丝。

随着焊接自动化水平的提高，促进了自动化焊接材料的发展。根据焊丝与焊材比计算，德国焊接自动化水平达到80%，日本为70%，美国为56%，俄罗斯为40%，我国约为15%。因此我国目前和今后都应大力发展和推广使用各类焊丝。在“七五”、“八五”期间，我国重点推广 CO_2 半自动焊接技术，推动了实芯焊丝的发展。通过引进、吸收和消化，我国现已能自行设计制造实芯焊丝和药芯焊丝的生产线。目前我国已经具备大力使用、发展高效、低成本、自动化焊接技术的条件。为适应我国经济发展的需要，应尽快调整焊接材料的构成比例、大力发展自动或半自动焊接材料，进一步降低实芯焊丝成本，提高药芯焊丝质量、开发抗气孔性优良的金属芯焊丝。

一、焊丝的分类

焊丝的分类方法很多，可按熔敷金属力学性能、配套的钢种、所使用的焊接方法、焊丝的形状结构来分类。

1. 按焊接方法分类

按照焊接方法不同，焊丝可分为埋弧焊焊丝、气体保护焊焊丝（包括 CO_2 焊、钨极氩弧焊、熔化极氩弧焊焊）、电渣焊焊丝以及自保护焊焊丝。

（1）埋弧焊和电弧焊用焊丝。埋弧焊和电弧焊时焊丝主要作为填充金属，同时向焊缝添加有益合金元素（如 Mn、Si、MO 等）；焊剂对焊缝金属起保护和冶金作用。二者直接参与焊接过程中的冶金反应，焊缝成分和性能是由焊丝和焊剂共同决定。

（2）气体保护焊用焊丝。气体保护焊分为惰性气体保护焊焊丝（TIG、MIG）和活性气体保护焊焊丝（MAG）。惰性气体主要采用 Ar 气，活性气体主要采用 CO_2 气体。MIG 焊焊接时一般采用 $Ar + 2\% O_2$ 或 $Ar + 5\% CO_2$；MAG 焊焊接时采用 CO_2、$Ar + CO_2$ 或 $Ar + O_2$。

（3）自保护焊用焊丝。利用焊丝中所含有的合金元素在焊接过程中进行脱氧、脱氮，以消除从空气中进入焊接熔池的氧、氮的不良影响。为此，除提高焊丝中的 C、Si、Mn 等元素含量外，还要加入强脱氧元素 Ti、Zr、Al、Ce 等。

2. 按所配套的钢种分类

按照所配套的钢种不同，焊丝可分为低碳钢焊丝、低合金钢焊丝、低合金耐热钢焊丝、不锈钢焊丝、低温钢焊丝、镍基合金焊丝、铝及铝合金焊丝、钛及钛合金焊丝等。

3. 按焊丝的形状结构分类

按照焊丝的形状结构不同，焊丝可分为实芯焊丝和药芯焊丝。

（1）实芯焊丝。实芯焊丝是目前最为常用的焊丝，由热轧线材经拉拔加工而成。为了防止焊丝生锈，须对焊丝（不锈钢焊丝除外）表面进行特殊处理。目前主要是镀铜处理，包括电镀、浸铜及化学镀铜处理等方法。

使用镀铜焊丝时焊丝表面在焊前不需再经除锈处理，因此使用方便，对于防止产生气孔效果较为显著，在埋弧焊、CO_2 气体保护焊中用得较多。镀铜焊丝的镀铜层很薄，微量的铜熔入焊缝中，不会引起裂纹的产生。

（2）药芯焊丝。药芯焊丝是将薄钢带卷成圆形钢管或异形钢管的同时，在其中填满一定成分的药粉，经拉制而成的一种焊丝，也称粉芯焊丝或管状焊丝。20 世纪 50 年代初期，首先在西欧研制了这种焊接材料。60 年代，美国研制成功了低碳钢和 490MPa 级钢用直径为

2.0～2.4mm 的药芯焊丝，并在生产中得到应用。我国在 60 年代，已制造出直径在 2.4mm 以上的药芯焊丝，但由于焊机送丝辊轮压力大，焊丝易压扁等问题，阻碍了药芯焊丝的推广应用。80 年代中期，我国从国外引进了细直径药芯焊丝成套生产设备，使我国的药芯焊丝生产由粗丝扩展到细丝，解决了药芯焊丝推广应用中存在的问题，因而使我国的药芯焊丝生产得到了大的发展，正在逐步扩大使用。

药芯焊丝的优点很多，主要有如下几方面：

①飞溅小。由于药芯焊丝中加入了稳弧剂，电弧燃烧稳定，熔滴呈滴状均匀过渡，焊接飞溅很少，且飞溅颗粒细小，在钢板上粘不住，容易清除。

②焊缝成型美观。在焊道成型方面，熔渣起着重要作用。实芯焊丝施焊时无法依靠渣起作用，仅依靠熔融金属自身的黏性和表面张力形成焊道，故表面形状不良。药芯焊丝焊接时，能形成一定数量的熔渣，依靠渣的表面张力生成一个软的铸型，这个铸型对形成良好焊道起着重要作用。

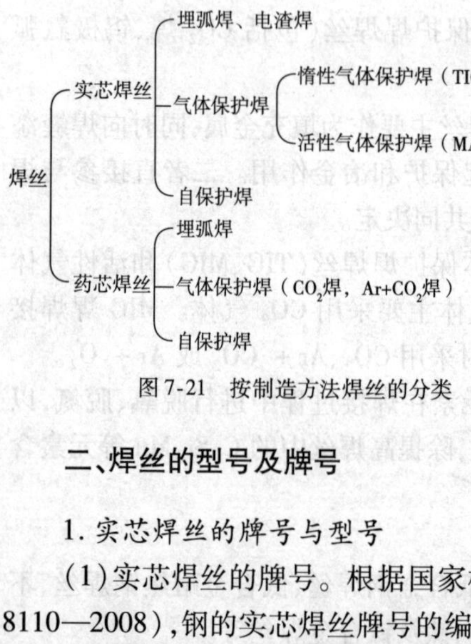

图 7-21　按制造方法焊丝的分类

③熔敷速度高于实芯焊丝。采用药芯焊丝焊接时，由于焊丝断面上通电部分的面积比实芯焊丝小，在同样的焊接电流下药芯焊丝的电流密度高，熔敷速度提高。

④可采用大电流进行全位置焊接。在各种焊接位置下，药芯焊丝均可采用较大的焊接电流，如 ϕ1.2mm 焊丝，电流 280A，仍能顺利地实现向下立焊。

目前，较常用的是按制造方法和使用的焊接方法进行分类，如图 7-21 所示。

二、焊丝的型号及牌号

1. 实芯焊丝的牌号与型号

(1)实芯焊丝的牌号。根据国家标准《气体保护电弧焊用碳钢、低合金钢焊丝》(GB/T 8110—2008)，钢的实芯焊丝牌号的编制方法如下：

①牌号第一个字母“H”表示焊接用实芯焊丝。

②“H”后面的一位或二位数字表示含碳量。

③接下来的化学符号及其后面的数字表示该元素大致含量的百分数；

④在结构钢焊丝牌号尾部标有“A”或“E”时，“A”表示硫、磷含量要求低的高级优质钢。“E”为硫、磷含量要求特别低的焊丝。

例如，H08Mn2SiA(图 7-22)。

(2)实芯焊丝的型号。

①气体保护电弧焊用碳钢、低合金钢焊丝。

根据国家标准《气体保护焊用碳钢、低合金钢焊丝》(GB/T 8110—2008)，这类焊丝按化学成分和采用熔化极气体保护电弧焊时熔敷金属的力学性能分类。该类焊丝型号的编制方法如下：

A. 字母“ER”表示焊丝。

B.“ER”后面的两位数字表示熔敷金属的最低抗拉强度。

C. 短划“-”后面的字母或数字表示焊丝化学成分分类代号。

D. 如还附加其他化学元素时，直接用元素符号表示，并以短划“-”与前面数字分开。

例如，ER55-B2-Mn(图7-23)。

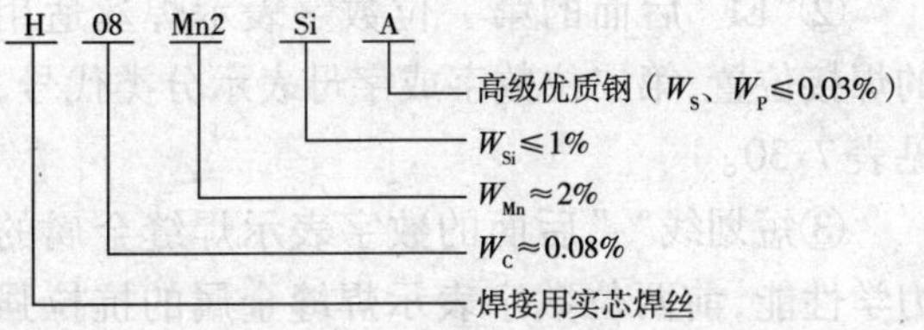

图7-22　H08Mn2SiA 编制方法

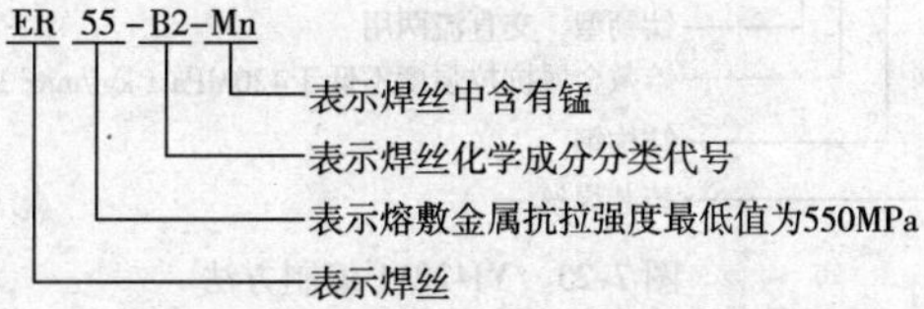

图7-23　ER55-B2-Mn 编制方法

②铝及铝合金焊丝。

表7-29列出了铝及铝合金焊丝的分类及型号，其编制方法如下：

A. 焊丝型号以“丝”字的汉语拼音第一个字母“S”表示。

B.“S”后面用化学元素符号表示焊丝的主要合金组成。

C. 化学元素后面的数字表示同类焊丝的不同品种。

铝及铝合金焊丝的分类及型号　　表7-29

焊丝类别	焊 丝 型 号	焊丝类别	焊 丝 型 号
纯铝	SAl-1，SAl-2，SAl-3	铝锰合金	SAlMn
铝镁合金	SAlMg-1，SAlMg-2，SAlMg-3，SAlMg-5	铝硅合金	SAlSi-1，SAlSi-2
铝铜合金	SAlCu		

③镍及镍合金焊丝。

镍及镍合金焊丝型号的表示方法为ERNiXX-X：

A. 字母“ER”表示焊丝。

B.“ER”后面的化学符号Ni表示镍及镍合金焊丝。

C. 符号Ni后面的化学符号表示焊丝中的其他主要合金元素。

D. 短划线“-”后面的数字表示焊丝化学成分分类代号。

例如，ERNiCrFe-5(图7-24)。

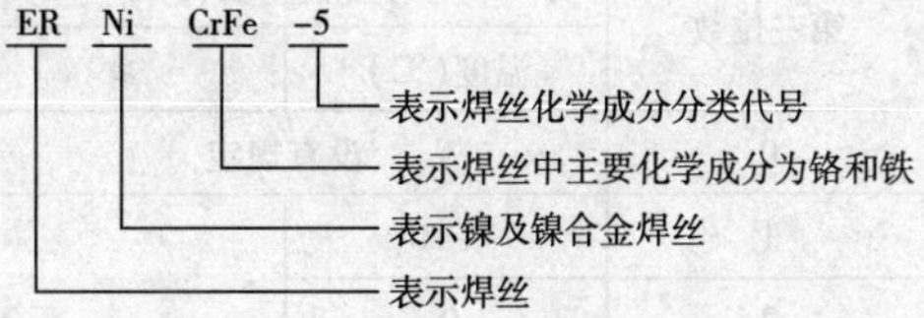

图7-24　ERNiCrFe-5 编制方法

2. 药芯焊丝的牌号与型号

(1)药芯焊丝的牌号。药芯焊丝牌号的编制方法如下：

①字母Y表示药芯焊丝。

②第2个字母及其后面的3位数字与焊条牌号编制方法相同。

③在牌号尾部再用一位数字表示焊接时的保护方法，其中：1为气保护；2为自保护；3为气保护、自保护两用；4为其他形式。

例如，YJ422-1(图7-25)。

(2)药芯焊丝的型号。药芯焊丝的型号根据药芯类型、是否采用保护气体、焊接电流种类以及对单道焊和多道焊的适用性进行分类。根据《碳钢药芯焊丝》(GB/T 10045-2001)规定，药芯焊丝型号有焊丝类型代号和焊缝金属力学性能两部分组成，表示为 EFXX- XXXX，其中：

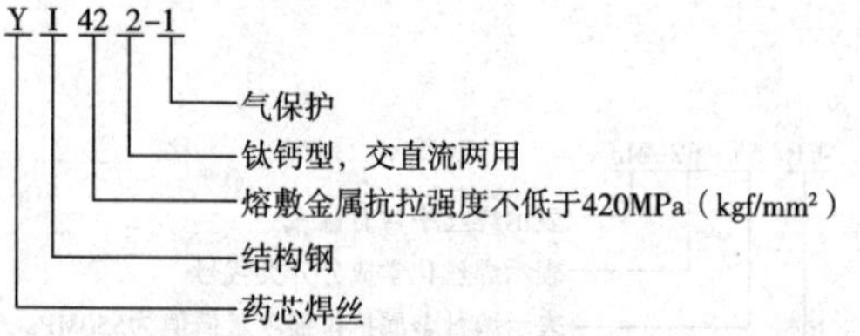

图 7-25 YJ422-1 编制方法

①字母“EF”表示药芯焊丝。

②“EF”后面的第一位数字表示焊丝适用的焊接位置，第二位数字或字母表示分类代号，见表 7-30。

③短划线“-”后面的数字表示焊缝金属的力学性能，前两位数字表示焊缝金属的抗拉强度最小值，后两位数字表示冲击吸收功，分别见表 7-31、表 7-32。

药芯焊丝分类及类型代号 表 7-30

焊丝类型	药芯类型	保护气体	电源种类	适 用 性
EFX1-	氧化钛	CO_2	直流反接	单道焊和多道焊
EFX2-	氧化钛	CO_2	直流反接	单道焊
EFX3-	氧化钙－氟化物	CO_2	直流反接	单道焊和多道焊
EFX4-	—	自保护	直流反接	单道焊和多道焊
EFX5-	—	自保护	直流反接	单道焊和多道焊
EFXG-	—	—	—	单道焊和多道焊
EFXGS-	—	—	—	单道焊

药芯焊丝焊缝强度系列 表 7-31

强度系列	抗拉强度(MPa)	屈服强度(MPa)	强度系列	抗拉强度(MPa)	屈服强度(MPa)
43	430	340	50	500	410

药芯焊丝焊缝金属冲击吸收功(V 形缺口) 表 7-32

第一位数	冲击吸收功(J)		第二位数	冲击吸收功(J)	
	温度(℃)	≥		温度(℃)	≥
0	没有规定		0	没有规定	
1	+20	27	1	+20	27
2	0		2	0	
3	-20		3	-20	
4	-30		4	-30	
5	-40		5	-40	

例如，EF03-5042(图 7-26)。

三、焊丝的保管、检验及选用

1. 焊丝的保管

(1)焊丝必须在干燥通风良好的室内仓库中存放，仓库内不允许放置有害气体和腐蚀介质，室内应该保持清洁。室内不低于5℃，空气相对湿度低于60%。

(2)焊丝应存放在货架上，使焊丝离地面、墙壁的距离不小于300mm，以防焊丝受潮。必要时，货架下应放置干燥剂。

(3)虽然药芯焊丝相对实芯焊丝不易受潮，但由于药芯焊丝不能烘干，所以要更注意其防潮。

(4)焊丝入库应检查制造厂的质量说明书，堆放时应按种类、牌号、批次、规格、分类堆放，并作好明显的标识，以防混淆。

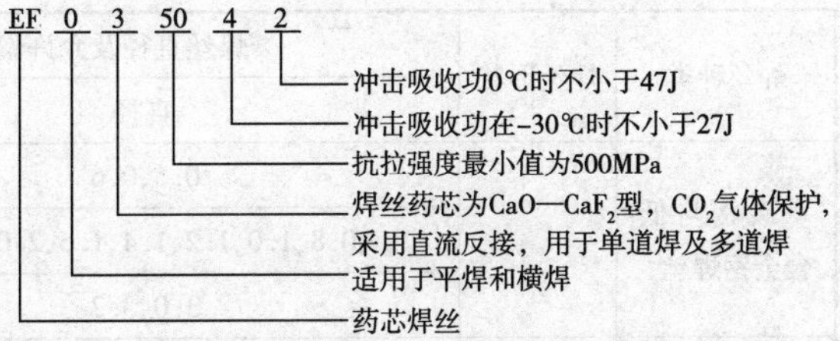

图7-26 EF03-5042编制方法

(5)妥善保护好外包装上的标记(包括焊丝型号、规格、净重、制造厂名称和生产日期)及内包装的标签(包括焊丝型号和本标准号、批号、检验号、规格、净重、制造厂名称)，以利于焊丝的正确选用。

(6)特殊焊丝储存与保管应高于一般焊丝的保管要求。特殊焊丝应堆放在专用仓库或指定区域。

(7)实芯焊丝一次出库量一般不能超过2天的用量，已经出库的焊丝焊工必须保管好。药芯焊丝打开包装后要在3个月内用完，在空气湿度较大的地区，该期限应该更短一些。

(8)保管人员应熟悉各类焊丝的一般性能和要求，定期查看所保管的焊丝有无受潮(主要指药芯焊丝)、污损等情况发生，发现问题要及时处理，对各类焊丝的品种、规格、选用和消耗应核对，防止焊丝的错放、错发、错用。

(9)凡经质量检验人员检验，确认不合格的焊丝应作特殊标记，不准入库或投入生产，并请有关部门处理。

2. 焊丝的检验

(1)实芯焊丝的检验。

根据《气体保护焊用碳钢、低合金钢焊丝》(GB/T 8110—2008)，气保焊电弧焊用碳钢、低合金钢焊丝的检验内容主要包括焊丝外观、强度、化学成分、力学性能及焊丝尺寸等，以下主要介绍焊丝外观、强度及尺寸检验。

①焊丝外观检验。焊丝表面必须光滑平整，不应有毛刺、划痕、锈蚀和氧化物等，也不应有其他对焊接性能或焊接设备操作性能具有不良影响的杂质，焊丝的镀铜层要均匀牢固，用缠绕法检测镀铜层的结合力时，应不出现起鳞与剥落现象。

②焊丝强度检验。焊丝的挺度会直接影响到焊丝在焊接时能否均匀、连续送进，对焊丝的强度有一定要求，见表7-33。

碳钢和低合金钢焊丝的抗拉强度 表7-33

焊丝直径(mm)	0.8,1.0,1.2	1.4,1.6,2.0	2.5,3.0,3.2
焊丝抗拉强度(MPa)	≥930	≥860	≥550

③焊丝的尺寸检验。气体保护焊和埋弧焊焊丝是成盘供应，对于焊丝的直径及允许偏

差都有一定要求，应符合表7-34的规定。

焊丝的直径及允许偏差 表7-34

焊丝种类	焊丝形状	焊丝直径及允许偏差(mm)		焊丝长度及极限偏差(mm)	
		直径	允许偏差	长度	极限偏差
碳钢与低合金钢焊丝		0.5,0.6	±0.03	1000	±10
		0.8,1.0,1.2,1.4,1.6,2.0,2.5	±0.04		
		3.0,3.2	±0.07		
铝及铝合金焊丝	直条状	3.0,4.0	±0.04	1000	±2
		5.0,6.0	±0.05		
	卷状	1.0,1.5	±0.03		
		2.0,2.5,3.0,4.0	±0.04		
		5.0,6.0	±0.05		
	盘状	0.8	±0.02		
		1.0,1.2, 1.6,2.0	±0.03		
		2.4,3.2,4.0,4.8,6.4	±0.04		

此外，铝及铝合金焊丝应以硬态供货，其他型号焊丝以半硬态供货。盘状焊丝必须是连续的，并能保证在自动焊或半自动焊设备上均匀而连续送进。每批焊丝应由同一型号、同一状态、同一批次材质组成，盘装焊丝的质量分别为0.5kg、2kg、5kg、10kg、20kg。

(2)药芯焊丝的检验。

①焊丝表面必须光滑平整，不应有毛刺、划痕、锈蚀和氧化皮等，也不应有其他对焊接性能或焊接设备操作性能具有不良影响的杂质。

②焊丝的药芯应均匀分布，以使焊丝工艺和焊缝金属性能不受到有害的影响。必要时，要对焊丝的工艺性能进行测试，如用小球下落法测试脱渣性、飞溅大小、电弧稳定性等。

③根据《低合金钢药芯焊丝》(GB/T 17493—2008)，碳钢药芯焊丝熔敷金属拉伸试验结果应符合规定的抗拉强度要求，见表7-35，但对屈服强度和伸长率不作要求。

碳钢药芯焊丝焊接接头拉丝试验强度要求 表7-35

强度系列	抗拉强度 σ_b(MPa)	屈服强度 σ_s(MPa)	伸长率 δ(%)
43	430	340	22
50	500	410	22

④角焊缝试验应符合下列各项规定：

A.在焊脚尺寸不大于10mm时，凸度不应大于3mm。

B.角焊缝经肉眼检查无咬边、焊瘤、夹渣和表面气孔。

C.角焊缝的两纵向断裂表面经肉眼检查应无裂纹。

D.焊缝根部熔合的长度应不大于焊缝总长度的20%。

⑤碳钢药芯焊丝与不锈钢药芯焊丝的尺寸要求见表7-36。

表 7-36 药芯焊丝直径与偏差规定

药芯焊丝种类	药芯焊丝型号	焊丝直径(mm)	偏差要求(mm)
碳钢药芯焊丝	—	1.2,1.4,1.6	±0.05
		2.0,2.4,2.8,3.2,4.0	±0.08
不锈钢药芯焊丝	EXXXT-X	1.0,1.2,1.4,1.6	±0.05
		2.0,2.4,2.8,3.2,4.0	±0.08
	RXXXTX-X	2.0,2.2,2.4	±0.08

⑥焊接接头射线探伤质量要求参照《金属熔化焊焊接接头射线照相》(GB/T 3323—2005)中的规定。

3. 焊丝的选用

焊丝的选用受许多因素影响,概括起来有三个方面的因素:

(1)焊接性因素。金属材料的焊接性是指材料对焊接过程的适应能力,包括接头性能和使用性能。焊接性与母材成分和性质有关,同时也与接头尺寸、形状及焊接工艺条件有关。

(2)工艺性因素。焊接时的工艺性应能适应焊接空间位置的施焊要求,包括焊接操作性能和焊缝成型性能。其中,操作性能包括稳弧性、飞溅大小、脱渣性、烟尘情况等,成型性能包括焊缝表面成型、熔透成型以及几何形状的缺陷情况,如咬边、余高、弧坑、焊瘤等。

(3)经济性因素。经济合理性是焊接时必须考虑的重要因素。如果 H08A 焊丝已能满足要求,就不应选用 H08E 焊丝。此外,如果实芯焊丝已能充分满足焊接要求时,则不应选用药芯焊丝,后者价格比前者昂贵。如果能采用纯 CO_2 保护,就不必采用富氩保护。

任务三　焊　剂

焊接时,能够熔化形成熔渣(有的也有气体),对熔化金属起保护和冶金作用的一种物质,称为焊剂,它广泛应用于埋弧焊和电渣焊中。

埋弧焊中,焊剂起着至关重要的作用,主要包括以下几个方面:

(1)机械保护作用。焊剂熔化后形成熔渣,覆盖在熔池上,使熔池与外界空气隔离,防止空气的侵入。

(2)向熔池过渡合金元素。利用焊剂中的铁合金(非熔炼焊剂)或金属氧化物(熔炼焊剂)可以直接或通过置换反应向熔池金属过渡所需的合金元素。

(3)改善焊缝表面成型。焊剂熔化后成为熔渣覆盖在熔池表面,熔池即在熔渣的内表面进行凝固,使焊缝表面成型光滑美观。此外,焊剂还具有防止飞溅、提高熔敷系数等作用。在采用埋弧焊时,当埋弧焊焊丝确定后,配套用的焊剂则成为关键处理,它直接影响焊缝金属的力学性能、抗裂性能、焊接缺陷发生率及焊接生产率等。焊丝与焊剂的配用重量比为 1.1~1.6。与熔炼焊剂相比,烧结焊剂用量较为节省,大约可节省 10%~20%。

目前,建筑行业出现一种建筑钢筋的新型焊接方法,即竖向钢筋电弧—电渣压力焊方法。相比以前钢筋搭接采用的焊条电弧焊方法,该种焊接方法可节省钢材 15% 以上,产生效率也大大提高,焊接材料的消耗费用也会降低。目前这种焊接方法的应用日益广泛。该种焊接方法主要使用熔炼焊剂,焊剂的主要作用为维弧、电渣加热、金属凝固模体。据统计,我国使用的熔炼焊剂的20%左右用于竖向钢筋的焊接。

一、焊剂的分类

焊剂的分类方法很多,可以根据焊剂的制造方法、化学成分、碱度及化学性质来分类,如图7-27所示。

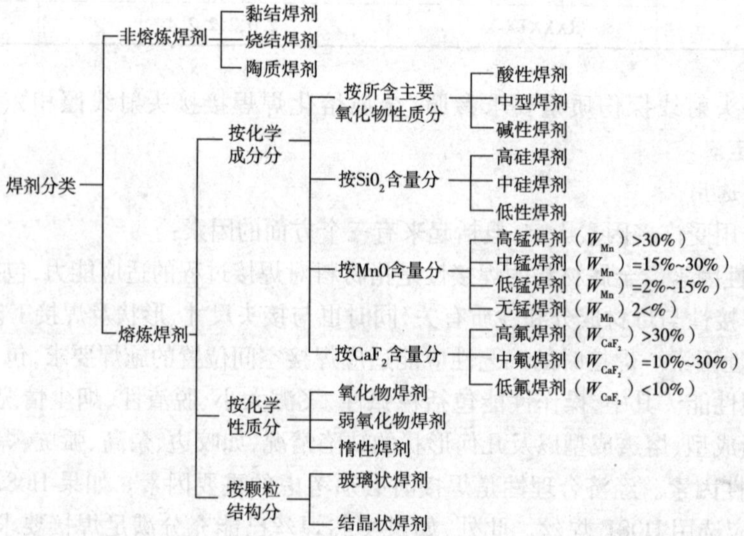

图7-27 焊剂的分类

1.按焊剂的制造方法分类

按照焊剂的制造方法,可分为熔炼焊剂和非熔炼焊剂。

(1)熔炼焊剂。将一定比例的各种配料放在炉中熔炼,经过水冷粒化、烘干、筛选而制成的一种焊剂称为熔炼焊剂。

熔炼焊剂的主要优点是:化学成分均匀,可以获得性能均匀的焊缝。但由于焊剂在制造过程中有高温熔炼过程,合金元素要被氧化,所以焊剂中不能添加铁合金,只能依靠某些金属氧化物,通过置换反应过渡数量有好的合金元素。

(2)非熔炼焊剂。焊剂所用粉状配料不经熔炼,而使加入黏结剂后经造粒和焙烧而成。按焙烧温度又可分为烧结焊剂和黏结焊剂。

①烧结焊剂。把各种粉料按配方混合后加入黏结剂,制成一定尺寸的小颗粒,经烘焙或烧结后得到的焊剂,称为烧结焊剂。

制造烧结焊剂所采用的原材料与制造焊条所采用的原材料基本相同,对成分和颗粒大小有严格要求。按照给定配比配料,混合均匀后加入水玻璃等黏结剂进行湿混合,然后送入造粒机造粒。造粒之后将颗粒状的焊剂送入干燥炉内固化、烘干、去除水分,加热温度一般为150～200℃,最后送入烧结炉内,以600～1000℃的高温进行烧结。经高温烧结后,焊剂的颗粒度明显提高,吸潮性大大降低,且烧结焊剂的碱度可以在较大范围内调节而仍能保持良好的工艺性能,还能根据需要过渡和金元素。近年来,烧结焊剂由于适应性强,制造简便,也有一定的发展。

②黏结焊剂。将一定比例的各种粉状配料加入适量黏结剂，经混合搅拌、粒化和低温（400℃以下）烘干而制成的一种焊剂称为黏结焊剂，旧称为陶质焊剂。

烧结焊剂和黏结焊剂由于没有熔炼过程，所以化学成分不均匀，因而造成焊缝性能不均匀，但若在生产中添加铁合金，可增大焊缝金属的合金化。目前生产中广为使用的是熔炼焊剂。当然，根据不同的使用要求，还可以把熔炼焊剂与烧结焊剂混合起来使用，称为混合焊剂。

2. 按焊剂的碱度值分类

碱度是焊剂中碱性氧化物总和与酸性氧化物总和之比，其计算式为：

$$碱度=\frac{CaO+CaF_2+MgO+K_2O+Na_2O+Li_2O+1/2(MnO+FeO)}{SiO_2+1/2(Al_2O_3+TiO_2+ZrO_2)}$$

按照焊剂的碱度值，可将焊剂分为碱性焊剂、酸性焊剂和中性焊剂，见表7-37。

按照焊剂的碱度值分类方法 表7-37

碱度值	>1.5	<1.0	1.0~1.5
分类	碱性	酸性	中性

3. 按焊剂的主要成分的质量分数（含量）分类

焊剂中的主要成分是 SiO_2、MnO 和 CaF_2，按其各自的含量，可将焊剂分成高、中、低、无几大类型，见表7-38。

按照焊剂的主要成分分类方法 表7-38

按 SiO_2 的含量		按 MnO 的含量		按 CaF_2 的含量	
焊剂类型	质量分数	焊剂类型	质量分数	焊剂类型	质量分数
高 硅	>30	高 锰	>30	高 氟	>30
中 硅	10~30	中 锰	15~30	中 氟	10~30
低 硅	<10	低 锰	2~15	低 氟	<10
		无 锰	<2		

4. 按焊剂的化学性质分类

(1) 氧化性焊剂：含大量 SiO_2、MnO 或 FeO。

(2) 弱氧化性焊剂：含 SiO_2、MnO、FeO 较少。

(3) 碱性焊剂：含 Al_2O_3、CaO、MgO、CaF_2 等，基本上不含 SiO_2、MnO、FeO 等。

二、焊剂的型号与牌号

1. 焊剂的型号

(1) 碳钢埋弧焊用焊剂的型号。焊剂的型号是按照国家标准划分的，我国的现行《埋弧焊用碳钢焊丝和焊剂》（GB 5293—1999）中将焊剂和焊丝在同一标准中编写。该规定中的焊剂型号是依据焊丝—焊剂组合的熔敷焊缝金属的力学性能、热处理状态进行划分的。焊剂型号的表示方法为 $F\times_1\times_2\times_3$-H××，含义如下：

①"F"表示埋弧焊焊焊剂。

②第一位数字"$\times_1$"表示焊丝—焊剂组合的熔敷金属的拉伸力学性能，包括抗拉强度、

屈服强度和伸长率,见表7-39。

③第二位数字“$\times_2$”表示试件的热处理状态,“A”表示焊态,“P”表示焊后热处理状态。热处理应该按照规范工艺参数进行,即试件装炉时炉温不高于300℃,加热时加热速度不超过200℃/h。加热到620℃并保温1h,保温后以不超过190℃/h的冷却速度炉冷至320℃,然后炉冷或空冷至室温。如有特殊要求时可根据供需双方协议,采取其他热处理规范。

④第三位数字“$\times_3$”表示熔敷金属冲击吸收功不大于27J时的最低试验温度,见表7-40。

⑤点划线“-”后面的“H××”表示焊接试板时与焊剂匹配的焊丝牌号,根据《焊接用钢丝》(GB/T 1300—1977)的规定选用。其中“H”表示焊丝,后面的两位数字表示焊丝中平均碳含量(一般为万分含量)。如果焊丝中含有其他化学成分,则在字母后用元素符号表示,牌号最后如果标有A、B、C则表示焊丝的质量等级。

焊剂型号中第一位数字的含义(当X_1分别为3、4、5时参数见下表)　　表7-39

X_1	抗拉强度σ_b(MPa)	屈服强度σ_s(MPa)	伸长率δ(%)
3	410~550	≤303	≤22.0
4	440~550	≤330	≤22.0
5	480~650	≤437	≤22.0

焊剂型号中第三位数字的含义(当X_3分别为0~6时参数见下表)　　表7-40

X_3	0	1	2	3	4	5	6
冲击试验温度(℃)	—	0	-20	-30	-40	-50	-60
冲击韧性($J\cdot cm^{-2}$)	无要求	≥34	≥34	≥34	≥34	≥34	≥34

例如,F4A0-H08A(图7-28)。

(2)低合金钢埋弧焊用焊剂的型号。根据国家标准《低合金钢埋弧焊用焊剂》(GB/T 12470—1990)规定,其型号是根据熔敷金属力学性能和焊剂渣系来划分的。焊剂型号的表示方法为F$\times_1\times_2\times_3\times_4$-H×××,含义如下:

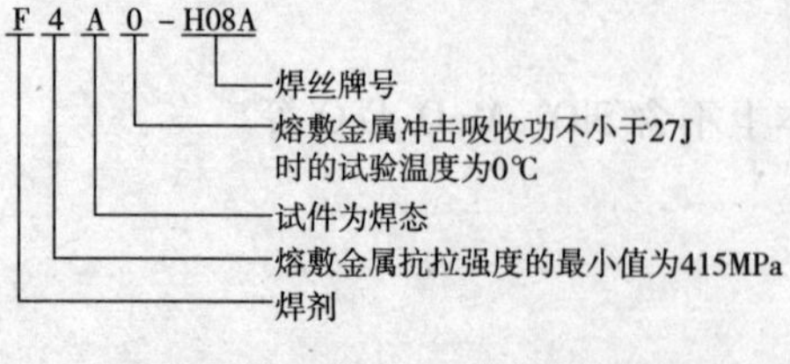

图7-28　F4A0-H08A编制方法

①“F”表示埋弧焊焊焊剂。

②第一位数字代号“$\times_1$”表示焊丝—焊剂组合的熔敷金属的拉伸力学性能,分为5、6、7、8、9、10六类,每类均规定了抗拉强度、屈服强度和伸长率三项性能指标,见表7-41。

③第二位数字“$\times_2$”表示试件状态,用“0、1”表示,“0”表示焊态,“1”表示焊后热处理状态。热处理应按照规范参数进行,即试件装炉时炉温不高于300℃,然后加热,热速度不超过220℃/h。加热到(620±15)℃并保温1h,保温后以不超过175℃/h的冷却速度炉冷至300℃,然后炉冷或空冷至室温。

④第三位数字“$\times_3$”表示熔敷金属冲击吸收功不大于27J时的最低试验温度,见表7-40。

⑤第四位数字表示焊剂渣系，可分别为0、1、2、…、6、8、10，具体表示方法见表7-41。

焊剂渣系分类及主要组成成分　　表7-41

焊剂渣系代号	渣系类型	主要组分范围（质量分数）（%）
1	氟碱型	$CaF_2 \geq 15$；$CaO + MgO + MnO + CaF_2 > 50$；$SiO_2 \leq 20$
2	高铝型	$Al_2O_3 \geq 20$；$Al_2O_3 + CaO + MgO > 45$
3	硅钙型	$CaO + MgO + SiO_2 > 60$
4	硅锰型	$MnO + SiO_2 > 50$
5	铝钛型	$Al_2O_3 + TiO_2 > 45$
6	其他型	不规定

（3）埋弧焊不锈钢焊剂的型号。根据《埋弧焊用不锈钢焊丝和焊剂》的规定，埋弧焊用不锈钢焊丝和焊剂的熔敷金属中铬含量不大于11%，镍含量应不大于38%。而焊丝和焊剂的型号分类是根据熔敷金属的化学成分及力学性能进行划分的，其型号表示方法为F×-H×××。其中：

①字母“F”表示焊剂。

②“F”后面的数字表示熔敷金属种类代号，如有特殊要求的化学成分，用该元素的化学符号表示，并放在数字后面。

③点划线“-”后面的“H×××”则表示配合使用的焊丝牌号。

2. *熔炼焊剂的牌号*

根据《焊接材料产品样本》中的规定，熔炼焊剂由字母HJ表示，后加三位数字组成：

（1）第一位数字表示焊剂中MnO的含量，见表7-42。

熔炼焊剂牌号中第一位数字的含义　　表7-42

焊剂牌号	焊剂类型	MnO的质量分数（%）	焊剂牌号	焊剂类型	MnO的质量分数（%）
HJ1××	无锰	<2	HJ3××	中锰	15～30
HJ2××	低锰	2～15	HJ4××	高锰	>30

（2）第二位数字表示焊剂中SiO_2、CaF_2的含量，见表7-43。

熔炼焊剂牌号第二位数字的含义　　表7-43

焊剂牌号	焊剂类型	SiO_2、CaF_2的质量分数（%）	焊剂牌号	焊剂类型	SiO_2、CaF_2的质量分数（%）
HJ×1×	低硅低氟	$SiO_2 < 10$；$CaF_2 < 10$	HJ×6×	高硅中氟	$SiO_2 > 30$；CaF_2 10～30
HJ×2×	中硅低氟	SiO_2 10～30；$CaF_2 < 10$	HJ×7×	低硅高氟	$SiO_2 < 10$；$CaF_2 < 30$
HJ×3×	高硅低氟	$SiO_2 > 30$；$CaF_2 < 10$	HJ×8×	中硅高氟	SiO_2 10～30；$CaF_2 > 30$
HJ×4×	低硅中氟	$SiO_2 < 10$；CaF_2 10～30	HJ×9×	其他	
HJ×5×	中硅中氟	SiO_2 10～30；CaF_2 10～30			

（3）第三位数字表示同一类型焊剂的不同牌号，按0、1、2、…顺序排列。

（4）同一牌号焊剂生产两种颗粒度时，在细颗粒（焊剂粒度为0.45～2.4mm）焊剂牌号后面加“×”字。

例如，HJ431×（图 7-29）。

3. 烧结焊剂的牌号

根据《焊接材料产品样本》中的规定，烧结焊剂由字母 SJ 表示，后加三位数字组成：

（1）第一位数字表示焊剂熔渣的渣系，见表 7-41。

（2）第二位、第三位数字表示同一渣系类型中的不同牌号的焊剂，按 01、02、…顺序排列。

例如，SJ501（图 7-30）。

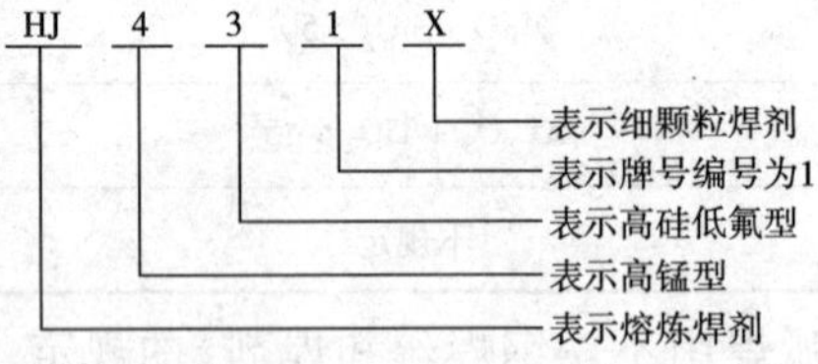

图 7-29　HJ431×编制方法

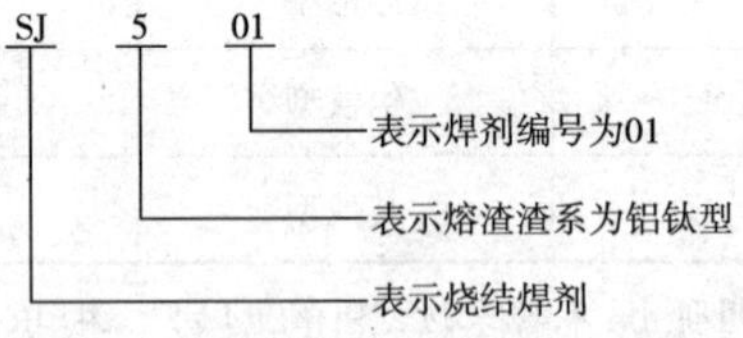

图 7-30　SJ501 编制方法

三、焊剂的性能

1. 焊剂的一般要求

焊接时，焊剂作为焊接材料的重要组成，对焊接质量影响非常大。为保证获得优质的焊接质量，通常对焊剂提出如下要求。

（1）焊剂应具有良好的冶金性能。在焊接生产时，在选用合理的焊接参数并使用相匹配的焊丝与焊剂的基础上，焊缝金属应该获得适宜的化学成分和良好的力学性能，并具备较强的抗气孔和抗裂纹能力。

（2）焊剂应具有良好的焊接工艺性能。焊接时，在采用规定的焊接工艺参数的条件下，焊剂应维持电弧的稳定燃烧，获得合适的熔滴过渡形式以保证焊缝成型质量。同时，焊接熔渣应具备适当的密度、熔点、黏度及表面张力，容易脱渣，且焊接时产生的有害气体较少。

（3）焊剂的颗粒度应符合使用要求。每种焊剂均有不同颗粒度的粉末组成，其中不同颗粒度的粉末应按规定要求占有相应的比例。焊剂颗粒度分为两种，一是普通粒度为 2.5～0.45mm（8～40 目），二是细粒度 1.25～0.28mm（14～60 目）。小于规定粒度的细粉一般不大于 5%，大于规定粒度的粗粉不大于 2%。

（4）焊剂干燥程度、抗潮性和杂质要求。焊剂如果吸潮，会使焊缝金属增氢，影响焊接效果，因此焊剂应严格控制其含水量。一般来说，出厂焊剂的水的质量分数不得超过 0.20%；焊剂在温度为 25℃、相对湿度为 70% 的环境条件下放置 24h，吸潮率应不大于 0.15%。

焊剂中碳粒、铁屑、原料颗粒及其他杂物等机械夹杂物的含量不应大于总质量的 0.30%。其次，焊剂中硫、磷含量也要控制到较低的水平，一般硫含量应不大于 0.06%，磷含量应不大于 0.08%。

2. 典型焊剂的性能

（1）HJ431 焊剂。HJ431 是属于熔炼型的高锰高硅低氟焊剂，颜色为红棕色或淡黄色，呈玻璃状颗粒，粒度有 2.0～0.45mm 和 14～80 目两种。电源可交、直流两用，直流电源时采用反接。焊剂工艺性能良好，电弧稳定，焊缝鱼鳞状波纹美观。焊接时和熔化金属的主要化学反应如下：

$$MnO + Fe = FeO + Mn$$

$$SiO_2 + 2Fe = 2FeO + Si$$

$$CaF_2 + H_2O = CaO + 2HF\uparrow$$

$$CaF_2 + 2H = Ca + 2HF\uparrow$$

被还原出来的 Mn 和 Si 渗到焊缝金属中去，可以提高焊缝金属的力学性能，产生的 HF 逸出，可以减少焊缝金属的含氢量，提高抗气孔的能力。与 HJ430 相比，由于 CaF_2 含量减少，电弧稳定性得到改善，施焊时有害气体的量减少，有利于在容器中或通风较差的地方焊接，但抗锈能力一般。该焊剂主要用于埋弧焊接，也适于电渣焊接。焊剂化学成分见表 7-44。

HJ431 的化学成分（质量分数）(%) 表 7-44

主要成分	SiO_2	MnO	CaF_2	MgO	CaO	Al_2O_3	FeO	S	P
质量分数	40~44	34~38	3~7	5~8	≤6	≤4	≤1.8	≤0.06	≤0.08

HJ431 与 H08A、H08MnA、H10MnSi 等焊丝配合使用，可用以焊接低碳钢及低合金钢的重要构件，如 16Mn、15MnV、15MnTi 等用于制造船舶、锅炉、压力容器等，是一种多用途焊剂。

(2) HJ350 焊剂。HJ350 是中锰中硅中氟焊剂，颜色为棕色至浅黄色的玻璃状颗粒，自动焊接时粒度采用 2.5~0.45mm，半自动或细丝焊时粒度采用 14~80 目。该焊剂可交直流两用，焊剂工艺性能良好，电弧稳定，焊缝成型美观。焊剂化学成分见表 7-45。

HJ3501 的化学成分（质量分数）(%) 表 7-45

主要成分	SiO_2	MnO	CaF_2	CaO	Al_2O_3	FeO	S	P
质量分数	30~35	14~19	14~20	10~18	13~18	≤10	≤0.06	≤0.07

焊剂中 CaF_2 的含量较高，因此焊缝金属中扩散氢含量较低，焊接低合金高强度钢时抗冷裂纹能力较好。该焊剂主要配合焊丝 H10Mn2、H10MnSiMoTi、H08Mn2MoA、H08MnMoA 等，可焊接低合金钢及中合金钢重要结构，如 12MnNi3CrMo、15MnV、14MnTiVRc 等。焊前须经 300~400℃烘干 2h。

(3) HJ250 焊剂。HJ250 是低锰中硅中氟焊剂，颜色为浅黄色至浅绿色玉石状颗粒，粒度为 2.0~0.28mm。一般采用直流电源，焊件接正极。焊接工艺性能良好，熔渣性好，焊缝成形美观。焊剂化学成分见表 7-46。

HJ250 的化学成分（质量分数）(%) 表 7-46

主要成分	SiO_2	MnO	CaF_2	MgO	CaO	Al_2O_3	R_2O	S	P
质量分数	18~22	5~8	23~30	12~16	4~8	18~23	≤3.0	≤0.05	≤0.05

HJ250 的活度较小，因此焊缝中含氧量较低，低温冲击韧性较高；其次该焊剂焊缝含氢量较高，对冷裂纹敏感性较大，施焊时应采取相应的预热措施。该焊剂配合适当的焊丝，如 H08MnMoA、H08Mn2MoA、H08Mn2MoVA 等，可焊接低合金高强度钢，如 15MnV、14MnMoV、18MnMoNb 等；也可用于焊接低温钢 09Mn2V，其工作温度可达 -70℃。配合 Cr—Mo—V 低合金焊丝可焊接低合金耐热钢，如 12CrMoV 等。焊接时为防止冷裂纹的产生，焊剂须经300~

350℃烘干 2h。

(4)SJ501 焊剂。SJ501 是属于烧结型的酸性焊剂，碱度为 0.5 ~ 0.8，相当于瑞士奥利康公司的 OP185。焊剂的化学成分包含 30% 的($SiO_2 + TiO_2$)，55% 的(Al_2O_3 + MnO)和约为 5% 的 CaF_2。电源可交、直流两用，直流焊接时采用反接，最大焊接电流可达 1200A。焊剂颜色为银白色，高速焊时具有较强的抗气孔能力，对少量的铁锈膜及高温氧化膜不敏感。

SJ501 焊剂配合 H08A、H08MnA、H08MnMoA 焊丝可用来焊接低碳钢及某些低合金钢结构，如 16Mn、15MoV 等。可用于多丝快速焊，特别适于双面单道焊，焊接薄板时焊速可达 100m/h。

3. 焊丝与焊剂的配合选用

选用焊丝必须与选用焊剂同时进行，焊丝与焊剂的不同组合，可以获得不同性能或不同化学成分的焊缝金属。埋弧焊焊用的焊剂与焊丝，通常都是根据被焊材料及对焊缝金属的性能要求来选择的。一般来说，对于结构钢的焊接，也包括碳钢和低合金高强度钢，是根据等强度原则选用与母材强度相匹配的焊丝；对于耐热钢、不锈钢的焊接，是根据等成分原则选用与母材化学成分相同或相近的焊丝；对于堆焊来说，应根据堆焊层化学成分的要求及使用性能要求等选定成分相近的焊丝。表 7-47 列出了常用焊剂和焊丝的配合及应用。

常用焊剂与焊丝的匹配及用途 表 7-47

焊剂牌号	配用焊丝	用途	焊剂颗粒度(mm)	焊接电源
HJ130	H10Mn2	低碳钢，低合金钢	0.45 ~ 2.5	交、直流
HJ131	Ni 基焊丝	Ni 基合金	0.3 ~ 2	交、直流
HJ150	2Cr13、$3Cr_2W_8$	轧辊堆焊	0.45 ~ 2.5	直流
HJ172	相应钢种焊丝	高 Cr 铁素体钢	0.3 ~ 2	直流
HJ173	相应钢种焊丝	Mn—Al 高合金钢	0.25 ~ 2.5	直流
HJ230	H08MnA、H10Mn2	低碳钢，低合金钢	0.45 ~ 2.5	交、直流
HJ250	相应钢种焊丝	低合金高强钢	0.3 ~ 2	直流
HJ251	Cr—Mo 钢焊丝	珠光体耐热钢	0.3 ~ 2	直流
HJ260	不锈钢焊丝	不锈钢，轧辊堆焊	0.3 ~ 2	直流
HJ330	H08MnA、H10Mn2	低碳钢及低合金钢的重要结构	0.45 ~ 2.5	交、直流
HJ350	Mn—Mo、Mn—Si 及含 Ni 高强钢用焊丝	低合金高强钢的重要构件	0.45 ~ 2.5	交、直流
HJ430	H08A、H08MnA	低碳钢及低合金钢重要构件	0.2 ~ 1.4	交、直流
HJ431	H08A、H08MnA	低碳钢及低合金钢重要构件	0.45 ~ 2.5	交、直流
HJ432	H08A	低碳钢及低合金钢重要构件(薄板)	0.45 ~ 2.5	交、直流
HJ433	H08A	低碳钢	0.2 ~ 1.4	交、直流
SJ101	H08MnA、H08Mn	低合金钢	0.45 ~ 2.5	交、直流
	MoA、H08Mn2MoA、H10Mn2		0.3 ~ 2	
SJ301	H08MnA、H08Mn、MoA，H10Mn2	结构钢	0.3 ~ 2	交、直流
SJ401	H08A	低碳钢，低合金钢	0.3 ~ 2	交、直流
SJ501	H08A、H08MnA	低碳钢，低合金钢	0.3 ~ 2	交、直流
SJ502	H08A	重要低碳钢及低合金钢构件	0.3 ~ 1.4	交、直流

任务四 焊接用气体

焊接用气体主要是指气体保护焊(二氧化碳气体保护焊、惰性气体保护焊)中所用的保护性气体和气焊、切割时用的气体,包括二氧化碳(CO_2)、氩气(Ar)、氦气(He)、氧气(O_2)、可燃气体、混合气体等。焊接时保护气体既是焊接区域的保护介质,也是产生电弧的气体介质;气焊和切割主要是依靠气体燃烧时产生的热量集中的高温火焰完成,因此气体的特性(如物理特性和化学特性等)不仅影响保护效果,也影响到电弧的引燃及焊接、切割过程的稳定性。

一、焊接用气体的分类

根据各种气体在工作过程中的作用,焊接用气体主要分为保护气体和气焊、切割时所用的气体。

1. 保护气体

保护气体主要包括二氧化碳(CO_2)、氩气(Ar)、氦气(He)、氧气(O_2)和氢气(H_2)。国际焊接学会IIW指出,根据保护气体的氧化势可将保护气体分成五类。Ⅰ类为惰性气体或还原性气体,M_1类为弱氧化性气体,M_2类为中等氧化性气体,M_3和C类为强氧化性气体。表7-48列出了焊接黑色金属时保护气体的分类。

焊接黑色金属时保护气体的分类 表7-48

分类	气体数目	混合比(以体积百分比表示)(%)					类型	焊缝金属中的含氧量(%)
		氧化性		惰性		还原性		
		CO_2	O_2	Ar	He	H_2		
Ⅰ	1	—	—	100	—	—	惰性	<0.02
	1	—	—	—	100	—		
	2	—	—	27~75	余	—		
	2	—	—	85~95	—	余	还原性	
	1	—	—	—	—	100		
M_1	2	2~4	—	余	—	—	弱氧化性	0.02~0.04
	2	—	1~3	余	—	—		
M_2	2	15~30	—	余	—	—	中等氧化性	0.04~0.07
	3	5~15	1~4	余	—	—		
	2	—	4~8	余	—	—		
M_3	2	30~40	—	余	—	—	强氧化性	>0.07
	2	—	9~12	余	—	—		
	3	5~20	4~6	余	—	—		
C	1	100	—	—	—	—		
	2	余	<20	—	—	—		

2. 气焊、切割用气体

根据气体的性质，气焊、切割用气体又可以分为两类，即助燃气体(O_2)和可燃气体。

可燃气体与氧气混合燃烧时，放出大量的热，形成热量集中的高温火焰(火焰中的最高温度一般可达2000～3000℃)，可将金属加热和熔化。气焊、切割时常用的可燃气体是乙炔，目前推广使用的可燃气体还有丙烷、丙烯、液化石油气(以丙烷为主)、天然气(以甲烷为主)等。

二、焊接用气体的特性

不同焊接或切割过程中气体的作用也有所不同，并且气体的选择还与被焊材料有关，这就需要在不同的场合选用具有某一特定物理或化学性能的气体甚至多种气体的混合。焊接和切割中常用气体的主要性质和用途见表7-49，不同气体在焊接过程中的特性见表7-50。

焊接常用气体的主要特征和用途 表7-49

气体	主要性质	在焊接中的应用
CO_2	化学性质稳定，不燃烧、不助燃，在高温时能分解为CO和O，对金属有一定氧化性； 能液化，能凝固成固态二氧化碳	焊接时配用焊丝可用为保护气体
Ar	惰性气体，化学性质不活泼，常温和高温下不与其他元素起化学作用	在氩弧焊、等离子焊接及切割时作为保护气体
O_2	无色气体，助燃，在高温下很活泼，与多种元素直接化合； 焊接时，氧进入熔池会氧化金属元素，起有害作用	与可燃气体混合燃烧，可获得极高的温度，用于焊接和切割
C_2H_2	俗称电石气，少量溶于水，能溶于酒精，大量溶于丙酮，与空气和氧混合形成爆炸性混合气体，在氧气中燃烧发出3500℃高温和强光	用于氧乙炔火焰焊接和切割
H_2	能燃烧，常温时不活泼，高温时非常活泼，可作为金属矿和金属氧化物的还原剂； 焊接时能大量熔于液态金属，冷却时析出，易形成气孔	焊接时作为还原性保护气体；与氧混合燃烧，可作为气焊的热源
N_2	化学性质不活泼，高温时能与氢氧直接化合； 焊接时进入熔池起有害作用； 与铜基本上不反应，可作保护气体	氮弧焊时，用氮作为保护气体，可焊接铜和不锈钢； 氮也常用于等离子弧切割，作为外层保护气

不同气体在焊接过程中的特性 表7-50

气体	成分纯度	电弧稳定性	金属过渡特性	化学性能	焊缝熔深形状	加热特性
CO_2	99.9%	满意	满意，但有飞溅	强氧化性	扁平形，熔深较大	—
Ar	99.995%	好	满意	—	蘑菇形	—
He	99.99%	满意	满意	—	扁平形	热输入比纯Ar高
N_2	99.9%	差	差	产生气孔和氮化物	扁平形	—

1. 二氧化碳气体(CO_2)

(1) CO_2气体的性质。CO_2气体是氧化性保护气体，CO_2有固态、液态、气态三种状态。纯净的CO_2气体无色、无味。CO_2气体在0℃和101325Pa(1atm)下，密度是1.9768g/L，是空气的 1.5 倍。CO_2 易溶于水，当溶于水后略有酸味。

CO_2 气体在高温时发生分解反应 $CO_2 \rightarrow CO + O$，由于分解出原子态氧，因而使电弧气氛具有很强的气体性。在高温的电弧区域里，因 CO_2 气体的分解作用，高温电弧气氛中常常是三种气体（CO_2、CO、和 O_2）同时存在。CO_2 气体的分解程度与焊接过程中的电弧温度有关，随着温度的升高，CO_2 气体的分解反应越剧烈，当温度超过 5000K 时，CO_2 气体几乎全部发生分解。

液态 CO_2 是无色液体，其密度随温度变化而变化，当温度低于 -11℃ 时比水密度大，高于 -11℃ 则比水密度小。CO_2 由液态变为气态的沸点很低（-78℃），所以工业用 CO_2 一般都是使用液态的，常温下即可汽化。在 0℃ 和 101325Pa（1atm）下，1 kg 液态 CO_2 可汽化成 CO_2 气体 509L。

（2）CO_2 气体的存储。焊接用的 CO_2 气体常为装入钢瓶的液态 CO_2，既经济又方便。CO_2 钢瓶规定漆成黑色，上写黄色"液化二氧化碳"字样。焊接常用气体的钢瓶颜色标记见表 7-51。

焊接常用气体的钢瓶颜色标记 表 7-51

气体	符号	瓶色	字样	字色	色环
氢	H_2	淡绿	氢	大红	淡黄
氧	O_2	淡蓝	氧	黑	白
空气	—	黑	空气	白	白
氮	N_2	黑	氮	淡黄	白
乙炔	C_2H_2	白	乙炔不可近火	大红	—
二氧化碳	CO_2	黑	液化二氧化碳	黄	黑
气体	符号	瓶色	字样	字色	色环
甲烷	CH_4	棕	甲烷	白	淡黄
丙烷	C_3H_8	棕	液化丙烷	白	—
丙烯	C_3H_6	棕	液化丙烯	淡黄	—
氩	Ar	银灰	氩	深绿	白
氦	He	银灰	氦	深绿	白
液化石油气		银灰	液化石油气	大红	—

注：工作压力为 19.6MPa 加色环一道，工作压力为 29.4MPa 加色环二道。

CO_2 气体标准钢瓶通常容量为 40kg，可灌装 25kg 的液态 CO_2。25kg 液态 CO_2 约占钢瓶容积的 80%，其余 20% 左右的空间则充满了汽化的 CO_2。一标准钢瓶中所盛的液态 CO_2 可以汽化成 12725L CO_2 气体，若焊接时 CO_2 气体平均消耗量为 10L/min，则一瓶液态 CO_2 可连续使用约 24h。经验表明，当瓶中气体压力低于 0.98MPa 时（温度为 20℃），钢瓶中的 CO_2 不宜再继续使用，因为此时液态 CO_2 已基本挥发完，如继续使用，焊缝金属将产生气孔等焊接缺陷，此时必须重新灌装 CO_2 气体。

（3）焊接用 CO_2 气体的纯度。液态 CO_2 中可溶解质量分数为 0.05% 的水，多余的水则成自由状态沉于瓶底。这些水在焊接过程中随 CO_2 一起挥发并混入 CO_2 中，直接进入焊接区。因此水分是 CO_2 气体中最主要的有害杂质。随着 CO_2 气体中水分的增加，焊缝金属中含氢量逐渐升高，塑性下降，甚至产生气孔等缺陷，因此焊接用的 CO_2 气体必须具有较高的纯度，国内一般要求 CO_2 >99%，O_2 <0.1%，H_2O <0.05%；国外有时还要求 CO_2 >99.8%，H_2O <0.0066%。

如果在生产现场使用的市售 CO_2 气体水分含量较高、纯度偏低时，应该做提纯处理，经常采用的方法如下：

①将新灌 CO_2 气体钢瓶倒立静置 1～2h，使水分沉积在底部，然后打开倒置钢瓶的气阀，根据瓶中含水量的不同，一般放水 2～3 次，每次放水间隔约 30min，放水结束后将钢瓶放正。

②经放水处理后的钢瓶在使用前先放气 2～3min，因为上部的气体一般含有较多的空气和水分，而这些空气和水分主要是灌瓶时混入瓶内的。

③在 CO_2 供气管路中串接高压干燥器和低压干燥器，干燥剂可采用硅胶、无水氧化钙或脱水硫酸铜，以进一步减少 CO_2 气体中的水分，用过的干燥剂烘干后可重复使用。

④当瓶中气压降低到 0.98MPa 时，不再使用。

当通风不良或狭窄空间内采用 CO_2 作保护气体施焊时，须加强通风措施，以免因 CO_2 浓度超过国家规定的允许浓度（30kg/m^2），而影响焊工身体健康。

2. 氩气（Ar）

（1）氩气的性质。氩气是空气中除氮、氧之外，含量最多的一种稀有气体，其体积分数约 0.935%。氩气无色无味，在 0℃ 和 101325Pa（1atm）下，密度是 1.78g/L，约为空气的 1.25 倍。氩气的沸点为 -186℃，介于氧气（-183℃）和氮气（-196℃）的沸点之间。分馏液态空气制取氧气时，可同时制取氩气。

氩气是一种惰性气体，焊接时既不与金属起化学反应，也不溶解于液态金属中，因此可以避免焊缝中金属元素的烧损和由此带来的其他焊接缺陷，使焊接冶金反应变得简单并容易控制，为获得高质量的焊缝提供了有利条件。

此外，氩气的热导率比 He、H_2、N_2 都要小，又属于单原子气体，高温时不会因分解而吸收热量，所以在氩气中燃烧的电弧热量损失较小。氩气的比重比空气大，在保护时不易漂浮散失，保护效果良好。焊丝金属很容易呈稳定的轴向射流过渡，飞溅极小。

（2）氩气的存储。氩气可在低于 -184℃ 下以液态形式储存和运输，但焊接时多使用钢瓶装的氩气，氩气钢瓶规定漆成银灰色，上写绿色（氩）字。目前我国常用氩气钢瓶的容积为 33L、40L、44L，在 20℃ 以下，满瓶装氩气压力为 15MPa。氩气钢瓶在使用中严禁敲击、碰撞；瓶阀冻结时，不得用火烘烤；不得用电磁超重搬运机搬运氩气钢瓶；夏季要防日光暴晒；瓶内气体不能用尽；氩气钢瓶一般应直立放置。

（3）焊接用氩气的纯度。氩气是制氧的副产品，因为氩气的沸点介于氧和氮之间，差值很小，所以在氩气中常残留一定数量的其他杂质。焊接中如果氩气的杂质含量超过规定标准，在焊接过程中不但影响对熔化金属的保护，而且极易使焊缝产生气孔、夹渣等缺陷，影响焊接接头质量，加剧钨极的烧损量。

按我国现行规定，焊接用氩气的纯度应达到 99.99%。当然，不同材质焊接时所使用的氩气纯度不同，如钛、锆、钼、铌及其合金焊接所用氩气纯度为 99.98%，铝、镁及其合金和铬镍耐热合金焊接所用氩气纯度为99.9%，而铜及合金、铬镍不锈钢焊接所用氩气纯度为99.7%。

3. 氦气(He)

(1)氦气的性质。氦气也是一种无色、无味的惰性气体，与氩气一样也不和其他元素组成化合物，不易溶于其他金属，是一种单原子气体，沸点为-269℃。氦气的电离电位较高，焊接时引弧困难。与氩气相比它的热导率较大，在相同的焊接电流和电弧强度下电压高，电弧温度高，因此母材输入热量大，焊接速度快，弧柱细而集中，焊缝有较大的熔透率。这是利用氦气进行电弧焊的主要优点，但电弧相对稳定性稍差于氩弧焊。

氦气的密度小，要有效地保护焊接区域，其流量要比氩气大得多。由于价格昂贵，只在某些具有特殊要求的场合下应用，如核反应堆的冷却棒、大厚度的铝合金等关键零部件的焊接。

由于氦气电弧不稳定，阴极清理作用也不明显，钨极氦弧焊一般采用直流正接，即使对于铝、镁及其合金的焊接也不采用交流电源。氦弧发热量大且集中，电弧穿透力强，在电弧很短时，正接也有一定的去除氧化膜的效果。采用直流正接焊接铝合金时，单道焊接厚度可达12mm，正反面焊可达20mm。与交流氩弧焊相比，熔深大、焊道窄、变形小、软化区小、金属不易过烧。对于热处理强化铝合金，其接头的常温及低温力学性能均优于交流氩弧焊。

(2)焊接用氦气的纯度。作为焊接用保护气体，一般要求氦气的纯度为99.9%~99.999%，此外还与被焊母材的种类、成分、性能及对焊接接头的质量要求有关。一般情况下，焊接活泼金属时，为防止金属在焊接过程中氧化、氮化，降低焊接接头质量，应选用高纯度氦气达到99.999%。

4. 氧气(O_2)

(1)氧气的性质。氧气在常温常压下是一种无色、无臭、无味、无毒的气体。氧气密度比空气大，液化温度为-182.96℃，液态氧呈浅蓝色。常温时，氧则以化合物和游离态大量存在于空气和水中。

氧气本身并不能燃烧，但它是一种化学性质极为活泼的助燃气体，能与很多元素化合，生成氧化物。通常情况下把激烈的氧化反应称为燃烧。气焊和切割正是利用可燃气体和氧燃烧所放出的热量作为热源的。

(2)氧气的制取。制取氧气的方法很多，如化学法、电解水法及液化空气法等。但在工业上大量制取氧气时，都采用液化空气法。就是将空气压缩，并且冷却到-196℃以下，使空气变成液体，然后再升高温度，当液体空气的温度上升到-196℃时，空气中的氮则蒸发变成气体，但温度继续升高到-183℃时，氧开始气化。再用压缩机将气体氧压缩到12159~15199kPa(120~150atm)，装入专用的氧气瓶中，以便使用和储存。

(3)氧气的存储。氧气的存储和运输一般都将氧气装在专用的氧气瓶中，并且氧气瓶外部应涂上天蓝色油漆，用黑色油漆写上“氧气”两字以作标志。氧气瓶应在使用过程中每隔3~5年应在充气工厂进行检验，即检查气瓶的容积、质量，查看气瓶的腐蚀和破裂程度。

与气态氧相比，液态氧具有耗能低、供给的氧气纯度高(可达99.9%以上)、运输效率高等优点。因此工业用氧有时也以液态氧方式供应。液态氧储罐有移动式和固定式两种。

由于氧气是一种助燃气体，性质极为活泼，当气瓶装满时，压力高达150个大气压。在使用过程中,如不谨慎就有发生爆炸的危险。因此,在使用和运输氧气过程中,应特别注意防油、防振动、防高温、防冻;开启氧气瓶开关前,检查压紧螺母是否拧紧;氧气瓶不使用时,必须将保护罩罩在瓶口上,以防损坏开关;修理氧气瓶开关时,应特别注意安全,防止氧气瓶爆炸。

(4)焊接用氧气的纯度。由于工业用氧气通常都是采用液化空气法制取的,所以在氧气中常含有氮,焊接和切割时有氮气的存在,不但使火焰温度降低,影响生产效率,而且氮气还会与熔化的铁水化合,使之变成氮化铁,降低焊缝的强度。因此氧气的纯度对气焊、切割的效率和质量有很大影响,用于气焊和切割的氧气纯度越高越好,尤其是切割时,为实现切口下缘无粘渣,氧气纯度至少在99.6%以上。

5.氢气(H_2)

氢是无色无味的可燃性气体,氢的相对原子质量最小,可溶于水。氢气具有最大的扩散速度和很高的导热性,其热导率比空气大7倍,极易泄漏,点火能量低,是一种最危险的易燃易爆气体。在空气中的自燃点为560℃,在氧气中的自燃点为450℃,氢氧火焰温度可达2660℃(中性焰)。氢气具有很强的还原性,在高温下,它可以从金属氧化物中使金属还原。

制备氢气的常用方法有分解粗汽油法、分解氨水法和电解水法。氢气可以加压装入钢瓶中,在温度21℃时充气压力为14MPa(表压)。

氢气常被用于等离子弧的切割和焊接;有时也用于铅的焊接;在熔化极气体保护焊时在Ar中加入适量H_2,可增大母材的输入热量,提高焊接速度和效率。气焊或切割时氢气的纯度为99.99%以上,如有特殊使用要求使用高纯氢或超纯氢,纯度要求分别为99.999%、99.9999%。

6.氮气(N_2)

氮气在空气中体积含量约为78%,沸点-196℃,氮气的电离势较低,相对原子质量较氩气小,氮气分解时吸收热量较大。氮气可用作焊接时的保护气体;由于氮气导热及携热性较好,也常用作等离子弧切割的工作气体;氮气有较长的弧柱,又有分子复合热能,因此可以切割厚度较大的金属板。但因原子相对质量较氩气小,因此用于等离子弧切割时,要求电源有很高的空载电压。

氮气在高温时能与金属发生反应,等离子弧切割时,对电极的侵蚀作用较强,尤其在气体压力较高的情况下,宜加入氩或氢。另外,用氮气作为工作气体时,会使切割表面氮化,切割时产生较多的氮氧化物。

用作焊接或等离子弧切割的氮气的纯度应符合《工业氮》(GB 3864—2008)规定的Ⅰ类或Ⅱ类一级的技术要求,至少要达到99.5%。

三、焊接用气体的选用

CO_2气体保护焊、惰性气体保护焊、混合气体保护焊、等离子弧焊、保护气氛中的钎焊以及氧乙炔气焊、切割等都要使用相应的气体。焊接用气体的选择主要取决于焊接、切割方法。除此之外,还与被焊金属的性质、焊接接头质量要求、焊件厚度和焊接位置及工艺方法等因素有关。

1.根据焊接方法选用气体

根据在施焊过程所采用的焊接方法不同,焊接、切割或气体保护焊用的气体也不相同,焊接方法与焊接用气体的选用见表7-52。

2.根据被焊材料选用气体

保护气体须根据被焊金属性质、接头质量要求及焊接工艺方法等因素选用。对于低碳钢、低合金高强钢、不锈钢和耐热钢等,焊接时宜选用活性气体(如 CO_2、$Ar+CO_2$ 或 $Ar+O_2$)保护,以细化过渡熔滴,克服电弧阴极斑点飘移及焊道边缘咬边等缺陷。有时也可采用惰性气体保护。但对于氧化性强的保护气体,须匹配高锰高硅焊丝,而对于富 Ar 混合气体,则应匹配低硅焊丝。对于铝及铝合金、钛及钛合金、铜及铜合金、镍及镍合金、高温合金等容易氧化或难熔的金属,焊接时应选用惰性气体(如 Ar 或 $Ar+He$ 混合气体)作为保护气体,以获得优质的焊缝金属。不同材料焊接时保护气体的适用范围见表 7-53。

焊接方法与焊接用气体的选用 表 7-52

焊接方法		焊接气体		
钨极惰性气体保护焊(TIG)		Ar	He	$Ar+He$
实芯焊丝	熔化极惰性气体保护焊(MIG)	Ar	He	$Ar+He$
	熔化极活性气体保护焊(MAG)	$Ar+O_2$	$Ar+CO_2$	$Ar+CO_2+O_2$
	CO_2 气体保护焊	CO_2	CO_2+O_2	
药芯焊丝		CO_2	$Ar+O_2$	$Ar+CO_2$

不同材料焊接时保护气体的适用范围 表 7-53

被焊材料	保护气体	化学性质	焊接方法	主要特性
铝及铝合金	Ar	惰性	TIG、MIG	TIG 焊采用交流; MIG 焊采用直流反接,有阴极破碎作用,焊缝表面光洁
钛、锆及其合金	Ar	惰性	TIG、MIG	电弧稳定燃烧,保护效果好
铜及铜合金	Ar	惰性	TIG、MIG	产生稳定的射流电弧,板厚大于 5~6mm 时需预热
	N_2	—	熔化极气保焊	输入热量大,可降低预热,有飞溅及烟雾,一般仅在脱氧铜焊接时使用氮弧焊,氮气来源方便,价格便宜
不锈钢及高强度钢	Ar	惰性	TIG	适用于薄板焊接
碳钢及低合金钢	CO_2	氧化性	MAG	适于短路电弧,有一定飞溅
镍基合金	Ar	惰性	TIG、MIG	对于射流、脉冲及短路电弧均适用,是焊接镍基合金的主要气体

3.混合气体的性质及选用

在单一气体的基础上加入一定比例的某些气体形成混合气体,在焊接及切割过程中具有一系列的优点,可以改变电弧形态、提高电弧能量、改善焊弧成型及力学性能、提高焊接生产率。

混合气体一般也是根据焊接方法、被焊材料以及混合比对焊接工艺的影响等进行选用。如焊接低合金高强钢时,从减少氧化物夹杂和焊缝含氧量出发,希望采用纯 Ar 作保护气体;从稳定电弧和焊缝成型出发,希望向 Ar 中加入氧化性气体。综合考虑,以采用弱氧化性气体为宜。对于惰性气体氩弧焊射流过渡推荐采用 $Ar+(1\% \sim 2\%)O_2$ 的混合气体;而对短路过渡的活性气体保护焊采用 $20\% CO_2+80\% Ar$ 的混合气体应用效果最佳。

从生产效率方面考虑,钨极氩弧焊时在 Ar 气中加入 He、N_2、H_2、CO_2 或 O_2 等气体可增加母材的热量输入，提高焊接速度。例如，焊接大厚度铝板，推荐选用 Ar + He 混合气体；焊接低碳钢或低合金钢时，在 CO_2 气体中加入一定量的 O_2，或者在 Ar 中加入一定量的 CO_2 或 O_2，可产生明显效果。此外，采用混合气体进行保护，还可增大熔深，消除未焊透、裂纹及气孔等缺陷。不同材料焊接用混合气体及适用范围见表 7-54。

不同材料焊接用混合气体及适用范围 表 7-54

被焊材料	保护气体	混合比(%)	化学性质	焊接方法	主要特性
铝及铝合金	Ar + He	He10 (MIG) He10 ~ 90 (TIG)	惰性	TIG MIG	He 的传热系数大，在相同电弧长度下，电弧电压比用 Ar 时高；电弧温度高，母材热输入大，熔化速度较高；适于焊接厚铝板，可增大熔深，减少气孔，提高生产效率，但如加入 He 的比例过大，则飞溅较多
钛、锆及其合金	Ar + He	75/25	惰性	TIG MIG	可增加热量输入；适用于射流电弧、脉冲电弧及短路电弧，可改善熔深及焊缝金属的润湿性
铜及铜合金	Ar + He	50/50 或 30/70	惰性	TIG MIG	可改善焊缝金属的温润性，提高焊接质量；输入热量比纯 Ar
	$Ar + N_2$	80/20	—	熔化极气保焊	输入热量比纯 Ar 大，但有一定飞溅和烟雾，成型较差
不锈钢及高强度钢	$Ar + O_2$	O_2 1 ~ 2	氧化性	熔化极气保焊(MAG)	细化熔滴，降低射流过渡的临界电流，减小液体金属的黏度和表面张力，从而防止产生气孔和咬边等缺陷；焊接不锈钢时加入 O_2 的体积分数不宜超过 2%，否则焊缝表面氧化严重，会降低焊接接头质量；用于射流电弧及脉冲电弧
	$Ar + N_2$	N_2 1 ~ 4	惰性	TIG	可提高电弧刚度，改善焊缝成型
	$Ar + O_2 + CO_2$	O_2 2、CO_2 5	氧化性	MAG	用于射流电弧、脉冲电弧及短路电弧
	$Ar + CO_2$	CO_2 2.5	氧化性	MAG	用于短路电弧；焊接不锈钢时加入 CO_2 的体积分数最大量应小于 5%，否则渗碳严重
	$Ar + O_2$	$O_2$1 ~ 5 或 20	氧化性	MAG	生产率较高，抗气孔性能优；用于射流电弧及对焊缝要求较高的场合
碳钢及低合金钢	$Ar + CO_2$	70(80)/30(20)	氧化性	MAG	有良好的熔深，可用于短路过渡及射流过渡电弧
	$Ar + O_2 + CO_2$	80/15/5	氧化性	MAG	有较佳的熔深，可用于射流、脉冲及短路电弧
镍基合金	Ar + He	He 20 ~ 25	惰性	TIG、MIG	热输入量比纯 Ar 大
	$Ar + H_2$	H_2 < 6	还原性	非熔化极	可以抑制和消除焊缝中的 CO 气孔，提高电弧温度，增加热输入量

任务五 其他焊接材料

一、电极

电弧焊和电阻焊需使用电极来传导电流。电弧焊用的电极有熔化的和非熔化的两种。熔化电极在焊接时可传导电流,并作为填充材料,如焊条电弧焊、埋弧焊等;非熔化电极在焊接时是不熔化的,也不作为填充材料,如 TIG 焊的钨极。电阻焊使用的电极属于不熔化电极,焊接时能传导电流和压紧工件。

非熔化电极在焊接过程中虽然不熔化,但由于焊接高温的长期作用,仍然会发生不同程度的磨损、烧损和变形,需要经常磨修和更换,属于耗材。电弧焊时常采用是钨及其合金作为电极,因此称为钨电极;电阻焊时常采用铜及其合金作为电极,因此称为铜电极。

1. 弧焊用钨电极

(1)弧焊用钨电极的使用要求。钨极作为氩弧焊的电极,对它的基本要求是:

①耐高温,使用寿命长,在焊接过程中本身不熔化。

②能传导电流,电极要有较高的电子发射能力,要易于引弧及维持电弧的稳定燃烧。

(2)常用钨电极的种类。钨极氩弧焊最常用的钨电极材料有纯钨极、钍钨极、铈钨极、锆钨极四种。

①纯钨极,是使用历史最长的一种非熔化电极。但纯钨极电子发射能力较差,要求电源有较高的空载电压,且使用时容易烧损,使用寿命较短,需要经常重磨钨极端头或更换钨极。目前主要用于交流电焊接铝、镁及其合金。

②钍钨极。在钨中加入 0.7% ~2.0% 的氧化钍(ThO_2),其电子发射能力高,所需电弧电压低,引弧容易而且稳定,大大延长钨极的使用寿命。但氧化钍(ThO_2)有微量放射性,使用时或打磨钨极时若不注意防护,则对人类的健康有影响不利。

③铈钨极。在钨中加入 2% 以下的氧化铈(CeO),其主要特点是:没有放射性,许用电流增大,热电子发射能力强,电弧稳定,热量集中,使用寿命长,端头形状易于保持,是目前国内最普遍采用的一种。

④锆钨极。在钨中加入 0.15% ~0.40% 的氧化锆(ZrO),其性能介于纯钨极和钍钨极之间。在需要防止电极污染焊缝金属的特殊条件下使用,焊接时,电极尖端易保持半球形,适于交流焊接。

(3)弧焊用钨电极的选用。TIG 焊时,主要根据被焊金属材料及板厚、电流类型及极性等因素来选用钨电极,见表 7-55。

TIG 焊推荐用的钨极及保护气体 表 7-55

金属种类	厚度	电流种类	电极材料	保护气体的种类
铝及铝合金	所有厚度	交流	纯钨或锆钨极	Ar 或 Ar + He
	厚件	直流正接	钍钨或铈钨极	Ar + He 或 Ar
	薄件	直流正接	铈钨、钍钨或锆钨极	Ar

续上表

金属种类	厚 度	电流种类	电 极 材 料	保护气体的种类
铜及铜合金	所有厚度	直流正接	铈钨或钍钨极	Ar 或 Ar + He
	薄件	交流	纯钨或锆钨极	Ar
镁及镁合金	所有厚度	交流	纯钨或锆钨极	Ar
	薄件	直流正接	铈钨、钍钨或锆钨极	Ar
镍及镍合金	所有厚度	直流正接	铈钨或钍钨极	Ar
低碳钢、低合金钢	所有厚度	直流正接	铈钨或钍钨极	Ar 或 Ar + He
	薄件	交流	纯钨或锆钨极	Ar
不锈钢	所有厚度	直流正接	铈钨或钍钨极	Ar 或 Ar + He
	薄件	交流	纯钨或锆钨极	Ar
钛及钛合金	所有厚度	直流正接	铈钨或钍钨极	Ar

2. 电阻焊用铜电极

(1)电阻焊用铜电极的性能要求。电阻焊电极工作条件比较恶劣,因此电极必须具有较好的导电、导热性能和承受高温、高压的能力,其基本要求有以下几点:

①具有高的电导率和热导率。焊接时要求电极自身发热小,并能迅速逸散焊接区传来的热量,以延长其使用寿命,改善焊接的受热状态。

②高温具有高的强度和硬度,有良好的抗变形和耐磨损能力。

③高温下的物理性能稳定。电极与焊件金属不能发生相互反应而形成新的合金,并不易黏附。

④材料生产成本低,加工方便,便于修磨或更换。

(2)电阻焊用铜电极的种类。目前国际上将电阻焊用电极材料分为两大类。一类是铜及铜合金,另一类是粉末烧结材料。而最常用的电阻焊用电极材料是铜和铜合金,根据电极材料的成分和性能特点,电阻焊用铜电极可分为四类。

①第 1 类。为高电导率、中等硬度的非热处理硬化合金,这类材料只能通过冷作硬化来提高其硬度,再结晶温度较低。常用的该类电极材料有纯铜、镉铜和银铜等。

②第 2 类。为热处理强化合金,通过热处理和冷却变形联合加工以获得良好的力学性能和物理性能。其电导率略低于第 1 类材料,但力学性能和再结晶温度远高于第 1 类,是国内外应用最广泛的一种制造电极用的铜合金。典型的有铬铜和铬锆铜等。

③第 3 类。为热处理强化合金,其力学性能高于第 2 类材料,但电导率低于上述两类,属高强度、中等电导率的电极材料。常用的有铍钴铜和镍硅铜等。

④第 4 类。具有专用性能的铜合金,有些硬度很高,但其电导度不高;有的电导率高,但硬度不很高,它们之间不宜取代使用。常用的该类电极材料有铍铜和 Ag6% 的银铜等。

(3)电阻焊用铜电极的选用。电阻焊用铜电极的选用主要根据焊接方法的工艺特点和被焊材料的性能特点来选用,见表 7-56。

二、钎剂与钎料

钎焊是现代焊接技术的三大主要组成部分之一。钎焊与其他两类焊接方法,即熔焊和压焊,之间存在本质的区别。钎焊焊接接头形式一般是以搭接形式装配,彼此间保持很小的间隙,采用熔点比母材熔点低的钎料作为填充材料,在低于母材熔点而高于钎料熔点的温度下,凭借钎料熔化填满母材间的间隙,然后冷凝形成牢固的接头。

电阻焊用电极材料的典型推荐用途 表7-56

电极材料	点焊	缝焊	凸焊	闪光焊或堆焊
Cu-ETF	焊铝电极	焊铝电极	—	—
CuCd1	焊铝电极、焊镀锌钢电极	焊铝电极、焊镀锌钢电极轮	—	焊低碳钢的模具或镶嵌电极
CuCr1	焊低碳钢电极、握杆、轴和衬垫材料	焊低碳钢电极	大型模具	焊低碳钢、碳钢、不锈钢和耐热钢用模具或镶嵌电极
CuCr1Zr	焊低碳钢和镀层钢电极	焊低碳钢和镀层钢电极	—	—
CuCo2Be	焊不锈钢和耐热钢用电极,受应力电极握杆、轴和电极	焊不锈钢和耐热钢用电极轮、轴和衬套	模具或镶嵌电极	高压紧力下的模具或镶嵌电极
CuNi2Si	受应力电极握杆、轴和受力臂	轴和衬套	—	—
CuNi1P	电极握杆和弯电极臂	轴和衬套	—	—
CuBe2CoNi	极大机械应力下的电极握杆和轴	极大机械应力下的机臂	高电极压力下的模具或镶嵌电极	闪光焊用长模具
CuAg6	—	高热应力下焊低碳钢用电极轮	—	—
CuAl10Fe5Ni5	电极握杆	低负荷下的轴和衬套	压板和模具	—

钎料是钎焊的填充材料,在焊接过程中熔化后利用毛细作用填充固态母材间的间隙。钎剂的主要作用是去除钎焊金属和液态钎料表面上氧化膜,保护钎焊金属和钎料在加热过程中不被继续氧化,以改善钎料对被焊金属表面的润湿性,并促进钎料流动填充接头间隙,形成表面光洁致密的钎焊缝。

1. 钎料

(1)钎料的分类。钎料一般按熔点的高低分为软钎料和硬钎料。通常把熔点低于450℃的钎料称为易熔钎料,俗称软钎料;把熔点高于450℃的钎料称为难熔钎料,俗称硬钎料。

①软钎料。软钎料是用于450℃以下的低温钎焊,主要有锡基、铅基、锌基、镉基、金基钎料等。

A. 锡基钎料。锡铅合金是目前应用最为广泛的一种钎料。在锡铅合金的基础上加入少量的微量元素,可以提高液态钎料的抗氧化能力。如加入银、锌、锑、铜的锡基钎料,有较高的耐蚀性,能承受较高的工作温度,主要用于机械产品、电子产品和医疗器械的钎焊。

B. 铅基钎料。铅基钎料耐热性比锡基钎料好，可以用于铜和黄铜接头的钎焊。在铅银合金中加入锡可以提高钎料的润湿能力，也可以加入锑来代替银。

C. 锌基钎料。锌基钎料主要用于铝及其合金、铜铝接头的钎焊。在锌基钎料中加入银、铜、铅可以提高其耐腐蚀能力，而加入锡、镉可以降低其熔点。

D. 镉基钎料。镉基钎料是软钎料中耐热性最好的一种，且具有较好的耐腐蚀性能，主要用于焊接铜及铜合金。

E. 金基软钎料。金基软钎料主要用于半导体元器件的钎焊，可以减少半导体元器件的金镀层向钎料中过渡，有利于金镀层的稳定。

F. 低熔点软钎料。低熔点软钎料包括镓基、铋基和铟基钎料，广泛应用在真空器件、玻璃、陶瓷和低温超导器件的钎焊。镓基钎料主要用于微电子器件的钎焊，铋基钎料主要用于热敏感元器件和加热温度受限工件的钎焊，铟基钎料在碱性介质中有较强的耐腐蚀能力，且具有较高的润湿能力，适用于不同热膨胀系数材料的钎焊。

G. 无铅钎料。目前国际上公认的无铅钎料是指在锡基中加入银、铜、铟、锑等合金元素，使铅含量低于 0.2% 的软钎料合金，主要用于电子组装。

②硬钎料。硬钎料是用于 450℃ 以上的高温钎焊，主要有铝基、铜基、锰基、镁基、镍基、钛基钎料等。

A. 铝基钎料。铝基钎料是采用火焰钎焊、炉中钎焊和浸渍钎焊焊接铝及其合金的。最常用的是铝硅钎料，为降低铝硅钎料的熔化温度和改善钎料的工艺性能，通常会在铝硅合金中加入铜、锌、锰和镁等合金元素。

B. 银基钎料。银基钎料具有熔化温度低、工艺性能好、润湿性及填充性能好、钎缝强度高的特点，主要用于除镁和低熔点金属以外的金属材料。常加入铜来降低银基钎料的熔点。

C. 铜基钎料。铜基钎料是应用最为广泛的钎料之一，常用的有纯铜、铜锌、铜磷钎料等。纯铜钎料具有很多的润湿性和接头间隙填充能力，适用于氢气、氩气气氛和真空条件下碳钢、低合金钢、耐热钢和不锈钢构件的钎焊。铜锌钎料熔点比纯铜低，适用于铜及其合金、铸铁及硬质合金的钎焊。铜磷钎料是以 Cu—Ag—P 三元合金为基的钎料，适用于机电制造和空调、冰箱等制冷设备上的铜及其合金的钎焊。

D. 镍基钎料。镍基钎料广泛应用于航天航空和核工业部门，该类钎料具有优良的耐热性和耐腐蚀性能，特别是高温耐腐蚀性能，主要用于钎焊高温或腐蚀介质中工作的奥氏体不锈钢、双相不锈钢、马氏体不锈钢、镍基耐热合金和钴基高温合金构件。

E. 锰基钎料。锰基钎料具有很好的塑性，且在不锈钢、耐热钢上润湿性好，填充的接头间隙大，是一种钎焊不锈钢、耐热钢的优良钎料。为降低钎料的熔化温度，提高接头抗腐蚀、耐热性能，常在锰基钎料中加入铬、铜、铁、硼、镍等合金元素。

F. 钯基钎料。钯基钎料是钯完全溶于银、铜、镍中形成固溶体，并加入锰、硼、硅等元素所形成的。钯基钎料在镍基和钴基等耐热合金、不锈钢、铜基合金、钨和钼等难熔金属、钛合金和陶瓷上都有良好的润湿性和流动性，适应于电真空器件、高温工艺装置及航天航空等部门。

G. 钛基钎料。钛基钎料钛与铜、镍等元素能形成低熔点共晶物，具有熔点低、流动性好。为提高钎料的塑性，并提高强度，常加入锆、铍、锰、钒、铬等元素。该钎料具有抗氧化性强、耐腐蚀性优异、润湿性好的特点，适用于钛及钛合金，钨、钼、铌等难熔金属，石墨、陶瓷、宝石等非金属材料的真空钎焊和扩散钎焊。

(2)钎料的性能要求。钎焊时主要依靠熔化的钎料凝固后将焊件连接起来，因此，钎焊接头的质量很大程度上取决于采用的钎料。为了获得高质量的钎焊接头，钎料应满足以下几个方面的要求：

①钎料应有合适的熔点。钎焊时的温度介于钎料熔点和母材熔点之间，因此钎料熔点至少应比母材熔点低几十摄氏度。若二者温度过于接近，钎焊过程难以控制，易造成母材晶粒长大和局部熔化。

②钎料应具有良好的润湿性，能充分填满钎缝间隙。液态钎料要填充到钎缝的毛细间隙中去，必须能良好的润湿母材，使得液态钎料在于固态母材接触时能将母材表面处的气体排开，沿着母材表面铺展，从而形成新的界面。

③钎料与母材的相互扩散作用，即钎料向母材的扩散与母材向钎料的溶解，应保证二者直接能形成牢固的结合，并得到满足使用性能的钎缝。

④钎料应具有稳定而均匀的化学成分，尽量减少钎焊过程中的偏析现象和合金元素的挥发损耗。

⑤钎焊所得到的接头应能满足产品的技术要求，如常温、高温及低温下的强度，塑性、冲击韧性等力学性能要求；导电性、导热性、抗氧化性、耐腐蚀性等，物理、化学性能要求。

⑥钎料应具有经济性的要求。尽量少用或不用稀有金属和贵重金属，以降低生产成本。

2. 钎剂

(1)钎剂的分类。钎剂的分类方法很多，一般与钎料的分类方法相适应，可以分为软钎剂和硬钎剂两大类。按用途不同，可以分为普通钎剂和专用钎剂。

①软钎剂。软钎剂是指在450℃以下钎焊用的钎剂。软钎剂又可分为有机软钎剂和无机软钎剂。

②硬钎剂。硬钎剂是指在450℃以上钎焊用的钎剂。

③专用钎剂。专用钎剂是那些为氧化膜难以去除的金属材料进行钎焊时使用的钎剂，如铝用钎剂、钛用钎剂等。

④气体钎剂。气体钎剂是一种特殊类型的钎剂，包括炉中钎焊用气体钎剂和火焰钎焊用气体钎剂。

(2)钎剂的性能要求。在钎焊过程中，钎剂的主要起去膜、保护及活化作用。在配置或选用钎剂时，必须根据母材和钎料的特性来选择合适的钎剂。因此，钎剂必须满足以下几个方面的性能要求：

①去膜性能。钎剂应能溶解或破坏母材表面和钎料表面的氧化膜，为液态钎料在母材上的铺展填缝创造必要的条件。

②润湿和保护性能。钎剂在钎料温度范围内应具有流动性好、黏度低、表面张力小等性能特点，以便于钎剂和液态钎料在母材表面的润湿和铺展。同时，钎剂的密度和熔点必须小于液态钎料，这样钎剂才能较好的覆盖在钎料和母材的表面，以有效隔离空气，在焊接时起保护作用。

③热稳定性能。钎剂在钎焊焊接过程中应保持其成分和性能稳定不变，一般要求钎剂

具有不小于100℃的热稳定温度范围。

④除渣性能。钎剂及其产物的密度应小于液态钎料的密度,以利于液态钎料在填缝时将其从间隙中排出,避免钎剂等滞留在钎缝中而形成夹渣。

⑤腐蚀性和毒性。钎剂及其残渣不能对母材和钎缝有钎料的腐蚀作用,在钎焊过程中也不应具有毒性或产生有害气体。

三、表面活性剂

TIG 焊在现代焊接法中很普及,它的优点是焊缝质量高,一般用于精密焊接及高质量的焊接场所。其主要缺点是:单道焊接熔深浅;对材料成分的变化敏感;生产效率低。近年来,一种新型的焊接法,A-TIG(Activating flux TIG)焊正引起世界范围内人们的高度重视。A-TIG 焊是在施焊板材的表面涂上表面活性剂,然后再施行常规 TIG 焊。该方法可大大提高焊接熔深,利用这种方法和技术可使焊接熔深和生产效率比常规 TIG 焊增加 1 ~3 倍,对板厚 3 ~8mm 材料无需开坡口,可一次焊接完成。

1. 活性剂增加熔深的机理

表面活性剂使焊接熔深增加的主要原因有以下两个方面:电弧收缩理论和表面张力理论。目前国际上对表面活性剂使熔深增加的机理还没有统一的观点。

(1)电弧收缩导致熔深增加。电弧收缩是焊接过程中通过肉眼可以观察到的现象。在活性剂涂层上焊接时,电弧会有明显收缩,致使电流密度集中,导电面积缩小,同时电弧力也增加,最终使熔深增加。图 7-31 为板厚为 6mm 不锈钢使用普通 TIG 焊和 A-TIG 焊时熔深对比。

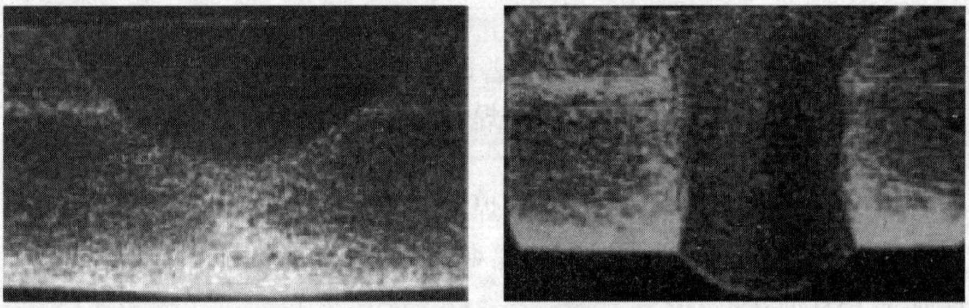

a)　　　　　　b)

图 7-31　普通 TIG 焊与 A-TIG 焊的熔深对比

a)普通 TIG 焊熔深;b)A-TIG 焊熔深

电弧收缩的原因有 3 种可能:

①在电弧的中心区域,电弧的温度高于分子的分解温度,气体和活性剂原子被电离成电子和正离子。在弧柱较冷的外围区域,被蒸发的物质仍然以分子和被分解的原子形式存在,被分解的原子大量地吸附电子,形成负离子,使外围区域作为主要导电物质的电子减少,导电能力下降,使电弧收缩。

②使用的活性剂的各组分都是多原子分子,所以在电弧气氛下发生热解离,热解离是吸热反应,所以根据最小电压原理,使电弧收缩。

③涂层物质本身不导电,且熔沸点都比金属的高,所以只在电弧中心温度较高的区域,有金属的蒸发,形成阳极斑点,即涂层的存在减小了阳极斑点区,从而使电弧收缩。

(2)表面张力梯度的影响。在纯金属和许多合金中,表面张力随温度的增加而减小,因为表面张力大的地方液体很难流动,所以都是表面张力小的液体向表面张力大的地方流动。在熔池中,中心区域温度高,熔池金属流动如图7-32a)所示,这样形成宽而浅的熔深。当熔池中添加有活性元素(如S、O)时,熔池金属流动如图7-32b)所示,这样会形成深而窄的熔深。

2. 碳钢A-TIG焊活性剂材料

碳钢活性剂材料主要为SiO_2、TiO_2、卤化物、Cr_2O_3、MgO、CaO等。焊接时用丙酮将活性剂材料调成糊状,用刷子均匀刷涂到工件的焊接区域,待丙酮挥发后进行焊接。

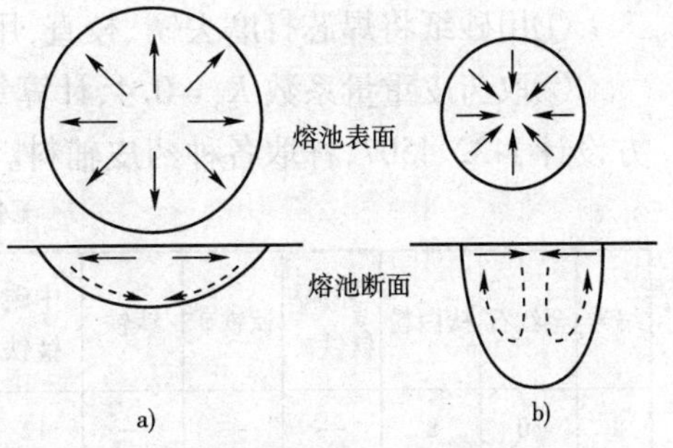

图7-32　熔池金属流态示意图

单一活性剂对焊道熔深的增加效果由小到大依次为:卤化物、CaO、Cr_2O_3、TiO_2、SiO_2,SiO_2对焊道熔深的增加效果最为明显,卤化物最弱。当然,也可以使用多组元配方活性剂,如采用配方(W_{SiO_2}) = 46% ~52%,W_{NaCl} = 8% ~12%,$W_{Cr_2O_3}$ = 6% ~10%;W_{TiO_2} = 12% ~16%)的活性剂可在正常焊接参数条件,采用TIG焊一次性焊透10mm后的碳钢板。

3. 不锈钢A-TIG焊活性剂材料

不锈钢活性剂材料主要为SiO_2、TiO_2、NaF、Cr_2O_3、Al_2O_3、Fe_2O_3、MnO、B_2O_3等。单一活性剂对焊道熔深的增加效果由大到小依次为:NaF、B_2O_3、SiO_2、Cr_2O_3、Al_2O_3、Fe_2O_3、TiO_2、MnO,卤化物NaF的影响最为明显。从中可以看出,卤化物的影响大于氧化物,这与碳钢的影响正好相反。但考虑到氟化物的毒性较大,一般在活性剂的配方中很少采用。

不锈钢A-TIG焊多组元活性剂的成分为:$W_{Al_2O_3}$ = 5% ~8%、$W_{Fe_2O_3}$ = 3% ~5%、W_{SiO_2} = 30% ~36%、$W_{Cr_2O_3}$ = 12% ~16%、W_{TiO_2} = 6% ~8%、W_{MnO} = 6% ~8%、$W_{B_2O_3}$ = 18% ~22%,采用常规的TIG焊焊接工艺,可将不锈钢熔深增加1 ~2倍。为了保证在焊接过程中弧长不发生变化,焊接采用自动氩弧焊装置,将氩弧焊焊枪固定,将焊剂置于可水平移动的工作平台上,以保证焊接过程的稳定性。

【任务实施】　奥氏体不锈钢焊接过程中焊条的选用

1. 任务提出

本任务是设计典型酸性焊条J422和典型碱性焊条J507的药皮配方,并手工搓制焊条样品。然后在电焊机上,对试板Q235进行试焊,观察焊接过程及焊接结果,分析不同药皮配方对焊接过程的影响,比较酸性焊条和碱性焊条焊接性能的差异。

2. 任务准备

(1)焊条设计及制作用设备及材料。焊条烘干箱,天平,玻璃板,量筒,焊芯H08A + ϕ3.2mm,各种焊条药皮辅料、水玻璃、瓷钵(带瓷棒)。

(2)焊机。焊机选用ZX7-400型交直流两用焊机。

(3)焊件。焊件为Q235钢板,规格为300mm × 100mm × 6mm。每两块装配成一组焊件,将两块钢板装配成I形坡口的对接接头,并预留一定的根部间隙。焊前要将I形坡口以外10mm范围内的焊件表面清理干净，露出金属光泽。

3. 操作步骤

(1)制作焊条。参考典型焊条J422和J507的配方，根据实验合金粉末材料的准备情况，适当调整焊条药皮中的成分，作为最终要药皮配方。按照以下步骤分别搓制两根焊条。

①用砂纸将焊芯打磨去锈、校直，用天平称出2根焊芯的重量，然后计算每根平均重量。

②取药皮重量系数 $K_b = 0.4$，计算每种焊条所需药皮的重量，参考表7-57、表7-58的配方设计J422、J507，称取各种药皮辅料。

E4303焊条参考配方 表7-57

编号	金红石	钛白粉	还原钛铁矿	钛铁矿	钛铁	中碳锰铁	木粉	大理石	菱苦土	白云石	白泥	长石	云母	石英	合计
1	30	8	—	—	—	12	—	12.4	7	—	14	8.6	7	—	100
2	—	7.5	42.3	—	—	10.2	—	5.6	—	13.2	13.2	1.1	5.6	1.4	100.1
3	14.4	5.8	—	22.2	6.9	9.1	1	9.6	5.8	—	9.6	8	7.7	—	100.1
4	—	20.8	—	22.6	—	15.1	—	14.2	—	—	13.2	7.6	6.6	—	100.1

E5015焊条参考配方 表7-58

编号	大理石	萤石	钛铁	低度硅铁	锰铁	石英	钛白粉	云母	纯碱	合计
1	54	15	12	5	5	9	—	—	—	100
2	44	24	12.5	2.5	4	5	5	2	1	100

③干混。将称出的各种辅料放入瓷钵，用瓷棒搅拌均匀，要求药粉颜色一致，不得有块状、粒状存在，不得将干粉撒出。为防止搓制焊条时药皮粘玻璃板，可留出少量干粉，但搓制后期必须全部用到焊条上。

④湿混。逐渐加入水玻璃，轻轻搅拌，直至可以形成"面团状"。(实验时可一滴一滴地加入水玻璃，切不可一次加入过多。)

⑤搓制。将湿混好的湿粉沿焊芯长度方向均匀分布涂在焊芯上，再用双手使焊芯在玻璃板上轻轻滚动，使药皮逐渐均匀牢固地粘在焊芯上，注意焊芯的一端留出20mm左右的无药皮夹持端，非夹持端要漏出焊芯，不要形成包头。

⑥烘干。搓好的焊条晾干，然后再放入烘箱内烘干，J422在180～220℃烘干2h，J507在350～400℃烘干2h。

⑦检验。烘干后的焊条，需要磨头、检查质量，如药皮有裂缝、剥落即为不合格。

(2)试焊。分别用自制焊条J422和J507进行焊接，观察并分析焊接电弧的引弧及稳弧性能、焊缝成型、飞溅、脱渣性、焊接发尘量等性能。如果焊条焊接性能不能满足要求，应尝试调整药皮成分，并重新进行试焊。

4. 注意事项

(1)药皮合金粉末混合时必须混合均匀，从而使得焊接电弧能将药皮均匀熔化，从而得到稳定、持续的保护和焊接质量。

(2)搓制焊条时要注意将焊条搓成圆形,尽量将焊芯位于整个焊条的中心位置,注意控制其偏心度。如果偏心度超过要求,焊接时产生的气体在焊接区域的分布将不均匀,从而影响焊接保护效果。

(3)焊条搓制好之后必须在烘干箱内进行烘干。烘干后最好将所指焊条放入保温筒内存放,等试焊时再拿出使用。

(4)试焊时焊条 J507 应采用直流反极性,以保证焊条的引弧和稳弧性能,并减少焊接时的飞溅,改善焊缝诚信。

5. 焊接操作总结及分析

(1)焊条 J422 焊接工艺性能好,引弧形能好,电弧稳定,可交、直流两用,且飞溅小、熔渣流动性和脱渣性好,熔渣多呈玻璃状,较疏松、脱渣性能好,焊缝成型美观。

(2)焊条 J507 焊接工艺性能较差,电弧稳定性差,一般多采用直流反接。焊接过程中容易熄弧,只能采用直流反极性焊接。焊接时飞溅较大,熔渣脱渣性较差,清渣比较麻烦,焊缝成型比 J422 差。

思考与练习 SIKAOYULIANXI

一、填空

1. 是涂有药皮的、供焊条电弧焊使用的熔化电极,由__________和__________两部分组成。

2. 焊芯,即是焊条的金属芯,焊接时作为电极,能__________,与焊件之间产生电弧;并在电弧热的作用下自身熔化过渡到焊件的__________内,成为焊缝中__________。

3. 焊条药皮是指涂在焊芯表面的涂料层,其主要组成成分有__________、__________、__________、__________、__________、黏结剂和增塑剂。

4. 按熔渣中碱性氧化物和酸性氧化物的比例来划分,焊条有__________和__________两大类。

5. 根据药皮的化学成分分类,J422 属于__________型焊条,J507 属于__________型焊条。

6. 结构钢焊接的专用焊条主要有__________、__________、__________、封底焊条和低氟焊条。

7. 焊丝是__________、__________、电渣焊、气焊等焊接工艺中主要的焊接材料,其主要作用是__________、__________。

8. 按其结构特点,焊丝可分为__________和__________两大类。

9. 实芯焊丝 H08Mn2SiA 中,“H”表示__________,“08”表示__________,“A”表示__________。

10. 按照焊剂的制造方法,可分为__________和__________两大类。

11. 熔炼焊剂 HJ431 中,"HJ"表示__________,"4"表示__________,"3"表示__________。

12. 焊接用的保护气体主要包括__________、__________、氦气、氧气和氢气。

13. 保护气体的特性(如物理特性和化学特性等)不仅影响__________,也影响到__________及焊接、切割过程的__________。

14. CO_2 钢瓶规定漆成__________色,上写黄色__________字样;Ar 钢瓶规定漆成__________色,上写绿色__________字样。

15. 电弧焊用的电极有__________和__________两种。

16. 电阻焊用的电极属__________电极,焊接时不仅要传导__________,还要传导__________。最常用的电阻焊电极为__________。

17. 按熔点的高低,钎料一般分为__________和__________。通常把熔点低于 450℃的钎料称为易熔钎料,俗称__________;把熔点高于 450℃的钎料称为难熔钎料,俗称__________。

18. 钎焊时,主要依靠熔化的__________凝固后而将焊件连接起来。

19. A - TIG(Activating flux TIG)焊是在施焊板材的表面涂上__________,然后再施行常规__________。

20. 表面活性剂使焊接熔深增加的主要原因有__________和__________两个方面。

二、简答

1. 药皮在焊接过程中的作用有哪些?
2. 请举例说明焊条型号和牌号的编制方法及含义。
3. 酸性焊条和碱性焊条各有什么特点?主要应用的场合有哪些?
4. 选用焊条的基本原则有哪些?
5. 焊丝的作用有哪些?如何进行分类。
6. 请举例说明有色金属焊丝的牌号及其含义。
7. 药芯焊丝与实芯焊丝相比有哪些特点?
8. 焊接时,对焊丝和焊剂的要求有哪些?
9. 试比较 HJ431 和 HJ350 的性能。
10. 埋弧焊时,如何选用焊丝和焊剂?
11. 简述焊接用气体 CO_2 和 Ar 的性能特点。
12. 请总结焊接保护用气体的选用要点。
13. 钨极氩弧焊对电极的性能要求有哪些?
14. 试述铜电极的种类及特点。
15. 对钎剂的性能要求有哪些?

三、任务

1. 目标

观察 Ar、He、N_2、CO_2,以及含有 CO_2、O_2 的混合气体等在焊接生产中的使用情况。

2. 准备

(1)人员的准备:每组 5 ~ 7 人,组成一个考查小组。

(2)资料的准备:Ar、He、N_2、CO_2,以及含有 CO_2、O_2 混合气体方面的资料。

3. 地点

焊接实训室,实习基地,企业。

4. 步骤

(1)考查小组首先准备有关 Ar、He、N_2、CO_2,以及含有 CO_2、O_2 混合气体的性能及应用方面的资料。

(2)观察焊接实训室、实习基地及企业等焊接生产中各种气体的使用情况。

(3)记录观察结果,填写实验报告。

参 考 文 献

[1] 张文钺.焊接冶金学[M].北京:机械工业出版社,2005.
[2] 英若采.熔焊原理及金属材料焊接[M].北京:机械工业出版社,2004.
[3] 刘会杰.焊接冶金学与焊接性[M].北京:机械工业出版社,2007.
[4] 叶琦.焊接技术[M].北京:化学工业出版社,2005.
[5] 李亚江.焊接质量控制与检验[M].北京:化学工业出版社,2006.
[6] 邓洪军.金属熔焊原理[M].北京:机械工业出版社,2008.
[7] 张洪兵.金属熔焊基础[M].北京:中国劳动社会保障出版社,2011.
[8] 邱葭菲.金属熔焊原理[M].北京:高等教育出版社,2009.
[9] 马文姝.金属熔焊原理[M].哈尔滨:哈尔滨工程大学出版社,2007.
[10] 中国机械工程学会焊接学会.焊接手册[M].北京:机械工业出版社,2002.
[11] 陈祝年.焊接工程师手册[M].北京:机械工业出版社,2002.